51单片机原理与应用
C语言案例教程

王强 吴琼◎主编

韩洪涛 马玉志 修建新◎副主编

U0282831

清华大学出版社

北京

内 容 简 介

本书采用"案例式教学,任务驱动"的理念,按照学生认知规律进行编写。本书共分11章,第1章至第8章介绍了单片机的内部资源,包括内部结构、单片机最小系统、C51程序设计、数码管、矩阵按键、中断、定时器、串口等知识;第9章介绍了单片机的扩展与接口技术,包括 LCD 液晶、A/D 转换、D/A 转换、单总线、I²C、SPI 总线技术;第10章介绍了直流电机、步进电机、舵机的控制;第11章以电子版方式介绍了应用于期末作品答辩及实践教学竞赛的电子版综合题目设计。

本书进行了单片机教学的创新性改革,配有详细的零基础授课视频以及二维码演示视频;开发了与教材案例、综合设计完全配套的51单片机开发板;配备了丰富的Proteus仿真配套资源;融入了课程思政思想;给出了完善的案例代码、教学课件、教学方法和平时考核、期末考试作品答辩方法;并提供了免费资料获取和联系方式,为广大教师和使用者提供了交流经验的平台。本书的参编人员都是拥有多年实际项目研发经验的资深教师,引领读者从实践过程中提高自己发现问题、分析问题、解决问题的能力。全书采用设定任务→任务思路→硬件结构设计→原理图设计→程序编写→实物、仿真结果展示→程序分析的思路进行阐述,目的是让读者根据鲜活的实例,激发学习兴趣,快速掌握知识点,达到学以致用的目的。

本书可作为大学本科(或较高层次专科)电子信息、电气工程、物联网、计算机、机器人、机电一体化等相关工科专业单片机课程教材,也可作为课程设计、综合实训、毕业设计、电子科技竞赛以及工程技术人员的参考书。

图书在版编目(CIP)数据

51单片机原理与应用C语言案例教程/王强,吴琼主编. —北京:清华大学出版社,2022.3(2025.1重印)
ISBN 978-7-302-59975-3

Ⅰ.①5… Ⅱ.①王… ②吴… Ⅲ.①单片微型计算机－C语言－程序设计－高等学校－教材
Ⅳ.①TP368.1②TP312.8

中国版本图书馆 CIP 数据核字(2022)第 016052 号

责任编辑: 王剑乔
封面设计: 刘 键
责任校对: 刘 静
责任印制: 曹婉颖

出版发行: 清华大学出版社
         网　　　址:https://www.tup.com.cn,https://www.wqxuetang.com
         地　　　址:北京清华大学学研大厦 A 座　　　邮　编:100084
         社 总 机:010-83470000　　　　　　　　邮　购:010-62786544
         投稿与读者服务:010-62776969,c-service@tup.tsinghua.edu.cn
         质量反馈:010-62772015,zhiliang@tup.tsinghua.edu.cn
印 装 者: 三河市人民印务有限公司
经　　销: 全国新华书店
开　　本: 185mm×260mm　　**印　张:** 19　　　　　**字　数:** 458 千字
版　　次: 2022 年 3 月第 1 版　　　　　　　　　　**印　次:** 2025 年 1 月第 3 次印刷
定　　价: 59.00 元

产品编号:087073-01

　　当今社会,单片机已渗透到人们日常生活的各个领域,几乎很难找到哪个领域没有单片机的踪迹。单片机在工业、农业、仪器仪表、航空航天、军事、家电等领域的应用越来越广泛,同时,生产单片机的厂家也很多,产品种类不计其数。在单片机家族的众多成员中,MCS51系列单片机以其优越的性能、成熟的技术及高可靠性、高性能价格比,迅速占领了工业测控和自动化工程应用的主要市场,成为国内单片机应用领域的主流。世界各大单片机厂商普遍在 MCS51 上投入了大量的资金和人力,围绕 51 内核,增强 51 单片机的各种功能,衍生出许多品种。MCS51 家族是目前在单片机领域发展最快的品种之一。市场上流行的具有 51内核的产品很多,如 Atmel 公司的 AT89C 系列,Philips 公司的 8XC51 系列,Winbond 公司的 W77/78 系列,STC 公司的 STC 系列单片机等。又如,C8051F 系列单片机是 Cygnal 公司推出的高速单片机,它与 80C51 系列单片机指令集兼容,但比后者增加了许多资源,为嵌入式系统的开发提供了极大方便。

　　"单片机"课程是电气、机电一体化、信息类重要的专业课程,是一门实践性、工程性很强的技术课程。它的教学效果直接影响学生就业以及将来个人专业上的发展。然而,目前相关的单片机教材普遍存在以下一些问题:①现行教材的内容偏重于知识体系的完整性,忽略了学生的认知规律。虽然市场上不乏单片机教材,但多是以单片机的结构功能为主线,让初学者难以理解,教材的内容没有充分联系工程实践;②理论内容比重偏大,实例偏少,应用部分讲解得不透彻,造成教材没有充分体现单片机技术的趣味性和实用性;③软、硬件结合不够完善,使初学者感到内容庞杂,枯燥无味,无法形成单片机应用系统的完整概念,很容易使学生丧失学习信心,更谈不上培养能力;④教师很难挑选一本好讲好用的教科书,课前备课较为困难。因此,教师和学生都迫切希望拥有一本符合学生认知规律、通俗易懂的单片机教材。基于以上原因,我们打破现有教材以知识体系为主线的传统思路,编写了一本理论与实践相结合,实用性较强的单片机教材。

　　编者历经 11 年的时间积累,对本书进行了如下调整。

　　(1)增加授课视频:通俗易通,使教师容易备课,学生容易自学。

　　(2)增加演示视频:读者学习本书时可扫描书中二维码观看演示视频,与实物零距离接触。

　　(3)增加精致 PPT:崭新授课设计,减轻教师设计负担。

　　(4)增加教学方法、测试方法、作品答辩考试方法,便于师生借鉴。

　　(5)融入课程思政思想,培养爱国、爱家情怀,激发学生的学习动力,培养创新、互助、勇敢、钻研的精神。总结为"33441"课程思政教学法,并配有示范视频。

(6)增加 Proteus 仿真图及实物效果图,便于教师上课和学生学习。

(7)增加配套开发板:内容实用,不但包含大多数开发板的基础功能,而且包含智能车、机器人、无人机、无线通信技术,以便相关专业进行学习和开发设计。

(8)教材和开发板由王强老师提供技术支持,所有资料免费开放,且不断更新,包括授课视频、Proteus 仿真图、调试例程、新 PPT、教学方法、综合题目设计视频、演示视频等。

本书特点鲜明,内容丰富,通俗易懂,实用性强,采用"案例式教学,任务驱动"的理念,按照认知规律进行讲解。读者开篇即可明确主题,然后围绕目标,寻求解决问题的方法,思路较为清晰。本书结合编者多年教学、科研及指导学生参加各类科技竞赛总结的经验,以实际应用为主线,将案例贯穿于各知识点中,边学边做,注重培养学生的实践能力。书中所有例子均来自创新实验室科研、竞赛的成果或项目工程实践,且调试通过。本书侧重学生对知识的系统掌握,同时提高动手操作,设计硬件、软件,以及解决各种问题的能力。

本书特别适合渴望学好单片机的读者!为了使广大的单片机爱好者能够较容易地学习单片机,我们毫无保留地将 11 年的工程实践及科技竞赛的成果展现给大家,让大家感兴趣,便于快速入门。

随着科技创新日益普及和不断发展,单片机课程成为工科类的主干专业课之一。前期课程主要为"C 语言程序设计""模拟电子技术""数字电子技术"等。后续课程随着专业的不同有所区别,如"ARM 嵌入式""DSP 技术""FPGA"等。

单片机课程的实践性很强,教师可根据情况设计理论学时和实践学时。学习单片机要理论与实践同步,建议在机房授课,使教、学、做相结合。本书的宗旨是发挥学生潜能,提高设计和分析能力。教师在教学的过程中,可以让学生明确原理后自行制作相应的系统,或使用预先准备的开发板,或使用 Proteus 进行仿真。应注重培养学生的动手能力,尽量提供配置完备的硬件环境。本书和开发板配套资源包括综合项目的设计,可以通过课程设计、实训、毕业设计、科技竞赛等方面的教学环节,使本书的内容充分展现。在教学上,采用项目驱动的方式,使学生掌握设计、分析和解决问题的基本技能。

本书为以下项目研究成果:黑龙江省教育科学"十三五"规划重点课题(GJB1320281),黑龙江东方学院"单片机原理及应用"核心课程建设项目(1810105),黑龙江东方学院校级科研项目(HDFKY210103)。本书由黑龙江东方学院和哈尔滨信息工程学院的教师联合编写,所有作者均是长期指导学生课外创新和进行单片机授课的教师。本书由王强统稿,并担任第一主编;由吴琼担任第二主编;由韩洪涛、马玉志、修建新担任副主编;李红岩、田素玲、计耀伟、李美璇参加了编写工作。全书各章节的编写分工如下:第 1、4、10 章内容及习题和 2.1 节由吴琼编写;2.2 节由计耀伟编写;2.3 节及第 2 章习题由李美璇编写;3.4 节及第 3 章习题由修建新编写;第 5 章内容及其习题由韩洪涛编写;6.1 节、6.2 节由李红岩编写;6.3 节及第 6 章习题由田素玲编写;第 8 章内容及其习题由马玉志编写;3.1 节、3.2节、3.3 节和第 7、9、11 章内容及其习题、前言、附录由王强编写;开发板设计、所有视频录制、电子资料设计均由王强完成。

在此,特别感谢哈尔滨工程大学黄凤岗教授,哈尔滨工业大学孙铁成教授、刘思久教授、东北林业大学王霓虹教授在本书编写过程中提出的宝贵意见,同时感谢创新实验室的学生们对本书的关注。我们会不断地完善本书内容。限于编者的水平,书中难免有不足和疏漏之处,恳请读者批评、指正。

王 强

2022 年 1 月

本书配套开发板
17 大功能 1 分钟
演示视频

本书配套开发板
全程教学及视频资源
(扫描二维码可下载使用)

CONTENTS 目 录

<<<

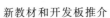
新教材和开发板推介

所有资源目录介绍

案例目标1　单片机的认知

随着科学技术的发展，单片机的应用越来越广泛，单片机控制技术不断更新。从它诞生之日起，就得到广大的电子爱好者"暗恋"。单片机被广泛应用于家用电器、仪器仪表、工业自动控制、医用设备、办公自动化设备、安全监控、国防、航空航天等领域。

单片机之所以应用广泛，主要是人们通过软件编程，就能轻而易举地实现单片机的检测与控制。正因为单片机的嵌入应用，电器才会不断更新换代，控制才会越来越智能，功能才会越来越强大。单片机的出现使人们体验到电子产品的先进技术，感受到生活的便捷，提高了生产效率和安全系数。可见，人们的生活和单片机密切相关，单片机的作用越来越大。

通常所说的单片机，一般指 8 位的 51 系列、AVR 系列、PIC 系列等有代表性的机型；后来出现了 16 位单片机，如 96 系列；又出现了 32 位单片机，如 ARM 等。随着科技的进步，单片机技术又进一步提高。

单片机和嵌入式控制系统有着千丝万缕的联系。嵌入式控制系统从定义出发，是指嵌入对象体系中的专用计算机系统。由于嵌入式系统有过很长的一段单片机独立发展的道路，大多基于 8 位单片机，实现最底层的嵌入式系统应用。大多数从事单片机应用开发的人员，都是对象系统领域中的电子系统工程师，以研究"智能化"器件的身份进入电子系统领域，没有带入"嵌入式系统"的概念，脱离了计算机专业领域。因此，不少从事单片机应用的人不了解单片机与嵌入式系统的关系，在谈到"嵌入式系统"时，往往理解成计算机专业领域的，基于 32 位嵌入式处理器，从事网络、通信、多媒体等的应用。这样，"单片机"与"嵌入式系统"形成了嵌入式系统中常见的两个独立的名词。但由于单片机是典型的、独立发展起来的嵌入式系统，从学科建设的角度出发，应该把它统一成"嵌入式系统"。

"单片机"一词源于 Single Chip Microcomputer，简称 SCM。随着 SCM 技术及其体系结构的不断扩展，其控制功能不断完善，单片机已不能用"单片微型计算机"准确表达其含义了，所以国际上逐渐采用 MCU(Micro Controller Unit)代替，形成了单片机界公认的、最终统一的名词。在我国,"单片机"一词沿用至今。

可以将单片机简单地理解成一块具有特殊功能的集成芯片,这种芯片不像一般的芯片功能固定。通过编写程序控制这块芯片的某些引脚输出高、低电平。如果是5V单片机,高电平表示5V,即电源的正极,也就是电流的流出方向;低电平是0V,即电源的负极,也就是电流的流入方向。这样,就能控制与单片机引脚相连的外围设备,还能通过程序识别和单片机相连的外围设备的电信号。利用单片机的实例如下。

(1)单片机智能交通灯实例。城市智能交通系统中,路口信号灯控制子系统是现代城市交通监控指挥系统中重要的组成部分,在各种交通监控体系中是一个必不可少的单元。如果能研制一种稳定、高效的灯控系统模块,挂接于各种智能交通控制系统下作为下位机,根据上位机的控制要求或命令,方便、灵活地控制交通灯,无疑是有意义的。传统的交通信号灯控制系统电路复杂、体积大、成本高,然而采用模块化的单片机系统控制交通信号,不仅可以简化电路结构、降低成本、减小体积,而且控制能力强,配置灵活,易于扩展;能够根据上位机对交通流量进行监测而得出控制命令,方便、高效地设定路口交通灯运行模式。新型交通灯单片机控制系统通过程序编程,可实现很强的控制能力,并且安装灵活,设置方便,其模块化、结构化的设计使其具有良好的可扩展性。交通灯控制子系统是智能交通系统中的重要组成部分。可以选择一种微处理器作为核心芯片,设计一种通用化、可独立挂接的交通灯控制模块。图1.1所示是单片机智能交通灯系统的一个实例图。可以看到,该系统的硬件电路围绕STC89C52RC搭建,由单片机的I/O口给出控制信号,驱动交通灯运行。

(2)单片机智能风扇实例。电风扇并未随着空调的普及而淡出市场,相反,家用电风扇因其风力温和、价格低廉、相对省电、安装和使用简单等特点受到中老年人、儿童和体质较弱的人群欢迎。以单片机为核心控制器,设计出无线遥控智能可调风扇,通过无线遥控和单片机通信,控制电风扇的风速,使其工作在高、中、低三挡。此外,通过温度传感器检测环境温度,建立控制系统,使电风扇随室内温度的变化而自动变换挡位,实现"温度高,风力大;温度低,风力弱"的功能,既节能环保,又安全可靠,具有广泛的应用前景。图1.2所示是基于STC89C52单片机的智能风扇控制实例。

图1.1　单片机智能交通灯系统实例

图1.2　单片机智能风扇控制实例

（3）单片机智能循迹小车实例。随着汽车科技的进步,智能小车的实验与设计越发重要。智能小车一般具有自动寻迹、躲避障碍物、报警等功能,所运用的知识较广泛,主要涉及汽车、机械和计算机等专业。智能小车不但代表汽车技术的发展,也是学校培养学生的学习能力与动手能力的一种主要手段。智能小车硬件部分主要由驱动转向模块、霍尔元件、采集模块和供电模块等组成。路面黑色引导线由红外线传感器检测与采集,然后输送给单片机,由单片机控制驱动器使电机转动。软件部分利用 C 语言实现,并对小车的转向与速度控制方式进行多次改进,通过多次测试完成智能小车避障与循迹任务。单片机智能循迹小车实例如图 1.3 所示。

图 1.3　单片机智能循迹小车实例

1.1　单片机概述

自 20 世纪 70 年代单片机问世以来,其功能和技术不断扩展,单片机得到广泛的应用。随着单片机集成度越来越高以及单片机系统的广泛应用,需要软件编程的能力越来越高,所以本书在介绍和讲解单片机的同时,注重培养学生软件编程能力。C51 语言是近年来国内外在 51 单片机开发中普遍使用的一种程序设计语言。由于 C51 语言功能强大,可读性好,便于模块开发,库函数非常丰富,编写程序可移植性好等优点,使之成为单片机应用系统开发最快速、最高效、最普遍的程序设计语言。本书力求把 51 单片机的片内硬件结构以及外围电路的接口设计与 C51 单片机编程紧密地结合在一起,避免利用较难掌握的汇编语言进行程序设计。

目前大多数单片机都支持程序的在系统(在线)编程(In System Program,ISP),只需一条 ISP 并口下载线,就可以把仿真调试通过的程序从 PC 写入单片机的 Flash 存储器,省去编程器。高级单片机还支持在线应用编程(IAP),可在线分布调试,省去了仿真器。

在应用上,单片机称为嵌入式控制器。第一款单片机由 Intel 公司发明,叫作 4004 单片机,后来慢慢发展出 MCS-51 系列和 MCS-96 系列单片机。MCS-51 系列单片机的代表性产品为 8051,其内部包括 1 个 8 位 CPU、128B RAM 数据存储器,21 个特殊功能寄存器(SFR)、4 个 8 位并行 I/O 口、1 个全双工串行口、2 个 16 位定时器/计数器、5 个中断源和 4KB ROM 程序存储器。由于 MCS-51 系列单片机优势明显,市场占有率高,许多厂家、科技公司以 MCS-51 单片机为基核进行二次开发。Intel 公司以专利转让的形式把 8051 的内核技术转给许多半导体芯片生产厂家,如 Atmel、Philips、Cygnal、Analog、LG、ADI、Maxim、Dallas 等公司。这些公司生产的兼容机均采用 8051 的内核结构,指令系统相同,采用 CMOS 工艺。人们常用 80C51 来称呼所有具有 8051 内核并兼容 8051 指令系统的单片机,统称为 51 单片机。在这些公司中,美国 Atmel 公司推出的 AT89C5x/AT89S5x 系列单片机在我国目前的 8 位单片机市场表现得比较活跃。这两种系列单片机与 MCS-51 系列单片机在原有功能、引脚以及指令系统方面完全兼容,并且增加了一些新的功能,如"看门狗"定时器 WDT、ISP 及 SPI 串行接口技术等。

1.1.1　单片机组成及其特点

单片机是指在一块芯片上集成了 CPU、ROM、RAM、定时器/计数器和多种 I/O 接口电路等,具有一定规模的微型计算机。单片机与通用微型计算机相比,在硬件结构、指令设置上有其独到之处,其主要特点如下所述。

(1) 单片机中的存储器以 ROM、RAM 严格分工。ROM 为程序存储器,只存放程序、常数及数据表格;RAM 为数据存储器,用作工作区,存放变量。

(2) 采用面向控制的指令系统。为满足控制的需要,单片机的逻辑控制能力优于同等级的 CPU,特别是单片机具有很强的位处理能力,运行速度较高。

(3) 单片机的 I/O 口引脚通常是多功能的。例如,通用 I/O 引脚可以复用,作为外部中断或 A/D 输入的模拟输入口等。

(4) 系统齐全,功能扩展性强,与许多通用微机芯片接口兼容,给应用系统的设计和生产带来极大的方便。

(5) 单片机应用是通用的。单片机主要作为控制器使用,但功能上是通用的,可以像微处理器那样广泛地应用在各个领域。

(6) 体积尺寸小,如各种贴片单片机。

(7) 功能丰富,实时响应速度快,可对 I/O 直接操作。

(8) 使用便捷,硬件结构简单,提供了便捷的开发工具。

(9) 性价比高,电路板小,接插件少。

1.1.2　单片机分类

单片机的分类不是统一的和严格的。从不同角度,单片机大致分为通用型/专用型、总线型/非总线型、工控型/家电型以及 8 位、16 位、32 位等类型。

1. 通用型/专用型

这是按单片机适用范围、使用场合来区分的。例如,80C51 是通用型单片机,它不是为某种专业用途设计的。专用型单片机是针对一类产品设计生产的,例如为了满足电子万能表性能要求设计的单片机。

2. 总线型/非总线型

这是按单片机是否提供并行总线来区分的。总线型单片机普遍设置有并行地址总线、数据总线、控制总线。另外,许多单片机把所需要的外围器件及外设接口集成在片内,可以不要并行扩展总线,降低了成本。这类单片机称为非总线型单片机。

3. 工控型/家电型

这是按照单片机的应用领域区分的。工控型单片机运算能力强,适合在环境条件恶劣的情况下使用。用于家电的单片机通常是小封装、低价格,其外围器件和外设接口集成度高。

4．8 位、16 位、32 位

目前 8 位单片机的品种最丰富,应用最广泛,主要分为 51 系列及非 51 系列单片机。51 系列单片机生产厂商如 Atmel(爱特梅尔)、Philips(飞利浦)、Winbond(华邦)等。非 51 系列有 Microchip(微芯)的 PIC 单片机、Atmel 的 AVR 单片机、义隆 EM78 系列,以及 Motorola(摩托罗拉)的 68HC05/11/12 系列单片机等。16 位单片机的操作速度及数据吞吐能力在性能上比 8 位机有较大提高。目前,应用较多的有 TI 的 MSP430 系列、凌阳 SPCE061A 系列、Motorola 的 68HC16 系列、Intel 的 MCS-96/196 系列等。32 位单片机主要指以 ARM 公司研制的一种 32 位处理器为内核(主要有 ARM7,ARM9,ARM10 等)的 ARM 芯片,运行速度和功能大幅提高。随着技术发展以及价格下降,将会与 8 位单片机并驾齐驱,如 ST 公司的 STM32 系列、飞利浦的 LPC2000 系列、三星的 S3C/S3F/S3P 系列等。

1.1.3　几种教学中常见单片机的区别

在教学中经常看到 AT89C51、AT89C52、AT89S51、AT89S51、AT89S52、STC89C51、STC89C52、STC89C51RC、STC89C52RC 等型号单片机。下面以表格的形式帮助大家理解它们的相同点和区别。AT 系列单片机是 Atmel 公司生产的以 8051 为内核的单片机,部分选型列表如表 1.1 所示。STC 系列单片机是宏晶科技生产的以 8051 为内核的单片机,部分选型列表如表 1.2 和表 1.3 所示。

表 1.1　Atmel 51 单片机选型列表

型　号	Flash 程序存储器/KB	IAP	ISP	E^2PROM/KB	RAM/B	f_{max}/MHz	V_{CC}/V	I/O 数量	UART	16 位定时器	WDT	SPI
AT89C51	4	—	—	—	128	24	5±20%	32	1	2	—	—
AT89C52	8	—	—	—	256	24	5±20%	32	1	3	—	—
AT89C2051	2	—	—	—	128	24	2.7~6.0	15	1	2	—	—
AT89C4051	4	—	—	—	128	24	2.7~6.0	15	1	2	—	—
AT89S51	4	—	YES	—	128	33	4.0~5.5	32	1	2	Yes	—
AT89S52	8	—	YES	—	256	33	4.0~5.5	32	1	2	Yes	—
AT89S2051	2	—	YES	—	256	24	2.7~5.5	15	1	2	—	—
AT89S4051	4	—	YES	—	256	24	2.7~5.5	15	1	2	—	—
AT89S8253	12	—	YES	2	256	24	2.7~5.5	32	1	3	Yes	Yes
AT89C51ED2	64	UART	API	2	2048	60	2.7~5.5	32	1	3	Yes	Yes
AT89C51RD2	64	UART	API	—	2048	60	2.7~5.5	32	1	3	Yes	Yes

表 1.2　STC89C51/52 单片机选型列表

型号	工作电压/V	Flash程序存储器/KB	SRAM/字节	定时器	UART串口/个	DPTR	E²PROM/KB	看门狗	A/D	最多I/O数量/个	支持掉电唤醒专用外部中断/个	内置简单复位	所有封装（强烈推荐 LQFP44）封装价格/元			
													LQFP44	PDIP40	PLCC44	PQFP44
STC89C51	5.5～3.8	4	512	3	1	2	9	有	无	39	4	无	2.55	2.75	2.8	2.65
STC89LE51	3.6～2.4	4	512	3	1	2	9	有	无	39	4	无	2.55	2.75	2.8	2.65
STC15W404S 不需要外部时钟 不需要外部复位	5.5～2.4	4	512	3	1	2	9	强	无	42	5	有	2.5	3.0		
STC89C52	5.5～3.8	8	512	3	1	2	5	有	无	39	4	无	2.55	2.75	2.8	2.65
STC89LE52	3.6～2.4	8	512	3	1	2	5	有	无	39	4	无	2.55	2.75	2.8	2.65

STC89C/LE52 系列单片机选型一览

表 1.3　STC89C51/52RC 单片机选型列表

型号	工作电压/V	最高时钟频率/Hz		Flash程序存储器/KB	SRAM/字节	定时器	UART串口/个	DPTR	E²PROM/KB	看门狗	A/D	中断源	中断优先级	最多I/O数量/个	支持掉电唤醒外部中断数	内置复位	所有封装 封装价格/元			
		5V	3V														LQFP44	PDIP40	PLCC44	PQFP44
STC89C51RC	5.5～3.5	0～80M		4	512	3	1	2	9	有	—	8	4	39	4	有	2.8	3.3	3.4	3.4
STC89LE51RC	3.6～2.2		0～80M	4	512	3	1	2	9	有	—	8	4	39	4	有	2.8	3.3	3.4	3.4
STC15W404S 不需要外部时钟 不需要外部复位	5.5～2.4	5～35M		8	512	3	1	2	9	强	—	12	2	42	5	强	2.5	3.0		
STC89C52RC	5.5～3.5	0～80M		8	512	3	1	2	5	有	—	8	4	39	4	有	2.8	3.1	3.4	3.4
STC89LE52RC	3.6～2.2		0～80M	8	512	3	1	2	5	有	—	8	4	39	4	有	2.8	3.1	3.4	3.4

STC89C/LE51RC 系列单片机选型一览

1.2　单片机的应用

因为单片机的特点和优势凸显,所以其应用领域广泛。以下概括了单片机应用的主要领域。

(1) 智能化家用和办公电器:各种家用电器普遍采用单片机智能化控制代替传统的电子线路控制,升级换代,提高档次,如家用全自动洗衣机、变频空调、电视机、录像机、微波炉、电冰箱、电饭煲等。再比如,现代办公室使用的大量通信电子办公设备都嵌入了单片机,如打印机、复印机、传真机、绘图机、考勤机、电话以及通用计算机中的键盘译码、磁盘驱动等。

(2) 智能化仪表:单片机智能化功能大大提高了仪表的功能,强化了其数据处理和采集功能,数据处理效率和速度不断提高,增添了许多实际应用功能,如数据存储、故障检测。同时,结合互联网技术,实现了联网集控等功能。

(3) 商业营销设备:在商业营销系统中广泛使用的电子秤、收款机、条形码阅读器、IC卡刷卡机、出租车计价器以及仓储安全监测系统、商场保安系统、空气调节系统、冷冻保险系统等,都采用单片机控制。

(4) 工业自动化控制:工业自动化控制是最早采用单片机控制的领域之一,如各种测控系统、过程控制、机电一体化、PLC等。在化工、建筑、冶金等工业领域中都要用到单片机控制。

(5) 智能化通信产品:最突出的是手机。当然,手机内的芯片属专用型单片机。

(6) 汽车电子产品:现代汽车的集中显示系统、动力监测控制系统、自动驾驶系统、通信系统和运行监视器(黑匣子)等都离不开单片机。

(7) 航空航天系统和国防军事、尖端武器等领域:单片机的应用更是不言而喻。

单片机应用不仅在于它的广阔范围及带来的经济效益,更重要的是,它从根本上改变了控制系统的传统设计思想和方法。以前采用硬件电路实现的大部分控制功能,正在用单片机通过软件方法来实现。以前自动控制中的PID调节,现在可以用单片机实现具有智能化的数字控制、模拟控制和自适应控制。这种以软件取代硬件并能提高系统性能的控制技术称为微控技术。随着单片机的应用和推广,微控技术将不断发展和完善。

硬件设计是单片机应用开发的基础,软件编程建立在硬件开发的基础之上,软、硬件设计巧妙结合是保证项目开发质量的关键。单片机生产商在将功能落实到实际应用的同时,不断在单片机开发环境上下工夫,国内外单片机生产厂商都有自己独特的软件和硬件开发平台。单片机学习的主要内容是软件和硬件环境。

1. 软件开发环境

软件开发涉及四部分内容:C语言编译器、汇编器、调试器、烧录软件。软件开发环境涉及的部件及其相互关系如图1.4所示。

2. 硬件开发环境

单片机的应用开发不单是指软件开发,它与开发语言和硬件密切相关。掌握单片机应用的软硬件开发需要一个过程。首先必须掌握数字电路和模拟电路方面的知识,还必须学习单片机原理、硬件结构、扩展接口和编程语言。初次开发时因没有经验,可能要经过多次反复才能完成项目,会有较大的收获和积累,表现在硬件设计方面的积累、软件编程方面的

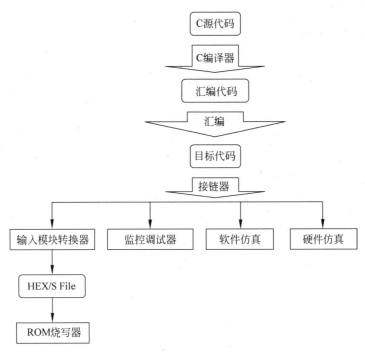

图 1.4　软件开发环境涉及的部件及其相互关系

积累、设计与调试经验方面的积累。单片机应用开发是市场需要,硬件是市场需要的最终目标。单片机应用开发编程必须通过硬件来实现。调试是在硬件实现的同时加以验证的手段。单片机控制处理能力的实现依赖于程序存储器中的程序。程序必须通过烧录才能载入单片机的程序存储器。目前,大多数单片机具备在线烧录能力,不再使用硬件烧录器就能完成烧录。在单片机应用开发过程中,硬件仿真是必要的。硬件仿真器是单片机开发过程中进行硬件仿真调试的仪器,一般需要在软件工具的配合下才能实现硬件仿真。

1.3　STC 系列单片机

　　MCS-51 单片机是目前国内使用最广泛的一种单片机型。全球各单片机生产厂商在 MCS-51 内核基础上,派生了大量的 51 内核系列单片机,极大地丰富了 MCS-51 的种群。其中,具有我国独立自主知识产权的 STC 公司推出了 STC89 系列单片机,增加了大量新功能,提高了 51 的性能,是 MCS-51 家族中的佼佼者。STC 是全球最大的 8051 单片机设计公司,STC 是 SysTem Chip(系统芯片)的缩写,因其产品性能出众,领导着行业的发展方向,被用户评为 8051 单片机全球第一品牌——"51 中的战斗机"。STC 系列单片机技术成熟,并且功能优异,它由深圳宏晶公司研制发明。这种系列的单片机相对于传统的 8051 单片机有很多优势,在性能、片内资源、工作速率上都有大幅提升。图 1.5 所示是 STC 系列一款单片机(STC12C5A60S2)的实物图。

　　为了满足教学上的需求,本书的大部分实例以 STC89C52

图 1.5　STC(DIP)单片机实物

单片机为核心控制器进行讲解。但是对于 STC 高性能单片机,我们将逐渐关注。特别要注意的是,STC 系列单片机采用了基于 Flash 的在线系统编程技术,使其在系统开发方面更加简单、快捷,避免了使用仿真器和专用编码器在单片机应用系统开发中带来的不便,有利于学习。目前单片机生产商众多,单片机种类琳琅满目,为了满足不同单片机应用系统的控制需求,STC 系列有百种单片机产品,可直接替换 Atmel、Philips、Winbond 等公司的产品。从单片机工作速率和片内资源配置角度分析,STC 分为若干系列产品。如按照工作速率,分为 12/6T 和 1T 产品。其中,12/6T 是指一个机器周期内的 12 个时钟或 6 个时钟。这种产品包括 STC89 和 STC90 两个系列。1T 是指一个机器周期只有 1 个系统时钟,包括 STC11/10 和 STC12/15 系列。为了适应市场需求,STC 公司新发布了最先进的 8051 增强型 15 系列单片机。STC 公司目前与国内 100 多所高校建立了 STC 高性能单片机联合实验室。

值得一提的是,虽然 STC89C52(STC89C52RC)单片机已经有 10 余年的历史,但其对学生在单片机的初级学习阶段影响是巨大的。这款单片机资料丰富、方便入门,深受教师和学生的喜爱。学习单片机的目的是利用它学习检测和控制、硬件设计、焊接调试,从而积累项目经验。在以后的实际工作中所用到的单片机不一定是 STC89C52,但是掌握了这种单片机,其他单片机就很容易掌握了,学习研究问题的方法才是最重要的。

1.4　就业需求与教学考试方法

学习单片机技术是有趣的,但也需要学习者的坚持,需要学习者有较强的意志,所以我们首先应该立志,明确为什么学? 怎么学?

1.4.1　单片机技术就业需求

笔者长年进行创新实验室学生科技竞赛指导,总结了很多学习和教学方法,希望本书能够带领更多的学生认真学习单片机技术,成为技术研发工程师。通过智联招聘等招聘网站,以“嵌入式硬件工程师”作为职位关键字搜索,可以找到很多相关的职位。目前国内的嵌入式人才是很匮乏的,很多知名大型企业对嵌入式人才有大量的需求,供不应求的现状也导致嵌入式人才身价上涨,可以说越有专业经验的工程师,就业竞争力就越大。从各大招聘平台调研嵌入式工程师的薪资水平(数据只能作为参考,具体薪资要看个人修为,有的达不到该薪资水平,有的早已超过该薪资水平):应届毕业生平均月薪 7000 元;一年工作经验者月薪 8000～13000 元;两年工作经验者月薪 13000～15000 元;三至五年工作经验者月薪 15000～30000 元。可以看出,学习单片机技术后从事嵌入式技术工程师的薪酬有一定的竞争力。

以单片机技术为基础的嵌入式硬件工程师岗位基本要求如下。

(1) 精通 C/C++语言,熟悉常用的 51、STM32、ARM 体系结构,熟悉 DSP 和 FPGA 控制技术,具有良好的编程规范和编程功底。

(2) 大学阶段独立设计过嵌入式作品及成功的产品设计案例,参加过各类科技创新电子竞赛。具有丰富的嵌入式系统开发经验,开发过 FreeRTOS、UCOS 等嵌入式系统,熟悉 Linux 操作系统。

(3) 熟悉 SIM32 系列/STC 系列单片机的工作原理和使用,对 STM32 的内部功能模块非常熟悉,拥有嵌入式系统、电机驱动、传感器、通信的电路设计及开发经验。

(4) 熟练掌握单片机相关外设驱动开发,熟悉 RS-232、USB、UART、I^2C、SPI 通信协议(精通 RS-485、CAN 等常见的通信协议)。

(5) 具有机器人、无人机、智能车项目设计开发经验,有 FreeRTOS 或 Keil RTX 嵌入式系统移植、应用、量产开发经验,在伺服电机控制上有丰富经验,具有一定的视频图像处理经验。

(6) 熟悉各类元件封装,熟悉 PCB 加工工艺,有扎实的模拟/数字电子电路等基本知识;熟练 2 层、4 层主板的走线,调试动手能力强,熟悉 EDA 设计工具,熟悉安规和 EMC 设计规范;能独立设计原理图和画 PCB,具有一定的焊接能力。

(7) 有良好的开发习惯文档规范及编码习惯。有敬业精神,工作积极主动,责任心强,良好的学习沟通能力和团队合作意识。工作认真负责,有良好的团队意识和独立分析问题、解决问题能力。

笔者希望,当你学习完这本书后,可以立志成为嵌入式技术研发工程师。在大学阶段按照企业用人能力需求,明确目标。在大学期间的不同阶段,设计不同层次的作品,学会芯片级硬件的设计、编程、调试作品、积累经验。相信你毕业后一定能找到理想的工作。

1.4.2　教学方法交流

笔者指导学生进行科技创新活动 15 年,已经为国家培养了接近 200 名嵌入式技术研发工程师,获得国家级、省级各类科技竞赛奖励 100 余项,创立了"以赛代练,以项目驱动"的培养模式,擅长带领学生零基础入门,进行系统培养,使学生毕业后掌握一门本领从而高水平就业。目前主要研究方向是将创新实验室培养模式融入教育教学,经过多年单片机课程教学实战,思路逐渐清晰,总结为"33441"课程思政教学方法,并配有作者线上教学示范课视频,供教师们借鉴。

课程思政线上
教学展示

指导思想是"以学生为中心",培养学生"怀着目标学、理论与实践结合、动起来、天天学、线上线下学"的思想。

作业与预习任务:课下是关键,课上主要是考核和讲解关键问题,在云班课里,课后都要布置作业和下一次的预习任务。

以寝室为单位分组:发挥学生潜能,课下和课上充分讨论。

平台:云班课+QQ。云班课作用是发布资源、监督学习状态;QQ 作用是通知事情,讲课重点截屏发布,交流答疑,在课上个人考核时,谁先做出来谁先发布结果。

1. "33441"课程思政教学模式具体实施方案

课程思政指导思想:创立"33441"教学模式,"以学生为中心",引领学生明确就业目标,以设计作品成果为主线,发挥学生潜能,将素质教育融入整个课程、辐射更多课程。

假期实施 3 引导:①引导学生明确 2 个就业岗位目标;②引导学生构建、熟悉硬件平台;③引导学生提前接受入门任务布置与指导(通过励志教育、培养家国情怀)。

课前实施 3 要求:①要求学生完成作业预习单知识运用、听视频任务;②要求学生编程调试;③要求学生录制成果讲解视频(通过成果视频,引导学生挑战自我,敢于表达;通过团队分组任务,培养学生的责任心和领导能力,团结合作,沟通协调能力)。

课上实施4参与：①学生参与作品演示、引入主题；②学生参与视频评价、成果评价；③学生参与任务考核、预习检测；④学生参与新内容讲解演示、讨论交流(通过过程参与，培养学生好奇心、进取心、自信心、创造力)。

期末实施4验收：①验收学生作品功能设计、框图规划；②验收学生PCB加工、实物焊接与组装；③验收学生软件现场编程与答辩；④验收资料，包含PPT、程序、照片、视频、技术报告(通过作品答辩，培养学生综合设计，自主研发能力以及钻研精神)。

1塑造：塑造学生科学精神和良好品质，成为社会急需的高级应用型技术人才。

2. 教学过程中的注意事项

(1)最主要的是抓住"让学生动起来＋考核"的核心思想。如果学生课前没有很好地复习，教师可以减少考核时间，教学过程可变为边讲、边练、边提问，多走动、多沟通，了解学生的知识掌握程度，灵活处理。

(2)每一次考核都要公平，尽量记录并发布，自行设定加分环节，让学生高度重视。

(3)第一次考核时任务要简单，可采取同组不同题、同组同题等方式，外界互助等多种形式，多出一些能发散学生思维、能发挥学生潜能的题目。

(4)考核任务时注意时间安排，提高效率。

(5)考核通过的学生可以帮助考核没通过的学生，这样做的学生有加分，以防学生空闲。

(6)仿真和实物都应能看到现象，为实物设计作品做好铺垫。

(7)教师上课前要求学生打开笔记本电脑，连接自己的热点，打开QQ。

(8)教师带领学生在智联招聘网站搜索"嵌入式工程师"，引导学生进行就业所需的职业能力分析。

1.4.3 考试方法交流

1. 考试说明借鉴

为加强学生单片机控制技术的分析和解决问题的能力，全方位掌握一个作品的软硬件设计、调试、创新研究的能力，期末考试采取作品答辩方式，具体事宜说明如下。

(1)基本原则：以单片机为核心控制器，电机为主要控制装置，加入多种传感器初步实现智能控制。选题要结合实际应用，具有一定的实用性、创新性。

(2)设计要求：利用所学单片机知识设计一个应用型较强的实物作品。

(3)分数构成为总分100分，设置如下。

第一部分：60分(功能1：老师指定，完成作品的基本功能设计)。

第二部分：20分(功能2：学生自由发挥，进行应用创新或加强技术难度)。

第三部分：20分(提交材料6项：①答辩PPT；②技术报告；③程序；④答辩讲解视频3min；⑤实物或仿真演示视频1min；⑥程序讲解视频2min)。

a. 答辩PPT构成，主要对技术报告内容个性化的展示。

b. 技术报告构成，主要包含以下内容：①功能介绍；②选题意义；③硬件框图；④系统原理图；⑤实物图；⑥学习过程图片；⑦作品设计过程及学习心得总结。

c. 程序：要求编写个性化的程序，并进行注释。

d. 答辩讲解视频：每个人按照答辩PPT录制自己的答辩视频。

e. 实物或仿真演示视频：说出作品的硬件构成、接线和功能，上电后边演示、边解说。

f. 程序讲解视频：对程序的主要思路和程序运行过程进行重点讲解。

（4）考试时间：××××年××月××日，答辩以组形式进行。

（5）提交材料方式：以个人形式，提交一个压缩文件夹，以学号＋姓名＋题目命名。内含答辩 PPT＋技术报告＋程序＋答辩讲解视频＋实物或仿真演示视频＋程序讲解视频，均以学号＋姓名＋其中的内容命名。

（6）特别说明：在答辩过程中必须实事求是，发挥自己的潜能。发现弄虚作假或雷同或问题基本答不上来的学生，即为不及格。

（7）技术支持：期末准备阶段，老师在单片机课程 QQ 群提供技术支持，需要焊接的学生到老师的创新实验室进行。

期末考试答辩相关文档截图如图 1.6 所示。

图 1.6　期末考试答辩相关文档截图

作业和预习学案、
上课过程参考

说明：设计题目参考见本书配套开发板全程教学及视频资源。为了考核学生的真实水平，可以增加上机考试、现场编程部分。教师根据学生的选题设计个性化的考点，并设计考试参考资料，将每个学生的题打印出来。考试时禁止携带手机和任何参考资料，利用仿真图或开发板实物由简单到复杂现场编程，统一将功能、程序、仿真或者实物照片总结到 Word 文档里。

（1）以成果为导向的教学方法实践进阶总结。在上述方法的基础上，作者又进行了试探性的改革：总的原则是把课程学习的内容转化为若干个能力目标，学生只有讲明白才能得到相应的目标分数。具体是要求学生常态化录制学习总结视频，包括原理图讲解、实物讲解、原程序讲解、程序修改讲解、实物演示、创新发挥等。以组形式提交，每次课前评价，节省上课检查时间，上课只需评价个别同学视频效果，如：态度是否认真，语音是否洪亮，字迹是否清楚，是否融入自己的思想，是否熟练使用绘图软件、录音、视频剪辑软件等，是否边写程序边下载演示效果等。总之，通过视频成果的考查，能够高效地检测学生的学习效果。很多学生敢说、敢想了，仿佛一个技术专家，为就业奠定了良好的基础。

（2）增加课程思政内容。通过励志、岗位目标的教育引导学生树立正确人生观、价值观，具有家国情怀；通过分组任务，培养学生团结合作，沟通协调能力；通过成果视频，引导学生挑战自我，敢于表达，塑造科学品质；通过作品实物答辩，培养学生创新意识，拼搏精神，具备超强的自学和研发能力。有关课程思政的内容不断更新，详见本书配套开发板全程教学及视频资源。

综上所述，教学方法和学习方法永远在路上，大家一起学习，进步，不断改革提高。

习题与思考题

1. 单片机这一概念是如何定义的？单片机是否有其他名称？
2. 简述单片机分类和其组成部分。
3. 单片机有哪些功能和应用？
4. 列举实验室或现实生活及工业控制领域中两款常用的单片机。
5. 查阅资料，简述单片机与家用计算机的区别。

实践应用题

1. 登录 STC 系列单片机生产厂家官方网页 www.stcmcu.com，熟悉页面内容，下载最新的"STC-ISP 下载烧写软件×××.exe"和 STC89C52 和 STC12C5A60S2 单片机芯片手册，结合实际应用，总结两款单片机有何区别。

2. 打开"智联招聘"网页，搜索多个城市以单片机技术为基础的"嵌入式硬件工程师"就业岗位，分析就业能力的需求和发展前景。

3. 通过学习本章的视频、PPT 等相关内容，认真思考，写一份"关于单片机课程对我将来就业启发的学习规划"。内容主要包括这门课为什么重要？以后想从事什么工作？打算怎样学习这门课程？

4. 你想发明创造什么作品来解决日常生活中的很多不便？具体解决什么问题？请用笔形象地画出来。

51单片机结构体系

本章首先用一个案例解释说明单片机的内核；然后介绍 AT89C51 系列单片机的基本硬件结构、引脚功能、存储器、特殊功能寄存器及外部的 I/O 接口；最后给出单片机的最小系统实例。

2.1 案例目标 2 单片机的内核

AT89 系列单片机是 Atmel(艾特美尔)公司生产的与 MCS-51 系列单片机兼容的产品。该系列产品的最大特点是在片内含有 Flash 存储器，有着十分广泛的应用前景和用途。

AT89 系列单片机在结构上基本相同，只是在个别模块和功能上有些区别。89 系列单片机型号由 3 个部分组成，分别是前缀、型号、后缀，格式为 AT89C(LV、S)××××。

1. 前缀

前缀由字母"AT"组成，表示该器件是 Atmel 公司的产品。

2. 型号

型号由"89C××××"或"89 LV××××"或"89 S××××"等表示。"9"表示芯片内部含 Flash 存储器，"C"表示是 CMOS 产品，"LV"表示低电压产品，"S"表示含可串行下载的 Flash 存储器。"××××"为表示型号的数字，如 51、52、2051 等。

3. 后缀

后缀由"××××"4 个参数组成，与产品型号间用"-"号隔开。后缀中的第一个参数"×"表示速度，其含义如下。

- ×＝12，表示速度为 12MHz。
- ×＝16，表示速度为 16MHz。
- ×＝20，表示速度为 20MHz。

- ×＝24，表示速度为 24MHz。

后缀中的第二个参数"×"表示封装，其含义如下。

- ×＝J，表示 PLV 封装。
- ×＝P，表示塑料双列直插 DIP 封装。
- ×＝S，表示 SOIC 封装。
- ×＝Q，表示 PQFP 封装。
- ×＝A，表示 TQFP 封装。
- ×＝W，表示裸芯片。

后缀中的第三个参数"×"表示温度范围，其含义如下。

- ×＝C，表示商业用产品，温度范围为 0～+70℃。
- ×＝I，表示工业用产品，温度范围为 −40～+85℃。
- ×＝A，表示汽车用产品，温度范围为 −40～+125℃。
- ×＝M，表示军用产品，温度范围为 −55～+150℃。

后缀中的第四个参数"×"用于说明产品的处理情况，其含义如下。

- ×为空，表示为标准处理工艺。
- ×＝/883，表示处理工艺采用 MIL-STD-883 标准。

例如，单片机型号为 AT89C51-12PI，表示该产品是 Atmel 公司的 Flash 单片机，采用 CMOS 结构，速度为 12MHz，封装为塑封 DIP（双列直插方式），是工业用产品，按标准处理工艺生产。

2.1.1 51 单片机的引脚功能

图 2.1 所示为 AT89C51 单片机的引脚功能图。51 系列中的 AT89C51 单片机通常使用 40 引脚的双列直插式封装。在这 40 个引脚中，电源和接地线 2 根，外置石英振荡器的时钟线 2 根，4 组 8 位 I/O 共 32 个口，中断接口线与并行接口中的 P3 接口线复用。因为受到引脚数目的限制，51 单片机的引脚具有第二功能。单片机引脚分为 4 类：电源引脚、时钟引脚、控制引脚和 I/O 引脚。牢记引脚的位置对熟练地调试单片机非常有帮助。

区分芯片引脚序号，观察其表面，会找到一个凹进去的小圆坑，或是用颜色标识的小标记（圆点或三角或其他小图形）。这个小圆坑或小标识左边对应的引脚就是此芯片的第 1 引脚。

1. 主电源引脚 V_{CC} 和 GND

电源引脚提供芯片的工作电源。51 系列单片机采用 +5V 供电。

（1）V_{CC}：V_{CC} 接 +5V 电压。

（2）GND：GND 接地。

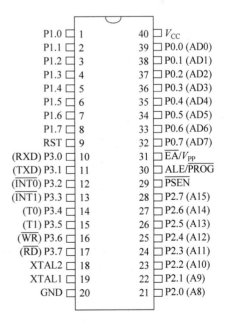

图 2.1 AT89C51 单片机的引脚

2．时钟电路引脚 XTAL1 和 XTAL2

XTAL1 接外部晶振和微调电容的一端。XTAL2 接外部晶振和微调电容的另一端。对单片机，振荡电路就好比人的心脏，只有按照一定的规律不停地跳动，才会正常地运行。常见晶振选择 11.0592MHz、12MHz 以及 22.1184MHz。要检查 51 单片机的振荡电路是否正确工作，用示波器查看 XTAL2 端口是否有正弦波信号输出。若有信号输出，则为正常工作。

3．控制信号引脚

1）RST

复位的目的是使单片机和系统中的其他部件处于某种确定的初始状态。时钟电路工作后，在 RST 引脚上出现高电平，单片机内部进行初始复位。复位后，片内寄存器状态如表 2.1 所示。复位信号输入，在引脚加上持续时间大于 2 个机器周期的高电平，可使单片机复位。单片机将从 0000H 单元开始执行程序。

表 2.1　复位后内部寄存器状态

寄 存 器	内 容	寄 存 器	内 容
PC	0000H	TMOD	00H
ACC	00H	TCON	00H
B	00H	TH0	00H
PSW	00H	TL0	00H
SP	07H	TH1	00H
DPTR	0000H	TL1	00H
P0~P3	FFH	SCON	00H
IP	***00000	SBUF	不定
IE	0**00000	PCON	0***0000

复位不影响片内 RAM 状态，只要该引脚保持高电平，单片机将循环复位。当该引脚从高电平变成低电平时，单片机将从 0000H 单元开始执行程序。复位有两种：上电复位和开关复位。

（1）上电复位：在通电瞬间，由于电容两端电压不能突变，电容通过电阻充电，在 RST 端出现高电平。随着时间推移，RST 端逐渐变成低电平。

（2）开关复位：在程序运行期间，如果有必要，可通过开关手动使系统复位。

2）ALE

ALE 为地址锁存信号/编程脉冲输入端。

当访问外部存储器时，ALE 信号负跳变触发外部的 8 位锁存器（如 74LS373），将端口 P0 的地址总线（A0~A7）锁存至锁存器中。在非访问外部存储器期间，ALE 引脚的输出频率是系统工作频率的 1/16，可以用来驱动其他外围芯片的时钟输入。当访问外部存储器期间，将以 1/12 振荡频率输出。

3）PSEN

访问外部程序存储器选通信号，低电平有效。在访问外部程序存储器读取指令码时，每个机器周期产生二次 PSEN 信号。在执行片内程序存储器指令时,不产生 PSEN 信号。在访问外部数据时,亦不产生 PSEN 信号。

4) EA/V_{PP}

内部和外部程序存储器选择信号。该引脚为低电平时,读取外部的程序代码(存于外部 EPROM 中)来执行程序。使用 AT89C51 或其他内部有程序空间的单片机时,此引脚接成高电平,使程序运行时访问内部程序存储器。当程序指针 PC 值超过片内程序存储器地址(如 8051/8751/89C51 的 PC 超过 0FFFH)时,将自动转向外部程序存储器继续运行。

4. 并行 I/O 口 P0～P3 端口引脚

51 系列单片机有 4 个双向的 8 位并行 I/O 端口:P0、P1、P2 和 P3,它们的输出锁存器属于特殊功能寄存器。4 个端口除了按字节输入/输出外,还可按位寻址输入/输出,便于实现位控功能。

2.1.2 51 单片机的硬件结构

AT89C51 单片机内部由 1 个 8 位 CPU、4KB Flash ROM、128B RAM、4 个 8 位并行 I/O 端口(P0～P3)、1 个串行口、2 个 16 位定时器/计数器、中断系统以及特殊功能寄存器(SFR)等组成,如图 2.2 所示。

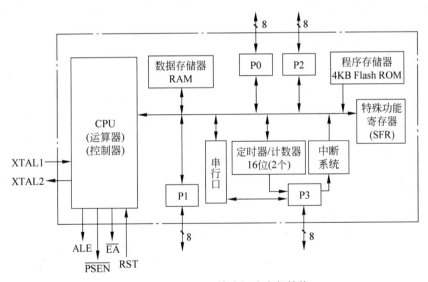

图 2.2 AT89C51 单片机片内部结构

1. CPU

CPU 也叫中央处理器,是单片机的核心部件,包括运算器和控制器。

(1) 运算器:对操作数进行算术、逻辑和位操作运算,主要包括算术逻辑运算单元 ALU、累加器 A、位处理器、程序状态字寄存器 PSW 及两个暂存器。计算机对任何数据的加工、处理必须由运算器完成。

(2) 控制器:功能是控制指令的读入、译码和执行,从而对各功能部件进行定时和逻辑控制。控制器主要包括程序计数器、指令寄存器、指令译码器及定时控制电路等。

2．程序存储器（Flash ROM）

片内集成有 4KB 的 Flash 存储器（52 位 8KB），片外可扩展 64KB。

3．数据存储器（RAM）

片内为 128B（52 子系列为 256B），片外最多可扩 64KB。

4．并行 I/O 端口

P0～P3 是 4 个 8 位并行 I/O 端口，每个端口既可作为输入，也可作为输出。每次可以并行输入或输出 8 位二进制信息。单片机在与外部存储器及 I/O 端口设备交换数据时，由 P0～P3 端口完成。

5．定时器/计数器

51 子系列单片机共有 2 个 16 位的定时器/计数器（52 子系列有 3 个）。每个定时器/计数器既可以设置成计数方式，也可以设置成定时方式。

6．中断系统

51 系列单片机共有 5 个中断源（52 系列有 6 个），分为 2 个优先级，每个中断源的优先级都可以编程用于控制。

7．串行口

一个全双工的异步串行口提供对数据的各位按时序一位一位地传送。

8．特殊功能寄存器（SFR）

共有 26 个特殊功能寄存器，负责对片内各功能部件管理、控制和监视。

2.1.3　51 单片机的存储器

1．AT89C51 单片机存储配置

单片机的存储结构有两种：一种称为哈佛（Harvard）结构，即程序存储器和数据存储器分开，相互独立；另一种称为普林斯顿（Princeton）结构，即程序存储器和数据存储器是统一的，地址空间统一编址。AT89C51 单片机的存储器结构属于哈佛结构，主要特点是程序存储器和数据存储器的寻址空间是相互独立的，各有各的寻址机构和寻址方式。

对于 51 系列（8031 除外），有 4 个物理上相互独立的存储空间：片内、片外程序存储器，片内、片外数据存储器。图 2.3 所示为 AT89C51 单片机存储器的配置图。

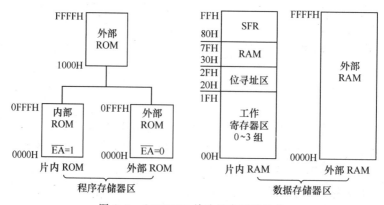

图 2.3　AT89C51 单片机存储器结构

存储器空间划分为 4 类：程序存储器空间、片内数据存储器空间、特殊功能寄存器空间及位地址空间。

2. 程序存储器

对于 AT89C51,程序存储器(ROM)的内部地址为 0000H～0FFFH,共 4KB;最多可外扩 64KB 程序存储器,使用片内还是片外程序存储器,由 $\overline{EA}$ 引脚上所接的电平确定。64KB 的 ROM 中,6 个单元地址具有特殊用途,是保留给系统使用的。0000H 是系统的启动地址,一般在该单元中存放一条绝对跳转指令。0003H、000BH、000BH、001BH 和 0023H 对应 5 种中断源的中断服务入口地址。

3. 数据存储器

数据存储器用于存放程序运算的中间结果、状态标志位等。数据存储器由 RAM 构成,一旦断电,其数据将丢失。

1) 片内数据存储器的配置

数据存储器分为内部数据存储器和外部数据存储器,是两个独立的地址空间。片内数据存储器结构如图 2.4 所示。

由图 2.4 可知,片内 RAM 为 256 字节,地址范围为 00H～FFH,分为以下两大部分。

(1) 低 128 字节(00H～7FH)为真正的 RAM 区。其中,00H～1FH:32 个单元,是 4 组通用工作寄存器区,每组由 8 个单元按序组成通用寄存器 R0～R7。通用寄存器 R0～R7 不仅用于暂存中间结果,而且是 CPU 指令中寻址方式不可缺少的工作单元。

30H～7FH:80 个用户 RAM 区,只能字节寻址,用作数据缓冲区以及堆栈区。

RAM 中的位寻址区地址表如表 2.2 所示。

图 2.4 片内数据存储器结构

表 2.2 RAM 中的位寻址区地址

RAM 地址	D7	D6	D5	D4	D3	D2	D1	D0
20H	07	06	05	04	03	02	01	00
21H	0F	0E	0D	0C	0B	0A	09	08
22H	17	16	15	14	13	12	11	10
23H	1F	1E	1D	1C	1B	1A	19	18
24H	27	26	25	24	23	22	21	20
25H	2F	2E	2D	2C	2B	2A	29	28
26H	37	36	35	34	33	32	31	30
27H	3F	3E	3D	3C	3B	3A	39	38
28H	47	46	45	44	43	42	41	40
29H	4F	4E	4D	4C	4B	4A	49	48
2AH	57	56	55	54	53	52	51	50

续表

RAM 地址	D7	D6	D5	D4	D3	D2	D1	D0
2BH	5F	5E	5D	5C	5B	5A	59	58
2CH	67	66	65	64	63	62	61	60
2DH	6F	6E	6D	6C	6B	6A	69	68
2EH	77	76	75	74	73	72	71	70
2FH	7F	7E	7D	7C	7B	7A	79	78

20H～2FH 有 16 个单元,可进行 128 位的位寻址。既可以像普通 RAM 单元按字节地址存取,又可以按位存取。这 16 个字节共有 128(16×8)个二进制位,每一位都分配一个位地址,编址为 00H～7FH。

(2) 高 128 字节(80H～FFH)为特殊功能寄存器区 SFR。SFR 的名称及其地址分布如表 2.3 所示。

表 2.3　SFR 的名称及其地址分布

特殊功能寄存器符号	名　称	字节地址	位 地 址
B	B 寄存器	F0H	F7H～F0H
A(或 ACC)	累加器	E0H	E7H～E0H
PSW	程序状态字	D0H	D7H～D0H
IP	中断优先级控制	B8H	BFH～B8H
P3	P3 口	B0H	B7H～B0H
IE	中断允许控制	A8H	AFH～A8H
P2	P2 口	A0H	A7H～A0H
SBUF	串行数据缓冲器	99H	
SCON	串行控制	98H	9FH～98H
P1	P1 口	90H	97H～90H
TH1	定时器/计数器 1(高字节)	8DH	
TH0	定时器/计数器 0(高字节)	8CH	
TL1	定时器/计数器 1(低字节)	8BH	
TL0	定时器/计数器 0(低字节)	8AH	
TMOD	定时器/计数器方式控制	89H	
TCON	定时器/计数器控制	88H	8FH～88H
PCON	电源控制	87H	
DPH	数据指针高字节	83H	
DPL	数据指针低字节	82H	
SP	堆栈指针	81H	
P0	P0 口	80H	87H～80H

① 累加器 ACC：字节地址为 E0H，可对其 D0～D7 各位进行位寻址。D0～D7 位地址相应为 E0H～E7H。

② 程序状态字 PSW：字节地址为 D0H。D0～D7 数据位的位地址相应为 D0H～D7H，并可对其 D0～D7 各位进行位寻址，主要用于寄存当前指令执行后的某些状态信息。例如，Cy 是进位/借位标志，指令助记符为 C，位地址为 D7H（也可表示为 PSW.7）。

③ 堆栈指针 SP：字节地址为 81H，不能进行位寻址。

④ 端口 P1：字节地址为 90H，并可对其 D0～D7 各位进行位寻址。D0～D7 数据位的位地址相应为 90H～97H（也可表示为 P1.0～P1.7）。

2) 外部 RAM

外部数据存储器一般由静态 RAM 构成，其容量大小由用户根据需要而定，最大可扩展到 64KB RAM，地址是 0000H～0FFFFH。CPU 通过 MOVX 指令访问外部数据存储器，采用间接寻址方式，R0、R1 和 DPTR 都可用作间接寄存器。

注意：外部 RAM 和扩展的 I/O 接口是统一编址的，所有的外扩 I/O 接口都要占用 64KB 中的地址单元。

2.1.4 51 单片机的时钟与复位

1. CPU 时序

时序是计算机指令执行时各种微操作在时间上的顺序关系。计算机执行的每一项操作都是在时钟信号的控制下进行的。每执行一条指令，CPU 都发出一系列特定的控制信号，使指令能够正确执行。

1) 时钟周期

时钟周期也称振荡周期，即振荡器的振荡频率 f_{OSC} 的倒数，是时序中最小的时间单位。51 单片机通常使用 12MHz 石英晶体振荡器，此时的时钟周期为 $1/12\mu s$。

2) 机器周期

执行一条指令的过程可分为若干个阶段，每一阶段完成一项规定的操作。完成一项规定操作所需要的时间称为一个机器周期。通常情况下，机器周期为时钟周期的 12 倍，使用 12MHz 晶振时，51 单片机的机器周期为 $1\mu s$。

3) 指令周期

指令周期定义为执行一条指令所用的时间。指令周期通常为 1～4 个机器周期。乘除指令耗时较多，为 4 个机器周期。使用 12MHz 晶振时，51 单片机完成一次乘除指令需要消耗大约 $4\mu s$ 的时间。

2. 时钟电路

51 单片机的时钟电路两种常用接法，如图 2.5 所示。实际使用时一般是采用图 2.5(a) 所示接法，即只需 1 个晶振（频率根据需要选择）、2 个 30pF 微调电容（起稳定振荡频率的作用）。

3. 复位电路

单片机在启动运行时需要复位时，CPU 以及其他功能部件处于确定的初始状态（如 PC

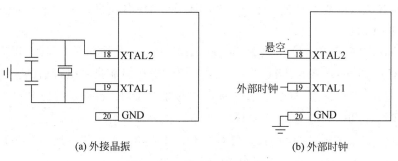

(a) 外接晶振　　　　　　　　(b) 外部时钟

图 2.5　51单片机时钟电路

的值为 0000H),并从这个状态开始工作。对于 C 语言程序,复位后程序从主函数开始重新运行。另外,在单片机工作过程中,如果出现死机的情况,必须对单片机复位,使其重新开始工作。当外界给单片机的 9 脚(RST)一小段高电平时,单片机就会复位,但是 9 脚不能一直是高电平,那样会一直复位。实际是给 9 脚一个下降沿,完成一次复位。51 单片机的复位电路通常包括上电复位电路和按键(外部)复位电路。3 种复位电路图如图 2.6 所示。

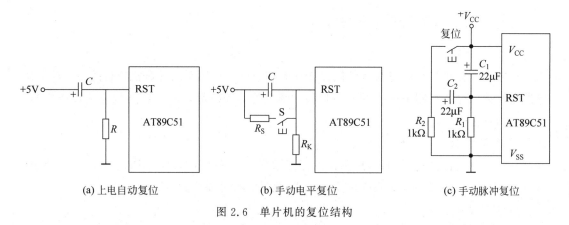

(a) 上电自动复位　　　　(b) 手动电平复位　　　　(c) 手动脉冲复位

图 2.6　单片机的复位结构

2.2　案例目标 3　单片机最小系统的硬件设计

单片机的最小系统是非常好的实践案例,涉及非常多的电子知识,如常用电子元器件的识别及测量和焊接等。熟练掌握这些知识,可以为后续的学习打下良好的基础。本案例要求学生先熟悉常用元器件,并用万用表进行测量,确保元器件都是良好的,然后进行焊接练习。要求学生熟练掌握焊接技术。最小系统建立后,要求学生使用示波器测量时钟部分,找到单片机的时钟信号和 ALE 引脚上的信号。最后,牢记单片机的引脚分布,掌握复位电路和时钟电路的原理。

2.2.1　单片机最小系统原理图

单片机最小系统原理图如图 2.7 所示。

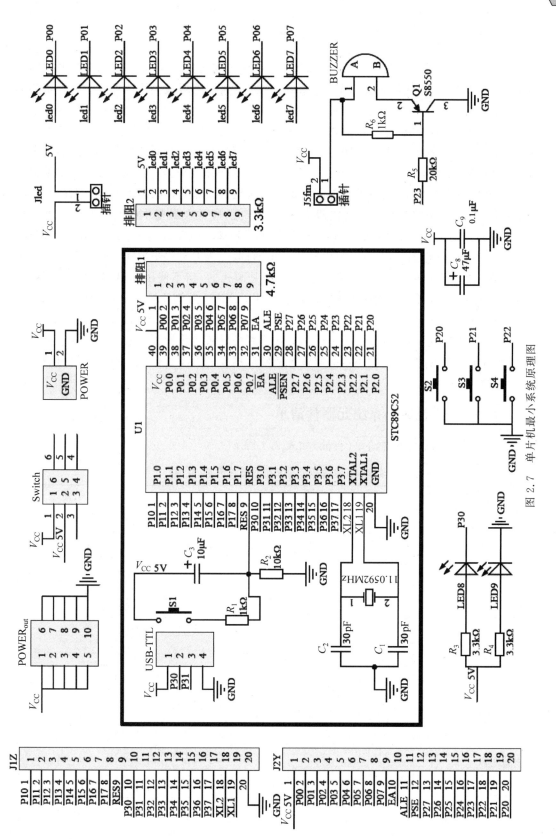

图 2.7 单片机最小系统原理图

2.2.2　单片机最小系统原理图讲解

学习单片机最重要的是实践,掌握单片机最小系统的设计是学习单片机技术的"大门"。只有打好这个基础,才能够控制形形色色的外部器件,所以要对最小系统的知识给予足够的重视。单片机的最小系统由组成单片机系统必需的一些元器件构成,除了单片机之外,还包括电源供电电路、时钟电路、复位电路。如图 2.7 所示,图中标黑框的部分表示最基本的最小系统电路。如果按照图中的接法,可实现程序的下载功能,但是对控制外围电路会带来诸多不便。比如,下载时 USB-TTL 下载头的 GND 或 V_{cc} 需要拔插;电源连接后看不出来单片机是否供电;对于 I/O 端口控制外围电路无法引线;电源工作状态不稳定;不能对外部器件供电;指示和报警基本调试功能没有等。鉴于此,通常在最基本的最小系统上加黑框外围的电路。USB-TTL 为 USB-TTL 下载器;J1Z 为单片机左边的 1～20 引脚引出排针;J2Y 为单片机右边的 21～40 引脚引出排针;POWER$_{out}$ 为对外供电电源;Switch 为单片机上电开关;POWER 为 220～5V 开关电源,一般是圆孔的,当不使用 USB-TTL 供电,或电流不能满足要求时,可以使用这种黑方块电源供电;LED9 为单片机上电指示灯;LED8 为单片机下载指示灯;S2～S4 为 3 个独立按键;C8、C9 为电源滤波电路;Jled 为两个插针,连接跳线帽,主要给 8 个小灯通电,不用小灯功能时可以将跳线帽拔下来。8 个小灯连接 P0口,作为调试功能使用,如根据小灯亮暗情况判断数据值的大小。J5fm 为蜂鸣器供电插针,连接跳线帽。

2.2.3　单片机最小系统元器件清单

单片机最小系统元器件清单(直插)如表 2.4 所示。

表 2.4　单片机最小系统元器件清单(直插)

元器件名称	规格、型号	数　量	备　注
单片机	STC89C52RC	1	U1
插座	40 脚	1	
小复位按键	4 脚	4	S1、S2、S3、S4
自锁按键	6 脚	1	Switch
圆孔插座		1	POWER 注意孔大
排阻	3.3kΩ	1	9 脚,排阻 2
电阻	20Ω	1	R_5
	1kΩ	1	R_1、R_6
	10kΩ	1	R_2
	3.3kΩ	2	R_3、R_4
排阻	4.7kΩ	1	9 脚,排阻
USB-TTL 下载器	pl2303 或 ch340	1	
发光二极管	红色(φ5)	10	
电解电容	47μF	1	C_8
	10μF	1	C_3
瓷片电容	104F	1	C_9
	30pF	2	C_1、C_2

元器件名称	规格、型号	数 量	备 注
晶振	11.0592MHz	1	
跳线帽		2	Jled、J5fm
有源蜂鸣器		1	BUZZER
三极管 PNP	S8550	1	Q1
焊锡		若干	
杜邦线		若干	
杜邦头		若干	
排阵	单排或双排	若干	J1Z、J2Y、POWER$_{out}$、Jled、J5fm

2.2.4 单片机最小系统实物图

单片机最小系统实物图如图 2.8 所示。

(a) 手工走线的单片机最小系统正面

(b) 手工走线的单片机最小系统背面

(c) PCB加工的单片机最小系统

图 2.8 单片机最小系统实物图

2.2.5 单片机最小系统注意事项

(1) 用万用表测量元器件,保证元器件是良好的(万用表用后应随时断电)。

(2) 元器件注意正、负极。

（3）焊接时要轻，切勿把焊点弄掉。

（4）为了便于检查线路及安全，要尽量少走线，多使用焊锡。实在需要飞线，可在板子正面操作。

（5）为了更加稳定，振荡电路要和18、19脚近些，可以放到单片机底座内。单片机最小系统尽量排得紧密，越紧凑，越节省空间。

（6）焊接完，先用万用表测试正、负是否短接。若无短接，再上电。注意，USB-TTL下载器要与4个排阵对应接好。V_{cc}连V_{cc}，GND连GND，TXD连RXD，RXD连TXD。

（7）下载时，若有开关，不需要拔插正、负极；若无开关，需要拔插正、负极。若程序无法下载，首先检测单片机20脚和40脚的电压是否5V。若不是，使用万用表查找原因；若是5V，还是无法下载，检查P3.0口的RXD是否和USB-TTL转换器的TXD连接，P3.1口TXD是否和USB-TTL转换器的RXD连接。若没问题，检查单片机第9脚，即复位引脚是否为低电平。若是低电平，按下复位按键后变为高电平，表明正确；若是高电平，单片机一直会复位，程序无法下载。若把按键接在两个常闭引脚上，就会一直高电平。若第9脚还是低电平，但仍然无法下载程序，用示波器检测单片机第18脚和第19脚。若两个脚出现大小不同的正弦波，说明连接正确。用示波器测试最小系统单片机的第30引脚（ALE），应输出方波。有的时候会不小心把30pF电容短接。为了熟悉示波器的使用，要求学生测量并找到晶振的时钟信号。

2.2.6　单片机最小系统电子元器件

下面分别讲解单片机最小系统涉及的元器件。

1. 电阻

图2.9所示的是常见的电阻，电阻是所有电子电路中使用最多的元件。导体的电阻通常用字母R表示，电阻的单位是欧姆，简称欧，符号是Ω。比较大的单位有千欧（kΩ）、兆欧（MΩ）（兆＝百万），它的换算关系是：1MΩ＝1000kΩ，1kΩ＝1000Ω。

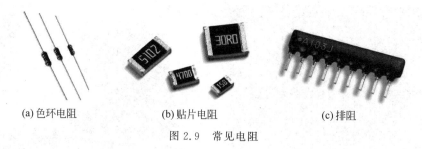

(a) 色环电阻　　　　　(b) 贴片电阻　　　　　(c) 排阻

图2.9　常见电阻

电阻的主要物理特征是变电能为热能，即它是一个耗能元件，电流经过它产生内能。电阻在电路中通常起分压、分流的作用，交流与直流信号都可以通过电阻。

由于电阻阻值有数字和色环两种表示法，所以阻值的读数也有两种。

（1）数字表示法：辨认时，数字的前两位为有效数字，第三位为倍率。例如，314表示$31×10^4\Omega＝330$kΩ；255表示$25×10^5\Omega＝2.5$MΩ。

（2）色环表示法：四环电阻的第一环和第二环代表有效数字；第三环代表10的幂次，即倍率；第四环为误差。第一、二环颜色为：棕红橙黄绿蓝紫灰白黑，分别对应数字 1 2 3 4

5 6 7 8 9 0。第三环颜色为棕红橙黄绿蓝紫黑金银,对应数字 10^1 10^2 10^3 10^4 10^5 10^6 10^7 10 10^{-1} 10^{-2}。对于第四环,金:$\pm5\%$;银:$\pm10\%$。

建议将颜色分成两段背诵,以便记忆:

棕一、红二、橙三、黄四、绿五;

蓝六、紫七、灰八、白九、黑零。

此外,有金、银两个颜色要特别记忆,它们在色环电阻中处在不同的位置,具有不同的数字含义,需要特别注意。例如:

红紫棕金,阻值为 $27\times10^1=270(\Omega)\pm5\%$;

红红黑金,阻值为 $22\times10^0=22(\Omega)\pm5\%$。

识别哪个是四环的第一环,通常使用经验方法:四环电阻的偏差环一般是金或银;如果读反,识读结果将完全错误。一般来说,有以下规律:偏差环距其他环较远;偏差环较宽;第一环距端部较近。

另外,高精密的电阻用五色环表示,还有用六色环表示的(只用于高科技产品,且价格十分昂贵)。

电阻是一个线性元件。说它是线性元件,是因为通过实验发现,在一定条件下,流经一个电阻的电流与电阻两端的电压成正比,即符合欧姆定律:$I=U/R$。

电阻的种类很多,通常分为碳膜电阻、金属膜电阻、线绕电阻等;又包含固定电阻与可变电阻、光敏电阻、压敏电阻、热敏电阻等。常见的碳膜电阻或金属膜电阻在温度恒定,且电压值和电流值限制在额定条件之内时,可用线性电阻模拟。如果电压值或电流值超过规定值,电阻将因过热而不遵从欧姆定律,甚至被烧毁。

通常来说,使用万用表可以很容易判断出电阻的好坏:将万用表调节在电阻挡的合适挡位,并将万用表的两个表笔放在电阻的两端,就可以从万用表上读出电阻的阻值。应注意的是,测试电阻时,手不能接触到表笔的金属部分。但在实际电器维修中,很少出现电阻损坏的情况。应着重注意的是电阻是否虚焊、脱焊。

电阻的主要作用是阻碍电流流过。电阻应用于限流、分流、降压、分压、负载与电容配合用作滤波器等。在数字电路中,按不同功能有上拉电阻和下拉电阻之分。

2. 电容

电容器是一种重要的电学元件,应用广泛。在两块相距很近的平行金属板中间夹上一层绝缘物质——电介质(空气也是一种电介质),就构成了一个最简单的电容器,叫作平行板电容器。这两块金属板叫作极板,中间的绝缘物质叫作电介质。

一个电容器所带的电荷量 Q 与电容器两块极板间的电势差 U 成正比,比值 Q/U 是一个常量,与电容器本身有关。不同的电容器,比值不同。可见,这个比值表征了电容器储存电荷的特性。定义电荷量 Q 与电势差 U 的比值,叫作电容器的电容,用 C 表示。

电容的单位是法拉(简称法),用字母 F 表示。比法拉小的单位还有毫法(mF)、微法(μF)、纳法(nF)、皮法(pF),它们之间的换算关系是:

$$1F=1000mF;\quad 1mF=1000\mu F;\quad 1\mu F=1000nF;\quad 1nF=1000pF$$

其中,最常用的是微法(μF)和皮法(pF)。

图 2.10 所示的是常用的电容。

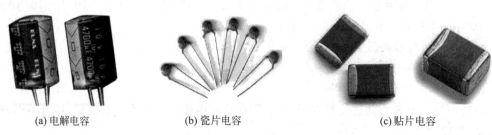

(a) 电解电容　　　　　　　　(b) 瓷片电容　　　　　　　　(c) 贴片电容

图 2.10　常用电容

由于电容单位 F 表示的容量非常大,所以用到的单位一般是 μF、nF、pF。在电路图中,经常将 μF、pF 的"F"省略,只显示 μ、p。实际的电容标注法一般是:小于 9900p 用 p 表示,大于 0.01μ(含 0.01μ)用 μ 表示。

标注容量值的方法通常有直接标注法和乘方数标注法。举例说明如下。

(1) 0.01μF、0.047μF、3300pF、560pF 使用的就是直接标注法,显示的就是实际容量,不必换算。

(2) 10、101、102、103、104 使用的是乘方标注方法。前 2 位为容量,第 3 位为乘方数。乘方数单位为 p。如 221 表示 22 乘以 10 的 1 次幂,等于 220pF;472 表示 47 加 2 个"0",等于 4700pF;683 表示 68 加 3 个"0",等于 0.068μF;103 就是 10000pF。

3. 晶振

晶振即石英晶体谐振器(无源)和石英晶体振荡器(有源)的统称。

晶振分为无源和有源两类。无源晶振叫作 crystal(晶体),有源晶振叫作 oscillator(振荡器)。无源晶振需要借助于时钟电路才能产生振荡信号,自身无法振荡起来;有源晶振是一个完整的谐振振荡器。石英晶体振荡器与石英晶体谐振器都是提供稳定电路频率的一种电子器件。石英晶体振荡器利用石英晶体的压电效应起振,而石英晶体谐振器利用石英晶体和内置 IC 共同作用工作。振荡器直接应用于电路中。谐振器工作时,一般需要提供 3.3V 电压来维持工作。振荡器比谐振器多了一个重要技术参数——谐振电阻,而谐振器没有电阻要求。谐振电阻的大小直接影响电路的性能,这是各厂家产品竞争的一个重要技术参数。

1) 晶振的原理

(1) 压电效应(物理特性):在水晶片上施以机械应力时,产生电荷的偏移,即为压电效应。

(2) 逆压电效应:对水晶片施加电场,会造成水晶片变形,即产生逆压电效应。利用这种特性产生机械振荡,并将其变换成电气信号。

2) 晶振的作用

(1) 为频率合成电路提供基准时钟,产生原始的时钟频率。

(2) 为电路产生振荡电流,发出时钟信号。

晶振最重要的参数是晶振的标称频率 f,即晶体元件规范(或合同)指定的频率,单位是赫兹(Hz)、千赫兹(kHz)、兆赫兹(MHz)。

图 2.11 所示是单片机中常用的晶振。

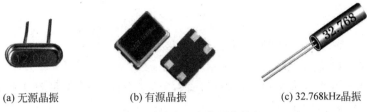

(a) 无源晶振   (b) 有源晶振   (c) 32.768kHz晶振

图 2.11   单片机中常用的晶振

2.2.7   电子元器件的焊接

焊接是电子系统中一个重要的环节,焊接的好坏在很大程度上影响了电子系统的可靠性。实验室常用的焊料是中间填充了松香的焊锡丝。焊锡的主要成分是铅和锡,按照40%和60%的比例混合在一起。近年来,随着环保要求的提高,我国出口到欧美一些地区的电子产品开始要求使用无铅焊接技术。

注意:铅是有毒的,焊接完成后,若不及时洗手,铅会进入人体,长时间积累会对人体造成伤害。

焊接的准备工作如下所述:将电烙铁预热,然后将烙铁头过一层焊锡。预热好的标志是焊锡丝很快就融化。将元器件的引脚镀上一层锡,后面的焊接工作会变得非常简单。

正确的手工焊接操作过程分为5个步骤,如图2.12所示。

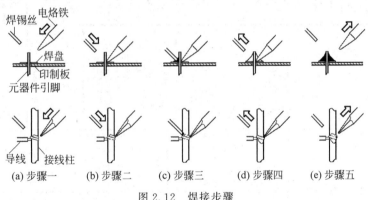

(a) 步骤一   (b) 步骤二   (c) 步骤三   (d) 步骤四   (e) 步骤五

图 2.12   焊接步骤

步骤一:准备施焊[如图2.12(a)所示]。

左手拿焊丝,右手握烙铁,进入备焊状态。要求烙铁头保持干净,无焊渣等氧化物,并在表面镀有一层焊锡。

步骤二:加热焊件[如图2.12(b)所示]。

烙铁头靠在两个焊件的连接处,加热整个焊件全体,时间为1~2s。对于在印制板上焊接元器件来说,要注意使烙铁头同时接触两个被焊接物。例如,图2.12(b)中的导线与接线柱、元器件引线与焊盘要同时均匀受热。

步骤三:送入焊丝[如图2.12(c)所示]。

焊件的焊接面被加热到一定温度时,焊锡丝从烙铁对面接触焊件。注意,不要把焊锡丝送到烙铁头上。

步骤四：移开焊丝[如图2.12(d)所示]。

当焊丝熔化一定量后，立即向左上45°方向移开焊丝。

步骤五：移开烙铁[如图2.12(e)所示]。

焊锡浸润焊盘和焊件的施焊部位以后，向右上45°方向移开烙铁，结束焊接。从第三步开始，到第五步结束，时间也是1~2s。

2.3 配套开发板介绍

学习单片机需要通过设计自己的作品培养自学能力、创新能力、分析和解决问题的能力，从而积累项目经验，为将来就业和工作打下坚实的基础。因为需要有硬件平台，边学、边做实验，为此，王老师51单片机开发板应运而生，该开发板历经10余年教学经验总结，特别适合零基础入门、想从事研发工作的学生。

2.3.1 开发板原理图简介

开发板原理图如图2.13所示，可扫描右侧的二维码获取高清图。

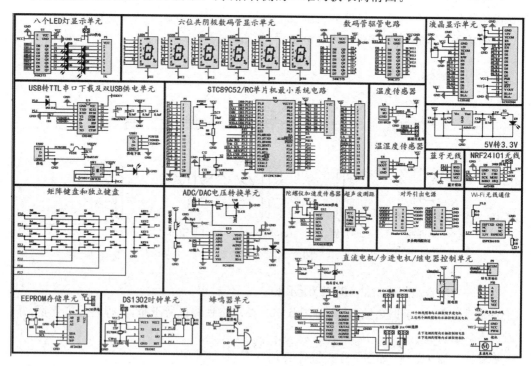

图2.13 开发板原理图

其中，开发板最小系统电路如图2.14所示。

从图2.13可以看出，开发板资源非常丰富，除I/O、中断、定时器、串口、I^2C、SPI、液晶显示等单片机基本知识外，还包含智能车、飞行器、机器人、无线通信等相关技术。原理图的特点如下。

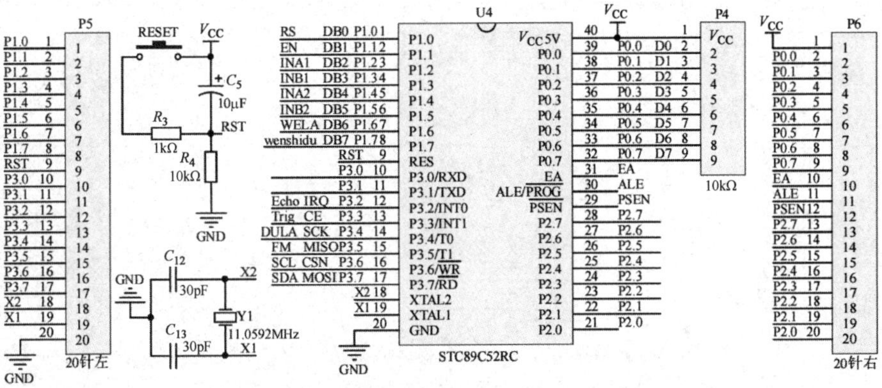

图 2.14 STC89C52RC 单片机最小系统电路

（1）所有部分的功能标明清楚，见图 2.13 中每个框上方的标题部分。

（2）原理图每一个元器件的名称和规格都可以在开发板上找到，没有任何遮掩，便于学生学习。

（3）图中有很多插针，防止因为单片机引脚有限，共用引脚时产生冲突干扰现象的发生。

（4）由于无线通信模块 NRF24L01 和 Wi-Fi 模块 ESP8266 需要 3.3V 供电，所以利用 ASM1117 设计了 5V 转 3.3V 电路。

（5）采用双 USB 供电，目的是我们学习时一般采用计算机供电，而计算机 USB 口提供大约 500mA 的电流，这在控制电机或者多个用电单元时可能遇到电流不够大的情况，所以采用双 USB 同时供电。注意只能一个 USB 口下载程序。

（6）电机驱动部分采用 MX1508，该芯片比 ULN2003 性能更好，能够容易地驱动直流电机、步进电机、舵机、继电器。图中使用 4 个选择插针，并在原理图和开发板上都配有文字说明来区分控制的是哪些功能。

在实际编程时，务必要先看懂原理图，特别是注意红色网络标签，相同的字母表示连接到了一起。程序的引脚定义只有和原理图对应上才能控制。例如矩阵键盘连接的是 P2 口而不是 P3 口，控制数码管的 dula 连接的是 P1.6，wela 连接的是 P3.4，液晶部分 RS 连接的是 P1.0，EN 连接的是 P1.1，这样当按动矩阵按键时就不影响显示。

2.3.2 开发板实物图简介

开发板实物图如图 2.15 所示，可扫描图下方的二维码获取高清图。

开发板的右侧主要是 LCD1602 和 LCD12864 显示，数码管显示和 LED 发光二极管的显示，其中 LCD1602 要正着放置，LCD12864 要反着放置。数码管采用 74HC573 作为驱动，节约引脚。LED 发光二极管采用横向放置，便于观察数据。例如 P1=0xfe=11111110，从左到右对应 8 个发光二极管 7 个灭、1 个亮，很方便从指示灯反馈数据信息。矩阵按键和独立按键连接的是 P2 口，该组 I/O 口专门进行按键识别，不与其他功能冲突。左侧主要用于蓝牙通信、DHT11 温湿度采集、DS18B20 温度采集、DS1302 时钟读/写、AT24C02 存储器读/写、PFC8591AD/DA 转换、蜂鸣器控制、光敏电阻光强采集、MPU6050 加速度和角速度测量、NRF24L01 无线通信、继电器控制、步进电机、舵机、直流电机控制，V5.0 版本还增

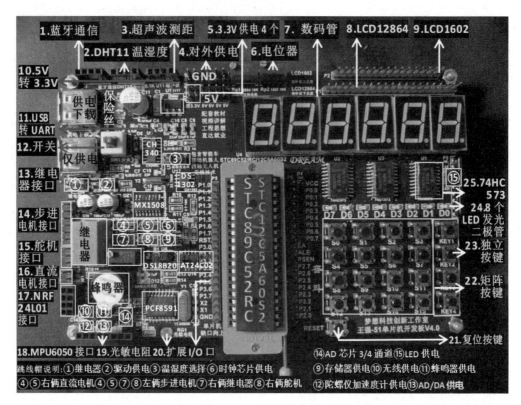

图 2.15　开发板实物图

加了 ESP8266Wi-Fi 通信功能。大量实验表明,开发板下载、工作稳定,电路干扰性小,足够满足各专业学习深造。从图 2.15 可以看到开发板有很多插针和跳线帽,主要是因为单片机引脚有限,为了避免同一引脚控制不同器件时互相干扰,只能一个引脚使用多个功能。详细跳线功能见图 2.15 中的注释即可。

　　要说明的是,本教材增加了 PCF8591AD/DA 和 TC1508 电机驱动部分介绍。经过测试,后两者应用扩展性强,兼容性、控制效果较好,更适合本开发板的设计,且价格便宜,降低购买者成本,教师在上课时可以选择使用。另外,开发板 V5.0 版本仅比 V4.0 版本多了 ESP8266Wi-Fi 功能,其他内容通用。

　　开发板所有配套资源全部开源,包括授课视频、Proteus 仿真图、图片素材、调试例程、PPT、教学考试方法、综合题目设计视频、演示视频等。对使用本教材和开发板的老师和学生均提供技术支持。

习题与思考题

　　1. 画出 AT89C51 单片机的引脚图,在图中找到 P0、P1、P2、P3 四组共计 32 个 I/O 引脚,说明单片机最基本的控制功能。

　　2. 简述 AT89C51 单片机内部结构特点。

　　3. 画图说明 51 单片机存储器结构。

4. 假设晶振是 12MHz,计算 51 单片机时钟周期、振荡周期、机器周期、指令周期。开发板使用的晶振是 11.0592MHz,在进行串口通信配置时波特率精度比较高,同理计算以上 4 个周期。

实践应用题

1. 默画开发板单片机最小系统原理图。

2. 辨别开发板原理图每个元器件,并和实物一一对应。

3. 学习单片机知识要学会自学,经常查找资料,解决问题,在淘宝网页上查找开发板每个元器件的资料、价格,研究原理图网络标签,明确每种元器件的功能。

51单片机C51程序设计

3.1 案例目标4 Keil μVision4 软件的运用

3.1.1 Keil μVision4 软件简介

Keil C51 是美国 Keil Software 公司出品的 51 系列兼容单片机的 C 语言软件开发系统。与汇编语言相比,C 语言程序的结构性、可读性、可维护性有明显的优势,因而易学易用。Keil 提供了包括 C 编译器、宏汇编、链接器、库管理和一个功能强大的仿真调试器等在内的完整开发方案。通过一个集成开发环境(μVision),将这些部分组合在一起。运行 Keil 软件需要 Windows 98/NT/2000/XP 等操作系统。如果使用 C 语言编程,Keil 就是不二之选;若不使用 C 语言,而使用汇编语言编程,其方便、易用的集成环境与功能强大的软件仿真调试工具也会事半功倍。

Keil μVision4 于 2009 年 2 月发布。Keil μVision4 引入灵活的窗口管理系统,使开发人员能够同时使用多台监视器,视觉上对窗口位置实现完全控制。新的用户界面可以更好地利用屏幕空间和更有效地组织多个窗口,提供简洁与高效的环境开发应用程序。新版本更是支持多种新型 ARM 芯片,并添加了多种新功能。

3.1.2 Keil μVision4 软件安装

购买 Keil μVision4 软件的安装光盘,或者从网上下载该软件。根据个人需要,可以使用完美破解版的软件。

Keil μVision4 软件安装步骤如下。

(1) 打开软件安装包,找到安装文件 C51V901.exe 并双击,如图 3.1 所示。

（2）进入安装界面，单击 Next 按钮，如图 3.2 所示。

图 3.1　Keil μVision4 安装界面 1　　　　　图 3.2　Keil μVision4 安装界面 2

（3）勾选同意条款，然后单击 Next 按钮，如图 3.3 所示。

（4）选择安装路径，然后单击 Next 按钮，如图 3.4 所示。

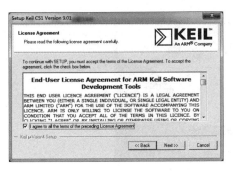

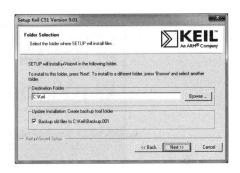

图 3.3　Keil μVision4 安装界面 3　　　　　图 3.4　Keil μVision4 安装界面 4

（5）填写安装信息，然后单击 Next 按钮，如图 3.5 所示。

（6）程序进行安装，如图 3.6 所示。

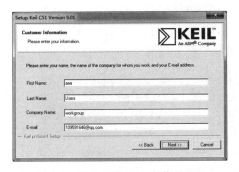

图 3.5　Keil μVision4 安装界面 5　　　　　图 3.6　Keil μVision4 安装界面 6

（7）单击 Finish 按钮，程序安装结束，如图 3.7 所示。

程序安装结束后，要进行破解才能够正常使用。Keil μVision4 软件破解步骤如下。

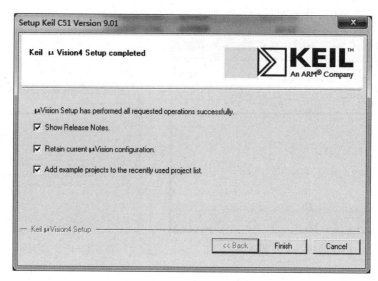

图 3.7　Keil μVision4 安装界面 7

（1）安装软件后，打开 Keil μVision4，如图 3.8 所示。

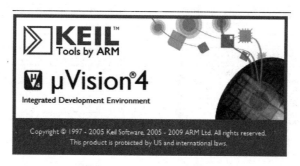

图 3.8　Keil μVision4 界面

（2）在主界面中，单击 File→License Management，打开 License Management 窗口，然后复制右上角的 CID，如图 3.9 和图 3.10 所示。

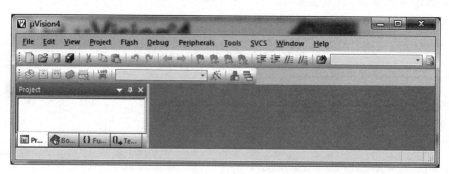

图 3.9　Keil μVision4 主界面

（3）在安装包里找到注册机的文件并打开，然后在 CID 窗口填入刚刚复制的 CID，其他设置不变。单击 Generate 生成许可号，并复制许可号，如图 3.11 所示。

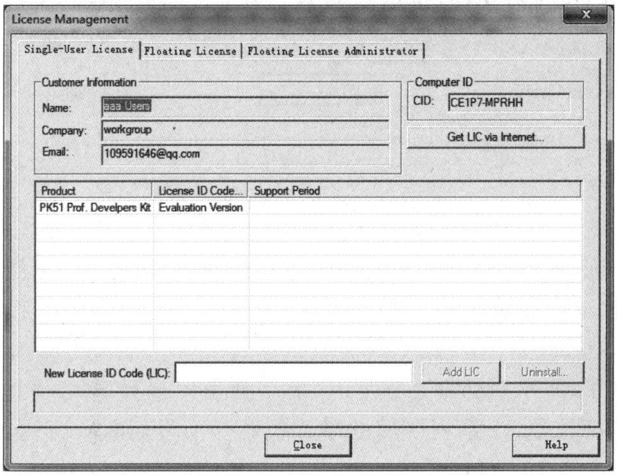

图 3.10 License Management 对话框

将许可号复制到 License Management 窗口下部的 New License ID Code 栏,然后单击右侧的 Add LIC,可以看到对话框提示可使用到 2020 年。到此破解完成,如图 3.12 所示(若存在不兼容,导致无法注册等问题,先退出 Keil,然后右击 Keil 图标,再用"以管理员身份运行"方式打开,重新注册即可)。

图 3.11 注册机生成许可号界面

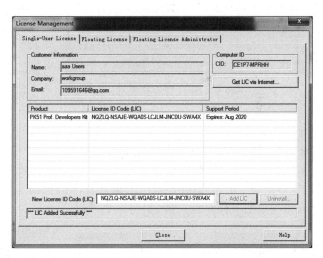

图 3.12 显示破解时间的 License Management 对话框

3.1.3 Keil μVision4 案例目标的实现

1. 案例目标

使用 Keil μVision4 软件创建工程和文件,并生成 .hex 文件。

2. 案例步骤

(1) 打开 Keil μVision4 软件。

(2) 单击 Project→New μVision Project,新建一个工程,如图 3.13 所示。

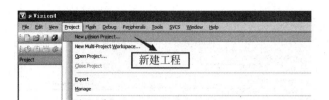

图 3.13　新建一个工程界面

（3）选择工程存放路径，放在建立的"STC89C52 单片机学习"文件夹下。给工程命名后保存，不需要后缀。注意，默认的工程后缀与 μVision3 及 μVision2 版本不同，为 . uvproj，如图 3.14 所示。

（4）弹出如图 3.15 所示对话框。在 CPU 类型列表中选择 STC 所属的 STC89C52RC 芯片（如果没有，也可选择其他 51 系列所属的单片机芯片型号，如 Atmel 公司的 AT89C52），然后单击 OK 按钮，如图 3.15 所示。

图 3.14　Keil μVision4 保存路径对话框

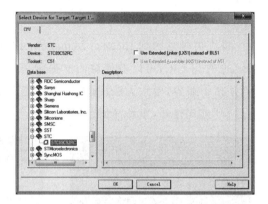

图 3.15　Keil μVision4 单片机类型对话框

（5）工程创建完毕，接下来建立一个源程序文件。执行菜单命令 File→New，新建一个 . txt 文件，然后单击 File→Save As 将文件保存，如图 3.16 所示。

（6）输入源程序文件名。这里输入 led，可以随便命名。注意，如果想用 C 语言，要带后缀名，一定是 led. c；如果要采用汇编语言，则是 led. asm。然后单击"保存"按钮，保存路径应该和创建的工程路径一致，如图 3.17 所示。

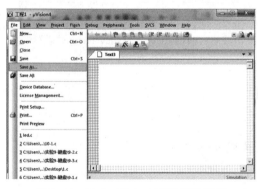

图 3.16　Keil μVision4 工程保存界面

图 3.17　Keil μVision4 工程保存路径对话框

（7）把刚创建的源程序文件加入到工程项目文件中。右击 Target 1 的 Source Group 1，然后单击 Add Files to Group'Source Group 1'…选项，再选择刚才创建的 led.c 文件，最后单击 Add 按钮，将 led.c 文件添加到工程 1 中，如图 3.18～图 3.20 所示。

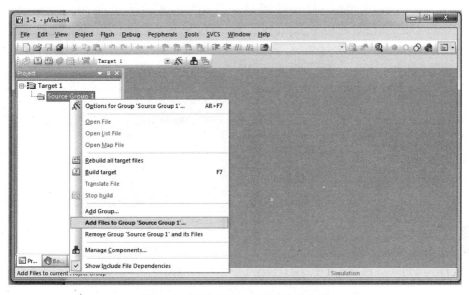

图 3.18　Keil μVision4 工程文件界面

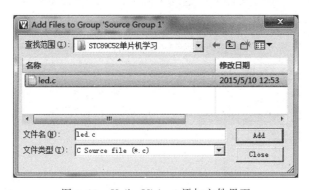

图 3.19　Keil μVision4 添加文件界面

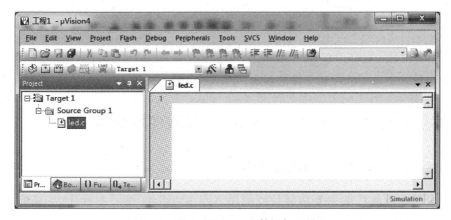

图 3.20　Keil μVision4 文件添加后界面

（8）使用 Keil μVision4 最后要生成. HEX 文件，需要单击 Project 菜单的 Options for Target 'Target 1'选项，在弹出的对话框中选择 Output 选项卡，并勾选 Creat HEX File，如图 3.21 所示。

（9）在 led.c 文件中编写程序代码，然后保存文件，接着编译、连接、执行程序，可以看到左下角 Build Output 信息栏中显示 creating hex file from "工程 1"…，并生成了. hex 文件，如图 3.22 所示。

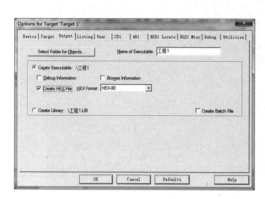

图 3.21　Keil μVision4 Option 属性设置对话框

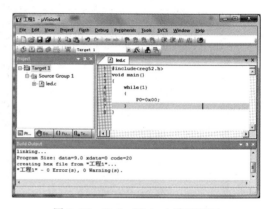

图 3.22　Keil μVision4 编程界面

（10）可以看到，"工程 1"文件夹中生成了同名的"工程 1. hex"文件。该文件可以作为下载或者仿真的源文件，如图 3.23 所示。

图 3.23　工程文件夹界面

以上步骤就完成了工程和文件的创建，并生成了. hex 文件。

3.2　案例目标 5　STC-ISP V6.86 下载软件的使用

3.2.1　软件安装及主要功能介绍

STC-ISP 下载软件的主要功能是将使用 Keil μVision4 编写的程序（生成的 HEX 或 BIN 文件）下载到 STC 系列单片机上的工具，省去下载器的麻烦，非常方便。

STC-ISP 下载软件一般为绿色版,可以直接运行。双击 STC-ISP V6.86.exe 文件打开 STC-ISP V6.86 主界面,就可以直接使用。主界面如图 3.24 所示。

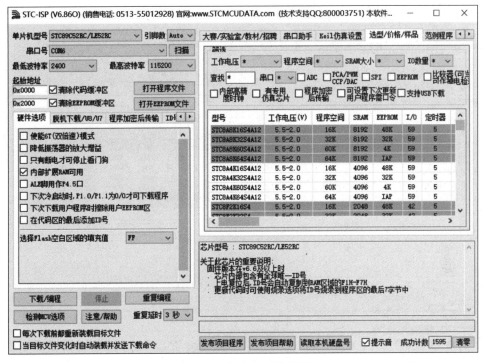

图 3.24 STC-ISP 下载主界面

3.2.2 STC 下载软件案例目标的实现

STC 下载软件的目的是将编译好的程序 .hex 文件下载到单片机开发板的 STC 主芯片。使用 STC 下载软件,需要准备的硬件设备有计算机一台、STC 单片机学习板一块、USB 转 COM 口转接线一条。软件需要准备 USB 驱动程序(USB 串口驱动以及 PL2303 驱动或 CH340 驱动)和 STC-ISP V6.86 下载软件。本书配套开发板下载方式为将计算机与开发板 USB 线连接,进行下载(注意,开发板左上方的 USB 带有下载功能,左下方的 USB 只有供电功能)。

STC 软件下载的具体步骤如下。

1. USB 口驱动

如果用户的计算机第一次使用开发板 USB 口,请先安装 USB 口驱动程序,完成硬件安装,生成一个可供使用的 COM 口号。

2. 硬件连接

开发板接线方式如图 3.25 所示。

3. 下载程序

(1) 打开 STC-ISP 下载软件的界面,在图 3.26 红色方框内选择单片机的类型 STC89C52RC/

图 3.25 开发板接线方式

LE52RC。

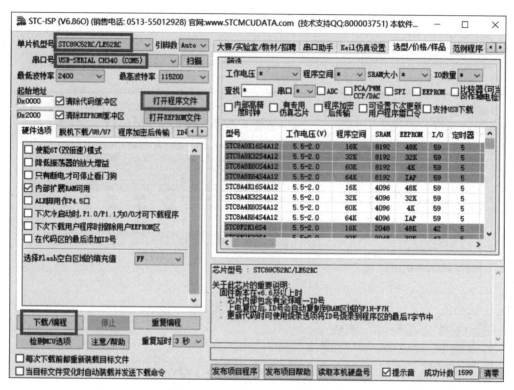

图 3.26　STC-ISP 下载主界面选项

（2）自动跳出 COM 口号 COM5，不要选择其他的，这是 USB 驱动后产生的 COM 口号。

（3）单击"打开程序文件"按钮，选择要下载的.hex 程序文件（图 3.27）。

图 3.27　文件打开路径界面

（4）单击"下载/编程"按钮，然后打开开发板的电源，程序就下载到 STC 单片机中了（图 3.28），此时可以看到程序的运行结果，如图 3.29 所示。

图 3.28　STC-ISP 下载成功信息界面

图 3.29　STC-ISP 下载后的运行结果

3.3　案例目标 6　Proteus 仿真软件的运用

3.3.1　软件功能简介与安装

Proteus 软件是英国 Labcenter Electronics 公司出版的 EDA 工具软件。它不仅具有其他 EDA 工具软件的仿真功能，还能仿真单片机及外围器件，是较好的仿真单片机及外围器件的工具，受到单片机爱好者、从事单片机教学的教师、致力于单片机开发应用的科技工作者的青睐。

Proteus 是世界著名的 EDA 工具（仿真软件），从原理图布图、代码调试到单片机与外围电路协同仿真，一键切换到 PCB 设计，真正实现了从概念到产品的完整设计。它是目前世界上唯一将电路仿真软件、PCB 设计软件和虚拟模型仿真软件三合一的设计平台，其处理器模型支持 8051、HC11、PIC10/12/16/18/24/30/、DsPIC33、AVR、ARM、8086、MSP430、Cortex 和 DSP 系列等，并持续增加其他系列处理器模型。在编译方面，它支持 IAR、Keil 和 MPLAB 等多种编译器。

Proteus 具有四大功能模块，即智能原理图设计、完善的电路仿真功能、独特的单片机协同仿真功能以及实用的 PCB 设计平台。更高版本的 Proteus 软件的安装见本书配套开发板全程教学及视频资源。以 Proteus 8.9 为例,注意在打开以×××.DSN 命名的文件时,自动产生以×××.pdsprj 命名的工程文件,并且在界面添加器件保存时只会保存在以×××.pdsprj 命名的工程文件。而 Proteus 7.7 和 7.8 一般只有.DSN 文件,因此使用老版本也很方便。Proteus 和单片机可以进行在线调试,使程序在一步步运行时操作者能看到执行过程,这部分内容详见本书配套资源。

　　Proteus 7.7 和 7.8 的安装步骤如下。

　　(1) 下载解压 Proteus 的安装包。

　　(2) 单击.exe 文件,进行安装。

　　(3) 进入安装,单击 Next 按钮,如图 3.30 所示。

　　(4) 同意使用协议,进入下一步,如图 3.31 所示。

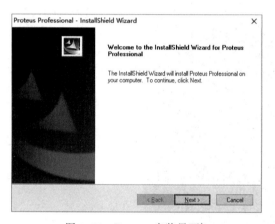
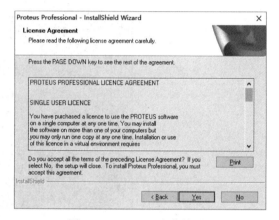

图 3.30　Proteus 安装界面 1　　　　　　　图 3.31　Proteus 安装界面 2

　　(5) 使用本地的许可密钥(见图 3.32),导入许可密钥(注意,如果导入不成功,需要在此界面找到如图 3.33 所示的 LICENCE),单击 Install 按钮后导入,再单击 Close 按钮,如图 3.34 所示。

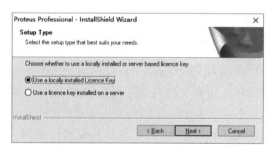

图 3.32　Proteus 安装界面 3

图 3.33　Proteus 安装密钥地址

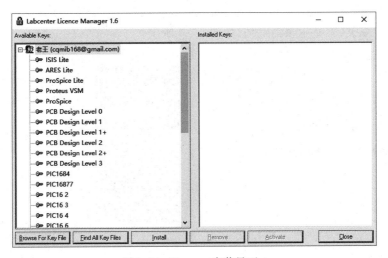

图 3.34　Proteus 安装界面 4

（6）安装 Proteus 后，单击 Next 按钮，如图 3.35 所示。

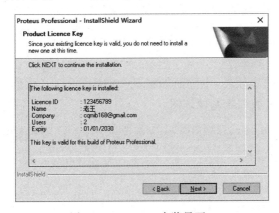

图 3.35　Proteus 安装界面 5

（7）设置安装路径，然后单击 Next 按钮进入下一步，如图 3.36 所示。

（8）选择安装的组件，建议完全安装。单击 Next 按钮进入下一步，如图 3.37 所示。

图 3.36　Proteus 安装界面 6

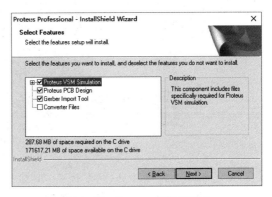

图 3.37　Proteus 安装界面 7

（9）新建一个文件夹保存 Proteus，单击 Next 按钮进入下一步，如图 3.38 所示。

（10）完成安装，不显示帮助文档，如图 3.39 所示。

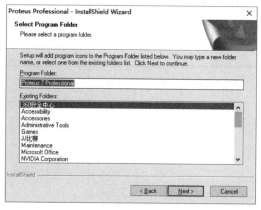

图 3.38　Proteus 安装界面 8

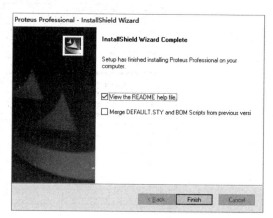

图 3.39　Proteus 安装界面 9

3.3.2　Proteus 仿真软件案例目标的实现

使用 Proteus 仿真软件完成点亮 8 个 LED 小灯的仿真。

1. 绘制原理图

（1）打开 Proteus 仿真软件，主界面如图 3.40 所示。打开软件，就创建了一个 Design 文件，可以在蓝色框线区域内绘制原理图。

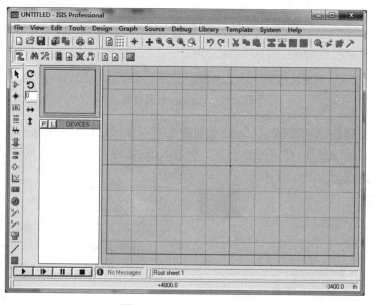

图 3.40　Proteus 主界面

（2）常用的绘图工具（从左到右）如图 3.41 所示，分别是选择模式、元件模式、放置连接点、标注线标签或网络标号、输入文本、绘制总线、绘制子电路快、选择端子、选择元件引脚、仿真图表、分割仿真模式、信号源模式、电压探针、电流探针、虚拟仪器、画线、画一个方块、画一个圆、画弧线、图形弧线模式、图形文字模式、图形符号模式。

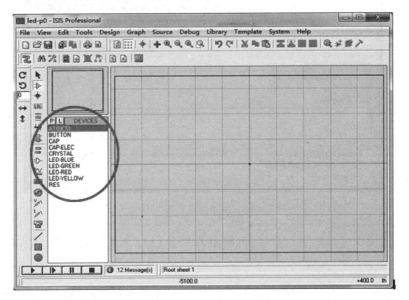

图 3.41　Proteus 常用绘图工具栏

（3）开始绘制电路图。单击元器件按钮，再单击 P 按钮，添加所需要的元器件。本例中需要添加 STC89C52RC 单片机、晶振、电容、电阻、按键、8 个 LED 小灯、电源、接地，如图 3.42 所示。

图 3.42　Proteus 元器件界面

（4）将所添加的元器件放置到蓝色框线中，并摆放在相应的位置。

（5）单击连接节点按钮，将各个元器件连接在一起，如图 3.43 所示。

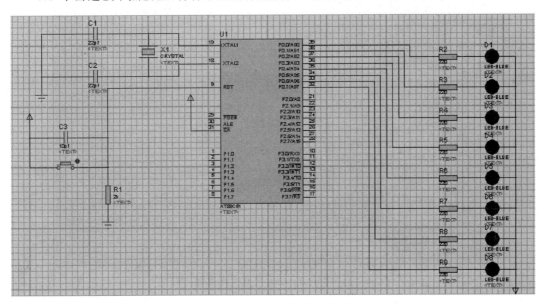

图 3.43　Proteus 仿真电路图

2．添加程序文件进行仿真

（1）双击单片机，打开如图 3.44 所示界面。单击圆圈中的"打开"按钮，选择需要添加的. hex 程序文件。

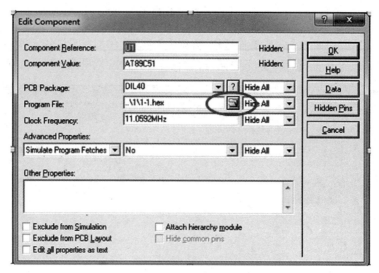

图 3.44　添加仿真程序对话框

（2）单击界面左下角的运行按钮，电路中的 8 个 LED 小灯被点亮，仿真实现，如图 3.45 所示。

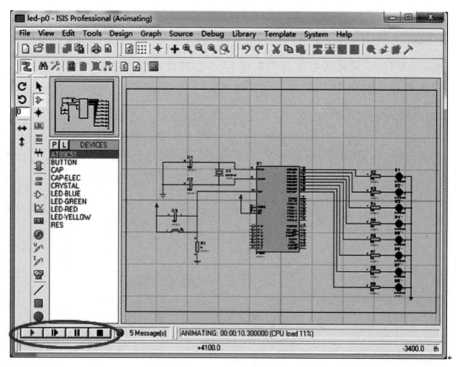

图 3.45　Proteus 仿真实现界面

3.4 案例目标7 单片机中常用C语言知识

3.4.1 C51程序设计基础

1. C51常用的进制转换

计算机对信息的存储与内部运算都采用二进制,但为了书写方便,人们引入了八进制、十六进制。由于人们习惯用十进制,因此计算机与人交往时仍然采用十进制。

二进制、八进制、十进制、十六进制依次用B、O、D、H表示。例如,$(123.456)D=1\times 10^2+2\times 10^1+3\times 10^0+4\times 10^{-1}+5\times 10^{-2}+6\times 10^{-3}$。

(1) 二进制可取0、1中的任意一个数,二进制是逢二进一,如$(101.11)B$。

(2) 八进制可取0～7中的任意一个数,八进制是逢八进一,如$(135.27)O$。

(3) 十进制可取0～9中的任意一个数,十进制是逢十进一,如$(123.29)D$。

(4) 十六进制可取0～9及A～F中的任意一个数,十六进制是逢十六进一,如$(AF2E.1F)H$、$(B2A.E3)H$。

十进制、二进制、八进制、十六进制之间的对应关系如表3.1所示。

表3.1 十进制、二进制、八进制、十六进制之间的对应关系

十 进 制	二 进 制	八 进 制	十 六 进 制
0	0000	0	0
1	0001	1	1
2	0010	2	2
3	0011	3	3
4	0100	4	4
5	0101	5	5
6	0110	6	6
7	0111	7	7
8	1000	10	8
9	1001	11	9
10	1010	12	A
11	1011	13	B
12	1100	14	C
13	1101	15	D
14	1110	16	E
15	1111	17	F
16	10000	20	10

1) 二进制数转换为十进制数

例如,将二进制数$(11011.11)B$转换为十进制数:

$$(11011.11)B = 1 \times 2^4 + 1 \times 2^3 + 0 \times 2^2 + 1 \times 2^1 + 1 \times 2^0 + 1 \times 2^{-1} + 1 \times 2^{-2}$$
$$= 16 + 8 + 0 + 2 + 1 + 0.5 + 0.25 = (27.75)D$$

2）十进制数转换为二进制数

例如，将十进制数 163 转换为二进制数：163 除以 2 商 81 余 1，得到最低位的 1；81 除以 2 商 40 余 1，得到次地位的 1；其他位同理，即(163)D=(10100011)B。

3）二进制数、十六进制数之间的转换

（1）二进制数转换为十六进制数：方法是以小数点为界，每 4 位二进制数转换为 1 位十六进制数，不足 4 位的用 0 补。例如，将二进制数(110101.10101)B 转换为十六进制数：

$$(\underline{0011} \quad \underline{0101}.\underline{1010} \quad \underline{1000})B = (35.A8)H$$

（2）将十六进制数转换为二进制数：方法是将 1 位十六进制数转换为 4 位二进制数。例如，将十六进制数(AFB2.1AF)H 转换为二进制数：

$$(AFB2.1AF)H = (\underline{1010} \quad \underline{1111} \quad \underline{1011} \quad \underline{0010}.\underline{0001} \quad \underline{1010} \quad \underline{1111})B$$

2. C51 常用的数据类型

每写一段程序，总离不开数据的应用。在学习 C51 语言的过程中，掌握、理解数据类型是很关键的。表 3.2 中列出了 Keil μVision4 单片机 C 语言编译器支持的数据类型。在标准 C 语言中，基本的数据类型为 char、int、short、long、float 和 double；而在 C51 编译器中，int 和 short 相同，float 和 double 相同，这里就不列出说明了。需特别说明的是，注意 unsigned char 和 unsigned int 两种类型取值范围不同。如果一个变量 i 的值是 260，就不能定义为无符号字符型，应该定义为无符号整型，否则将得不到预期的效果。这是编程时常犯的错误。下面介绍其具体定义。

表 3.2　Keil μVision4 单片机 C 语言编译器支持的数据类型

数　据　类　型	长　　　度	值　　　域
unsigned char	单字节	0～255
signed char	单字节	−128～+127
unsigned int	双字节	0～65536
signed int	双字节	−32768～+32767
unsigned long	四字节	0～4294967295
signed long	四字节	−2147483648～+2147483647
float	四字节	1.175494E−38～3.402823E38
double	四字节	1.175494E−38～3.402823E38
*	1～3 字节	对象的地址
bit	位	0 或 1
sfr	单字节	0～255
sfr16	双字节	0～65535
sbit	位	0 或 1

1）指针型

指针型本身就是一个变量。在这个变量中存放指向另一个数据的地址。该指针变量要占据一定的内存单元；对不同的处理器，长度也不尽相同。在 C51 中，它的长度一般为 1～

3 字节。

2）bit 位标量

bit 位标量是 C51 编译器的一种扩充数据类型。利用它可定义一个位标量，但不能定义位指针，也不能定义位数组。它的值是一个二进制位，不是 0，就是 1，类似一些高级语言中 Boolean 类型的 True 和 False。

3）sfr 特殊功能寄存器

sfr 也是一种扩充数据类型，占用一个内存单元，值域为 0～255。利用它能访问 51 单片机内部的所有特殊功能寄存器。如用 sfr P1＝0x90 这一句定义 P1 为 P1 端口在片内的寄存器，在后面的语句中，使用 P1＝255（对 P1 端口的所有引脚置高电平）之类的语句操作特殊功能寄存器。

4）sfr16 16 位特殊功能寄存器

sfr16 占用两个内存单元，值域为 0～65535。sfr16 和 sfr 一样用于操作特殊功能寄存器，不同的是它用于操作占 2 字节的寄存器，如定时器 T0 和 T1。

5）sbit 可录址位

sbit 同样是单片机 C 语言中的一种扩充数据类型，利用它能访问芯片内部 RAM 中的可寻址位或特殊功能寄存器中的可寻址位。如先前定义了 sfr P1＝0x90；因 P1 端口的寄存器是可位寻址的，所以能定义 sbit P1_1＝P1^1；P1_1 为 P1 中的 P1.1 引脚。同样地，可以用 P1.1 的地址去写，如 sbit P1_1＝0x91；这样，在以后的程序语句中就能用 P1_1 对 P1.1 引脚进行读/写操作了。通常，这些能直接使用系统供给的预处理文件，里面已定义好各特殊功能寄存器的简单名字，直接引用能节省时间。当然，也可以写自己的定义文件，使用自认为好记的名字。

3．C51 的头文件

（1）单片机寄存器头文件：reg51.h、reg52.h。

（2）字符处理函数：本类别函数用于处理单个字符，包括字符的类别测试和字符的大小写转换。头文件 ctype.h。

（3）地区化：本类别的函数用于处理不同国家的语言差异。头文件 local.h。

（4）数学函数：头文件 math.h。

（5）信号处理：该分类函数用于处理那些在程序执行过程中发生意外的情况。头文件 signal.h。

（6）可变参数处理：本类函数用于实现如 printf、scanf 等参数可变的函数。头文件 stdarg.h。

（7）输入/输出函数：该分类用于处理包括文件、控制台等各种输入/输出设备。各种函数以"流"的方式实现。头文件 stdio.h。

（8）实用工具函数：头文件 stdlib.h。

（9）字符串处理：本分类的函数用于对字符串进行合并、比较等操作。头文件 string.h。

（10）日期和时间函数：本类别给出时间和日期处理函数。头文件 time.h。

4．C51 的运算符

C 语言中的运算符和表达式数量之多，在高级语言中是少见的。正是丰富的运算符和表达式，使 C 语言功能十分完善。这也是 C 语言的主要特点之一。

C语言的运算符不仅具有不同的优先级,而且有一个特点,就是结合性。在表达式中,各运算量参与运算的先后顺序不仅要遵守运算符优先级别的规定,还要受运算符结合性的制约,以便确定是自左向右,还是自右向左进行运算。这种结合性是其他高级语言的运算符所没有的,增加了C语言的复杂性。

C语言的运算符分为以下几类。

(1) 算术运算符:用于各类数值运算,包括加(+)、减(-)、乘(*)、除(/)、求余(或称模运算,%)、自增(++)、自减(--)7种。

(2) 关系运算符:用于比较运算,包括大于(>)、小于(<)、测试等于(==)、大于等于(>=)、小于等于(<=)和不等于(!=)6种。

(3) 逻辑运算符:用于逻辑运算,包括与(&&)、或(||)、非(!)3种。

(4) 位操作运算符:参与运算的量按二进制位进行运算,包括位与(&)、位或(|)、位非(~)、位异或(^)、左移(<<)、右移(>>)6种。

(5) 赋值运算符:用于赋值运算,分为简单赋值(=)、复合算术赋值(+=,-=,*=,/=,%=)和复合位运算赋值(&=,|=,^=,>>=,<<=)3类共11种。

(6) 条件运算符:这是一个三目运算符,用于条件求值(?:)。

(7) 逗号运算符:用于把若干表达式组合成一个表达式(,)。

(8) 指针运算符:用于取内容(*)和取地址(&)两种运算。

(9) 求字节数运算符:用于计算数据类型所占的字节数(sizeof)。

(10) 特殊运算符:有括号"()"、下标"[]"、成员"(→.)"等几种。

5. C51的基本控制语句

控制语句用于控制程序的流程,实现程序的各种结构方式。它们由特定的语句定义符组成。C语言有9种控制语句,分为以下3类。

条件判断语句:if语句、if语句嵌套switch语句。

循环控制语句:while语句、do-while语句、for语句。

转向语句:break语句、continue语句、return语句。

1) 条件判断语句

(1) if语句

用if语句可以构成分支结构。它根据给定的条件进行判断,决定执行某个分支程序段。C语言的if语句有3种基本形式。

① 单分支形式——if,格式如下:

```
if(表达式)语句
```

其语义是:如果表达式的值为真,则执行其后的语句,否则不执行该语句。语句执行过程如图3.46所示。

② 双分支形式——if-else,格式如下:

```
if(表达式)
    语句1;
else
    语句2;
```

其语义是：如果表达式的值为真，则执行语句 1，否则执行语句 2。语句执行过程如图 3.47 所示。

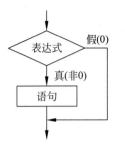
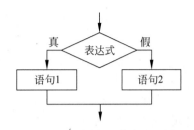

图 3.46　if 语句单分支流程图　　　　图 3.47　if 语句双分支流程图

③ 多分支形式——if-else-if-else，格式如下：

```
if(表达式 1)
    语句 1;
else if(表达式 2)
    语句 2;
else if(表达式 3)
    语句 3;
    …
else if(表达式 m)
    语句 m;
else
    语句 n;
```

其语义是：依次判断表达式的值，当出现某个值为真时，执行其对应的语句，然后跳到整个 if 语句之外继续执行程序。如果所有的表达式均为假，则执行语句 n，然后继续执行后续程序。if-else-if 语句的执行过程如图 3.48 所示。

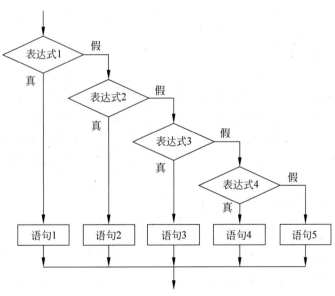

图 3.48　if 语句多分支流程图

（2）if 语句的嵌套

当 if 语句中的执行语句又是 if 语句时，就构成 if 语句嵌套的情形，其一般形式表示如下：

```
if(表达式)
if 语句;
```

或者

```
if(表达式)
    if 语句;
else
    if 语句;
```

在嵌套内的 if 语句可能又是 if-else 型的，会出现多个 if 和多个 else 重叠的情况。这时要特别注意 if 和 else 的配对问题。

例如：

```
if(表达式1)
if(表达式2)
    语句1;
else
    语句2;
```

（3）switch 语句

C 语言还提供了用于多分支选择的 switch 语句，其一般形式如下：

```
switch(表达式)
{
case 常量表达式 1: 语句 1;break;
case 常量表达式 2: 语句 2; break;
…
case 常量表达式 n: 语句 n; break;
default : 语句 n + 1; break;
}
```

其语义是：计算表达式的值，并逐个与其后的常量表达式值相比较。当表达式的值与某个常量表达式的值相等时，执行其后的语句，不再进行判断，继续执行后面所有 case 后的语句。如表达式的值与所有 case 后的常量表达式均不相同，则执行 default 后的语句。

在 switch 语句中，"case 常量表达式"只相当于一个语句标号，若表达式的值和某标号相等，则转向该标号执行，但不能在执行完该标号的语句后自动跳出整个 switch 语句，所以出现了继续执行所有后面 case 语句的情况。这是与前面介绍的 if 语句完全不同的，应特别注意。为了避免上述情况，C 语言提供了一种 break 语句，专用于跳出 switch 语句。break 语句只有关键字 break，没有参数，后面将详细介绍。

修改例题的程序，在每一条 case 语句之后增加 break 语句，使每一次执行之后均可跳出 switch 语句，从而避免输出不应有的结果。

2）循环控制语句

循环结构是程序中一种很重要的结构，其特点是：在给定条件成立时，反复执行某程序段，直到条件不成立为止。给定的条件称为循环条件，反复执行的程序段称为循环体。C 语言提供了多种循环语句,可以组成不同形式的循环结构,例如 while 语句、do-while 语句以及 for 语句。

（1）while 语句

while 语句的一般形式如下：

```
while(表达式)语句
```

其中,表达式是循环条件,语句为循环体。

while 语句的语义是：计算表达式的值。当值为真(非 0)时,执行循环体语句。语句执行过程如图 3.49 所示。

例如,用 while 语句求 $\sum\limits_{i=1}^{100} i$。

用传统流程图表示算法,如图 3.50 所示。

（2）do-while 语句

do-while 语句的一般形式如下：

```
do
    语句
while(表达式);
```

它与 while 循环的不同之处在于：它先执行循环中的语句,然后再判断表达式是否为真。如果为真,则继续循环；如果为假,则终止循环。因此,do-while 循环至少要执行一次循环语句。其执行过程如图 3.51 所示。

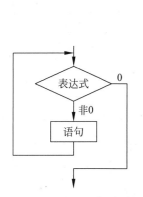

图 3.49　while 语句流程图

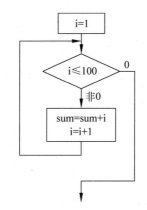

图 3.50　while 语句实例流程图

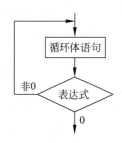

图 3.51　do-while 语句流程图

例如,用 do-while 语句求 $\sum\limits_{i=1}^{100} i$。

用传统流程图表示算法,如图 3.52 所示。

（3）for 语句

在 C 语言中,for 语句使用最为灵活,完全可以取代 while 语句。它的一般形式如下：

```
for(表达式 1; 表达式 2; 表达式 3)语句
```

执行过程如下所述。

（1）先求解表达式1。

（2）求解表达式2。若其值为真（非0），则执行 for 语句指定的内嵌语句，然后执行（3）步；若其值为假（0），则结束循环，转到（5）步。

（3）求解表达式3。

（4）转回（2）步继续执行。

（5）循环结束，执行 for 语句下面的一条语句。

for 语句执行过程如图3.53所示。

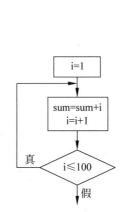

图3.52　do-while 语句实例流程图

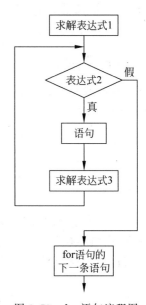

图3.53　for 语句流程图

for 语句最简单的应用形式，也是最容易理解的形式，如下：

for(循环变量赋初值; 循环条件; 循环变量增量)语句

循环变量赋初值总是一个赋值语句，用来给循环控制变量赋初值；循环条件是一个关系表达式，决定什么时候退出循环；循环变量增量定义循环控制变量每循环一次后按什么方式变化。这3个部分之间用";"分开。

例如，

for(i = 1; i <= 100; i++)sum = sum + i;

先给 i 赋初值1，再判断 i 是否小于等于100。若是，则执行语句，然后值增加1。再重新判断，直到条件为假，即 i>100 时，结束循环。

```
for( i = 1; i <= 100; i++)
{
语句;
}
```

注意：大括号里如果只有一条语句，大括号可以省略；若有多条语句，大括号不能省略。

3）转向语句

（1）break 语句

break 语句通常用在循环语句和开关语句中。当 break 用于开关语句 switch 中时,可使程序跳出 switch 而执行 switch 以后的语句。break 在 switch 中的用法在前面介绍开关语句时的例子中碰到过,这里不再举例。

当 break 语句用在 do-while、for、while 循环语句中时,可使程序终止循环,而执行循环后面的语句。通常,break 语句总是与 if 语句连在一起,即满足条件时跳出循环。

（2）continue 语句

continue 语句的作用是跳过循环体中剩余的语句而强行执行下一次循环。continue 语句只用在 for、while、do-while 等循环体中,常与 if 条件语句一起使用,用来加速循环。

（3）return 语句

return 语句主要用在函数中,用于返回函数的返回值。如果单独使用,即 return;,表示跳出本函数。

6. C51 的数组

在程序设计中,为了处理方便,把具有相同类型的若干变量按有序的形式组织起来。这些按序排列的同类数据元素的集合称为数组。在 C 语言中,数组属于构造数据类型。一个数组可以分解为多个数组元素,这些数组元素可以是基本数据类型或是构造类型。因此,按数组元素的类型不同,分为数值数组、字符数组、指针数组、结构数组等不同类别。本章主要介绍数值数组和字符数组。

1）一维数组的定义方式

在 C 语言中使用数组必须先进行定义。

一维数组的定义方式如下：

类型说明符 数组名[常量表达式];

其中,类型说明符是任一种基本数据类型或构造数据类型;数组名是用户定义的数组标识符;方括号中的常量表达式表示数据元素的个数,也称为数组的长度。例如：

```
int a[10];              //整型数组 a,有 10 个元素
float b[10],c[20];      //实型数组 b,有 10 个元素；实型数组 c,有 20 个元素
char ch[20];            //字符数组 ch,有 20 个元素
```

2）一维数组元素的引用

数组元素是组成数组的基本单元。数组元素也是一种变量,其标识方法为数组名后跟一个下标。下标表示了元素在数组中的顺序号。

数组元素的一般形式如下：

数组名[下标]

数组元素通常也称为下标变量。必须先定义数组,才能使用下标变量。在 C 语言中,只能逐个使用下标变量,而不能一次引用整个数组。

例如,输出有 10 个元素的数组,必须使用循环语句逐个输出各下标变量：

```
for(i = 0; i < 10; i++)
    printf("% d",a[i]);
```

而不能用一条语句输出整个数组。下面的写法是错误的：

```
printf("% d",a);
```

3）一维数组的初始化

除了用赋值语句对数组元素逐个赋值外，还可采用初始化赋值和动态赋值的方法。

数组初始化赋值是指在定义数组时给数组元素赋予初值。数组初始化在编译阶段完成，以便减少运行时间，提高效率。

初始化赋值的一般形式如下：

类型说明符 数组名[常量表达式] = {值,值,…,值};

其中，在{ }中的各数据值即为各元素的初值，各值之间用逗号间隔。

例如：

```
int a[10] = { 0,1,2,3,4,5,6,7,8,9 };
```

相当于

```
a[0] = 0;a[1] = 1...a[9] = 9;
```

4）二维数组的定义

二维数组定义的一般形式是：

类型说明符 数组名[常量表达式1][常量表达式2]

其中，常量表达式1表示第一维下标的长度，常量表达式2表示第二维下标的长度。

例如：

```
int a[3][4];
```

说明了一个3行4列的数组，数组名为a，其下标变量的类型为整型。该数组的下标变量共有3×4个，即

$$a[0][0],a[0][1],a[0][2],a[0][3]$$
$$a[1][0],a[1][1],a[1][2],a[1][3]$$
$$a[2][0],a[2][1],a[2][2],a[2][3]$$

5）二维数组元素的引用

二维数组的元素也称为双下标变量，其表示形式如下：

数组名[下标][下标]

其中，下标应为整型常量或整型表达式。

例如：

```
a[3][4]      //a 数组 3 行 4 列的元素
```

6）二维数组的初始化

二维数组初始化也是在类型说明时给各下标变量赋以初值。二维数组可按行分段赋值，也可按行连续赋值。

例如，对数组 a[5][3]赋值。

（1）按行分段赋值，可写为：

int a[5][3] = { {80,75,92},{61,65,71},{59,63,70},{85,87,90},{76,77,85} };

（2）按行连续赋值，可写为：

int a[5][3] = {80,75,92,61,65,71,59,63,70,85,87,90,76,77,85};

这两种赋初值的结果是完全相同的。

7. C51的字符

1）字符常量

字符常量是用单引号括起来的一个字符。例如，'a'、'b'、'='、'+'、'?'都是合法字符常量。

在C语言中，字符常量有以下特点：

（1）字符常量只能用单引号括起来，不能使用双引号或其他括号。

（2）字符常量只能是单个字符，不能是字符串。

（3）字符可以是字符集中的任意字符。但数字被定义为字符型之后，就不能参与数值运算。例如，'5'和5是不同的。'5'是字符常量，不能参与运算。

2）转义字符

转义字符是一种特殊的字符常量。转义字符以反斜线"\"开头，后跟一个或几个字符。转义字符具有特定的含义，不同于字符原有的意义。例如，\n就是一个转义字符，其意义是"回车换行"。转义字符主要用来表示那些用一般字符不便于表示的控制代码，如表3.3所示。

表3.3 常用的转义字符及其含义

转 义 字 符	转义字符的意义	ASCII 代码
\n	回车换行	10
\t	横向跳到下一制表位置	9
\b	退格	8
\r	回车	13
\f	走纸换页	12
\\	反斜线符"\"	92
\'	单引号符	39
\"	双引号符	34
\a	鸣铃	7
\ddd	1～3位八进制数所代表的字符	
\xhh	1～2位十六进制数所代表的字符	

3) 字符变量

字符变量用来存储字符常量,即单个字符。

字符变量的类型说明符是 char。字符变量类型定义的格式和书写规则都与整型变量相同。例如:

```
char a,b;
```

4) 字符串常量

字符串常量是由一对双引号括起的字符序列。例如,CHINA、C program 和 $ 12.5 都是合法的字符串常量。

5) 字符数组

用来存放字符串的数组称为字符数组。

(1) 字符数组的定义

字符数组的形式与前面介绍的数值数组相同。例如:

```
char c[10];
```

由于字符型和整型通用,也可以定义为

```
int c[10],
```

但这时,每个数组元素占 2 字节的内存单元。

字符数组也可以是二维或多维数组。例如:

```
char c[5][10];
```

即为二维字符数组。

(2) 字符数组的初始化

字符数组也允许在定义时作初始化赋值。例如:

```
char c[10] = {'c','','p','r','o','g','r','a','m'};
```

(3) 字符数组的引用

例如:

```
main()
{
  int i,j;
  char a[][5] = {{'B','A','S','I','C',},{'d','B','A','S','E'}};
  for(i = 0;i <= 1;i++)
    {
      for(j = 0;j <= 4;j++)
          printf(" % c",a[i][j]);
      printf("\n");
    }
}
```

对于本例的二维字符数组,由于在初始化时全部元素都赋以初值,因此一维下标的长度可以不加说明。

6) 字符串和字符串结束标志

在 C 语言中没有专门的字符串变量,通常用一个字符数组来存放一个字符串。字符串总是以'\0'作为串的结束符。因此当把一个字符串存入一个数组时,也把结束符'\0'存入数组,并以此作为该字符串结束的标志。有了'\0'标志后,就不必再用字符数组的长度来判断字符串的长度了。

8. C51 的指针

指针是 C 语言中广泛使用的一种数据类型。运用指针编程是 C 语言最主要的风格之一。利用指针变量,可以表示各种数据结构,能很方便地使用数组和字符串,能像汇编语言一样处理内存地址,从而编出精炼而高效的程序。指针极大地丰富了 C 语言的功能。

1) 地址指针的基本概念

在计算机中,内存单元的编号也叫作地址。根据内存单元的编号或地址可以找到所需的内存单元,所以通常把这个地址称为指针。内存单元的指针和内存单元的内容是两个不同的概念。

2) 变量的指针和指向变量的指针变量

变量的指针就是变量的地址。存放变量地址的变量是指针变量。即在 C 语言中,允许用一个变量来存放指针,这种变量称为指针变量。因此,一个指针变量的值就是某个变量的地址,或称为某变量的指针。

为了表示指针变量和它所指向的变量之间的关系,在程序中用"*"符号表示"指向"。例如,i_pointer 代表指针变量,而 *i_pointer 是 i_pointer 所指向的变量,如果定义:

```
int * i_pointer; int i; i_pointer = &i; * i_pointer = 3;
```

则指针存储示意图如图 3.54 所示。

因此,下面两条语句作用相同:

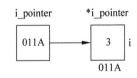

图 3.54 指针存储示意图

```
i = 3;
* i_pointer = 3;
```

第二条语句的含义是将 3 赋给指针变量 i_pointer 所指向的变量。

3) 定义一个指针变量

定义指针变量的一般形式为:

类型说明符 *变量名;

其中,*表示这是一个指针变量,变量名即为定义的指针变量名,类型说明符表示本指针变量所指向的变量的数据类型。

例如:

```
int * p1;
```

注意:理解为 int * 在一起,而不是 *p1 在一起,表示定义一个指向整型变量的指针变量 p1,也就是说,指针变量 p1 存储整型变量的首地址。

4) 指针变量的引用

指针变量同普通变量一样,使用之前不仅要定义说明,而且必须赋予具体的值(地址)。

未经赋值的指针变量不能使用,否则将造成系统混乱,甚至死机。两个有关的运算符如下。

（1）指针变量初始化的方法：

int a; int * p = &a;

（2）赋值语句的方法：

int a; int * p;p = &a;

5）指针变量作为函数参数

函数的参数不仅可以是整型、实型、字符型等数据,还可以是指针类型。它的作用是将一个变量的地址传送给另一个函数。

例：将输入的两个整数按大小顺序输出。用函数处理,而且用指针类型的数据作为函数参数。

```
swap(int * p1,int * p2)
{ int temp;temp = * p1; * p1 = * p2; * p2 = temp;}
main()
{
  int a,b;
  int * pointer_1, * pointer_2;
  scanf(" % d, % d",&a,&b);
  pointer_1 = &a;pointer_2 = &b;
  if(a < b) swap(pointer_1,pointer_2);
  printf("\n % d, % d\n",a,b);
}
```

9．C51 对 8051 特殊功能寄存器的定义

常用的特殊功能寄存器如表 3.4 所示。

表 3.4　常用的特殊功能寄存器

符　号	地　址	功 能 介 绍
B	F0H	B 寄存器
ACC	E0H	累加器
PSW	D0H	程序状态字
IP	B8H	中断优先级控制寄存器
P3	B0H	P3 口锁存器
IE	A8H	中断允许控制寄存器
P2	A0H	P2 口锁存器
SBUF	99H	串行口锁存器
SCON	98H	串行口控制寄存器
P1	90H	P1 口锁存器
TH1	8DH	定时器/计数器 1(高 8 位)
TH0	8CH	定时器/计数器 1(低 8 位)
TL1	8BH	定时器/计数器 0(高 8 位)

续表

符　　号	地　　址	功 能 介 绍
TL0	8AH	定时器/计数器0(低8位)
TMOD	89H	定时器/计数器方式控制寄存器
TCON	88H	定时器/计数器控制寄存器
DPH	83H	数据地址指针(高8位)
DPL	82H	数据地址指针(低8位)
SP	81H	堆栈指针
P0	80H	P0口锁存器
PCON	87H	电源控制寄存器

下面介绍几个常用的SFR。

1) ACC

ACC是累加器,通常用A表示。它是一个寄存器,而不是用于做加法的(为什么给它起这个名字呢? 或许是因为运算器做运算时,其中一个数一定是在ACC中吧)。它的名字比较特殊,但其实所有的运算类指令都离不开它。它自身带有全零标志Z,若A=0则Z=1;若A≠0则Z=0。该标志常用作程序分支转移的判断条件。

2) B

B是一个寄存器,在做乘、除法运算时存放乘数或除数;不做乘、除法运算时,可以随意使用。

3) PSW

PSW是程序状态字。它很重要,里面存放了CPU工作时的很多状态,用于了解CPU的当前状态,以便做出相应的处理。其各位功能如表3.5所示。

表 3.5　PSW寄存器位功能

D7	D6	D5	D4	D3	D2	D1	D0
CY	AC	F0	RS1	RS0	OV	—	P

下面逐一介绍各位的用途。

(1) CY:进位标志。8051中的运算器是一种8位的运算器,只能表示到0~255。如果做加法运算,两数相加可能超过255,最高位就会丢失,造成运算错误。怎么办? 最高位就进到CY。有进、借位,CY=1;无进、借位,CY=0。

例如,78H+97H(01111000+10010111)。

(2) AC:辅助进、借位(高半字节与低半字节间的进、借位)。

例如,57H+3AH(01010111+00111010)。

(3) F0:用户标志位,由用户(编程人员)决定什么时候用,什么时候不用。

(4) RS1、RS0:工作寄存器组选择位。

(5) OV:溢出标志位。运算结果按补码运算理解。有溢出,OV=1;无溢出,OV=0。

(6) P:奇偶校验位:用来表示ALU运算结果中二进制数位"1"的个数的奇偶性。若为奇数,则P=1,否则为0。运算结果有奇数个1,P=1;运算结果有偶数个1,P=0。

例如,某运算结果是78H(01111000)。显然,1的个数为偶数,所以 P=0。

4)P0、P1、P2、P3

这是 4 个并行输入/输出口的寄存器。它里面的内容对应引脚的输出。

5)IE

IE 是中断允许寄存器,如表3.6所示。IE按位寻址,地址为A8H。

表3.6   中断允许寄存器

B7	B6	B5	B4	B3	B2	B1	B0
EA	—	ET2	ES	ET1	EX1	ET0	EX0

各位的说明如下。

(1) EA(IE.7):EA=0 时,所有中断禁止(即不产生中断);EA=1 时,各中断的产生由个别允许位决定。

(2) —(IE.6):保留。

(3) ET2(IE.5):定时 2 溢出中断允许(8052用)。

(4) ES(IE.4):串行口中断允许(ES=1 允许,ES=0 禁止)。

(5) ET1(IE.3):定时 1 中断允许。

(6) EX1(IE.2):外中断 $\overline{INT1}$ 中断允许。

(7) ET0(IE.1):定时器 0 中断允许。

(8) EX0(IE.0):外部中断 $\overline{INT0}$ 中断允许。

6)IP

IP 是中断优先级控制寄存器,按位寻址,地址为B8H。

7)指针寄存器

(1) 程序计数器 PC:指明即将执行的下一条指令的地址,16 位,寻址范围 64KB;复位时,PC=0000H。

(2) 堆栈指针 SP:指明栈顶元素的地址,8 位,可软件设置初值;复位时,SP=07H。

(3) 数据指针 DPTR:指明访问的数据存储器的单元地址,16 位,寻址范围 64KB。DPTR=DPH+DPL。可以用它来访问外部数据存储器中的任一单元;如果不用,也可以作为通用寄存器来用,由用户自己决定如何使用。

DPTR 分成 DPL(低 8 位)和 DPH(高 8 位)两个寄存器,用来存放 16 位地址值,以便用间接寻址或变址寻址的方式对片外数据 RAM 或程序存储器执行 64KB 范围内的数据操作。

8)定时器/计数器

(1) 定时器方式寄存器:TMOD。

(2) 定时器控制寄存器:TCON。

(3) 计数寄存器:TH0、TL0;TH1、TL1,用于设定计数初值。

9)8052/8032 增设专用寄存器

(1) 定时器 2 控制寄存器 T2CON:控制、设置工作方式。

(2) 计数寄存器:TH2、TL2。

（3）定时器2捕获/重装载寄存器：RCAP2H、RCAP2L存放自动重装载到TH2、TL2的数据。

3.4.2 C51语言的函数

1. 函数的分类

在C语言中,可从不同的角度对函数分类。

从函数定义的角度看,分为库函数和用户定义函数两种。

（1）库函数：由系统提供,用户无须定义,也不必在程序中做类型说明,只需在程序前包含有该函数原型的头文件,即可在程序中直接调用,如 printf、scanf、getchar、putchar、gets、puts、strcat 等函数均属此类。

（2）用户定义函数：由用户按需要写的函数。对于用户自定义函数,不仅要在程序中定义函数本身,而且在主调函数模块中必须对该被调函数进行类型说明,然后才能使用。

C语言的函数兼有其他语言中的函数和过程两种功能,从这个角度看,又分为有返回值函数和无返回值函数两种。

（1）有返回值函数：此类函数被调用执行完后,将向调用者返回一个执行结果,称为函数返回值。

（2）无返回值函数：此类函数用于完成某项特定的处理任务,执行完成后,不向调用者返回函数值。由于函数无须返回值,用户在定义此类函数时可指定它的返回值为"空类型"。空类型的说明符为void。

从主调函数和被调函数之间数据传送的角度看,分为无参函数和有参函数两种。

（1）无参函数：函数定义、函数说明及函数调用中均不带参数。主调函数和被调函数之间不进行参数传送。此类函数通常用来完成一组指定的功能,可以返回或不返回函数值。

（2）有参函数：也称为带参函数。在函数定义及函数说明时都有参数,称为形式参数（简称为形参）。在函数调用时也必须给出参数,称为实际参数（简称为实参）。进行函数调用时,主调函数将把实参的值传送给形参,供被调函数使用。

2. 函数的调用

1）函数调用的一般形式

前面已经说过,在程序中是通过对函数的调用来执行函数体的,其过程与其他语言的子程序调用相似。

C语言中,函数调用的一般形式为：

函数名(实际参数表)

调用无参函数时,无实际参数表。实际参数表中的参数可以是常数、变量或其他构造类型数据及表达式。各实参之间用逗号分隔。

2）函数调用的方式

在C语言中,可以用以下几种方式调用函数。

（1）函数表达式：函数作为表达式中的一项出现在表达式中,以函数返回值参与表达式的运算。这种方式要求函数有返回值。例如,z＝max(x,y)是一个赋值表达式,把 max

的返回值赋予变量 z。

（2）函数语句：函数调用的一般形式加上分号，即构成函数语句。例如：

printf ("％d",a);scanf ("％d",&b);

都是以函数语句的方式调用函数。

（3）函数实参：函数作为另一个函数调用的实际参数出现。这种情况是把该函数的返回值作为实参传送，因此要求该函数必须有返回值。

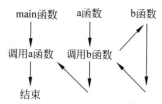

图 3.55　函数的嵌套调用关系

（4）函数的嵌套调用：C 语言中不允许有嵌套的函数定义。因此各函数之间是平行的，不存在上一级函数和下一级函数的问题。但是 C 语言允许在一个函数的定义中出现对另一个函数的调用，即函数的嵌套调用，是指在被调函数中又调用其他函数。这与其他语言的子程序嵌套的情形是类似的，其关系如图 3.55 所示。

图中表示出了两层嵌套的情形。其执行过程是：执行 main 函数中调用 a 函数的语句时，转去执行 a 函数；在 a 函数中调用 b 函数时，又转去执行 b 函数；b 函数执行完毕，返回 a 函数的断点继续执行；a 函数执行完毕，返回 main 函数的断点继续执行。

3．变量及存储方式

1）C51 中的全局变量和局部变量

在 C51 中，程序 ROM 和数据 RAM 是严格分开的，特殊功能寄存器与片内数据存储器统一编址。这与其他一般的微机不同。C51 中内部的 RAM 有 256 字节，外部可寻址 64KB。对于 256 字节，其中前 128 字节（00～7FH）又分为 3 个部分：通用寄存器组、可位寻址区及用户 RAM 区；高 128 字节（7F～FF）为 SFR。上电复位后，堆栈指针指向 07H。在通用寄存器区，此时堆栈区占用 1、2、3 组寄存器，但是用户可自行将 SP 设置在 30～7F。

C51 编译器通过将变量定义为不同的类型，区分不同的存储区。常用的变量类型有以下几种。

（1）data：片内 RAM 的低 128 字节。

（2）bdata：可位寻址的片内 RAM。

以上两种类型可以快速地存取数据，常用来存放临时性的传递变量或使用频率较高的变量。

（3）idata：整个片内 RAM。

（4）xdata：片外存储区（64KB）。由于在对片外存储区操作时，需要先将数据移到片内，处理后，再存储到片外，因此常用来存放不常用的变量，或收集待处理的数据，或存放要被发往另一台计算机的数据。

（5）pdata：属于 xdata 类型。由于它的高字节保存在 P2 口中，只能寻址 256 字节。

（6）code：ROM 内，数据不会丢失。

此外，C51 还有 3 种存储模式：SMALL、COMPACT 和 LARGE。

（1）SMALL 模式下，如果不做特别说明，参数及局部变量默认为 data 型，放在片内

RAM 128 字节内,访问迅速。由于内部的 RAM 有限,如果变量过多,导致频繁地使用寄存器,使代码变得冗长。此时,栈也在片内的 RAM。栈长很关键,因为栈长依赖于不同函数的嵌套层数。

(2) COMPACT:不做特别说明,参数及局部变量默认为 pdata,栈空间在内部 RAM。

(3) LARGE:参数及局部变量默认为 xdata,使用 DPTR 寻址,访问效率低。此外,这种数据指针不能对称操作。

全局变量根据定义的类型或者存储的模式分配在相应的存储区内,有固定的地址。如果全局变量过多,会导致占用太多内存,处理速度变慢。

2) 共享和覆盖

由于 C51 的存储区有限,因此有了覆盖和共享的概念。

(1) 共享:有共享变量和共享函数。共享是针对全局变量或静态变量而言的。对全局变量定义后,就对其分配了内存。在任何函数或者程序中都可以共享该变量的内存,在其他文件中也可以通过声明 extern 实现共享。共享函数与此类似。

(2) 覆盖:如果一个程序不再被调用,也不由其他程序调用,在其他程序运行之前该程序也不再运行,那么这个程序的变量可以放在与其他程序完全相同的 RAM 空间内。这就是覆盖。

4.中断服务函数

中断服务函数的格式如下:

```
void 函数名()interrupt 中断号 using 工作组
{
    中断服务程序内容
}
```

注意:

(1) 中断不能返回任何值,所以前面是 void,后面是函数名。

(2) 函数名可以用户自定义,但不要与 C 语言的关键字相同;中断函数不带任何参数,所以函数名后面的括号内是空的。

(3) 中断号是指单片机的几个中断源的序号。该序号是单片机识别不同中断的唯一标志,所以一定要写正确。中断源及中断号如表 3.7 所示。

表 3.7 中断源及中断号

中 断 源	中 断 号
外部中断 0	0
定时器/计数器中断 0	1
外部中断 1	2
定时器/计数器中断 1	3
串口中断	4

(4) 后面的 using 是工作组,指该中断使用单片机内存中 4 个工作寄存器的哪一组。C51 编译后会自动分配工作组,因此最后这句话通常省略不写。

>>>

C51 中断写法实例如下：

```
void T1 - time( ) interrupt 3
  {
  TH1 = (65536 - 50000)/256;
  TL1 = (65536 - 50000) % 256;
  }
```

这段代码是定时器 1 的中断服务程序。定时器 1 的中断服务序号是 3，因此写成 interrupt 3，服务程序的内容是给两个初值寄存器装入新值。

习题与思考题

1. 根据本书配套开发板全程教学及视频资源，安装 Keil μVision4 和 Proteus 软件。

2. 熟悉硬件程序的下载过程，在本书配套开发板全程教学及视频资源中找到流水灯的.hex 文件，将该文件下载到开发版中，并观察现象。

3. 使用 Proteus 仿真软件绘制电路图。在开发板和仿真软件上实现：8 个 LED 小灯闪烁的功能。8 个 LED 小灯连接到单片机 P1 口，低电平亮，使用 Keil μVision4 新建工程文件，编写程序，生成.hex 文件。

4. 参考本书配套开发板全程教学及视频资源，默画十进制 0～16、二进制、十六进制之间的对应关系表，并理解、熟记。

5. C51 有哪些数据类型？

6. C51 常用的寄存器有哪些？地址和功能分别是什么？

实践应用题

1. 参考本书配套开发板全程教学及视频资源关于 C51 的教学视频，写出 C51 常用运算符，并利用 P1 口的 8 个 LED 小灯点亮情况举例。

2. 参考本书配套开发板全程教学及视频资源关于 C51 的教学视频，写出 C51 的基本控制语句，并举例。

3. C51 中断服务函数如何书写？STC89C52 有哪些中断源？怎样对应中断号？

第 4 章

案例目标8　51单片机并行 I/O端口的灵活运用

单片机是通过 I/O 端口实现对外部控制和信息交换的。单片机 I/O 端口分为串行口和并行口。串行 I/O 端口一次只能传送 1 位二进制信息；并行 I/O 端口一次可传送 1 字节数据。并行 I/O 端口除了用字节地址访问外，还可以按位寻址。I/O 端口可以实现和不同外设的速度匹配，以提高 CPU 的工作效率；可以改变数据的传送方式，实现内部并行总线与外部设备串行数据传送的转换。

4.1　并行 I/O 端口的结构及工作原理

89C51 型单片机有 4 个 8 位并行端口，分别命名为 P0、P1、P2、P3，共 32 根 I/O 线。每个 I/O 端口都由 1 个 8 位数据锁存器和 1 个 8 位数据缓冲器组成，属于 21 个特殊功能寄存器中的 4 个，对应内部 RAM 地址分别为 80H、90H、A0H、B0H。需要输出数据时，8 个数据锁存器用于对端口引脚上的输入数据进行锁存；需要输入数据时，8 个数据缓冲器用于对端口引脚上的输入数据进行缓冲。每条 I/O 线均能独立地用作输入或输出，具有位寻址能力。输出数据时，可以锁存；输入数据时，可以缓冲。

单片机里面，共有两种寄存器，第一种是 ROM，第二种是 RAM。ROM 的数据在程序运行时是不容改变的，除非再次烧写程序，才会改变，就像我们的书本，印上去就改不了了，除非再次印刷。RAM 在程序运行中，数据会随时改变的，就像我们的黑板，写上了可以擦，擦完再写上去，相当于程序运行时，调用 ROM 里面的数据进行各种运算。

在编写 C 语言程序时，开头经常会写头文件＜reg52.h＞，对 sfr P0 ＝ 0x80 的理解如下：sfr 是 Special Function Register 特殊功能寄存器的意思。再来了解如何为特殊功能，这个 sfr 是在 RAM（动态寄存器）里面的，如何为特殊功能呢？比如"sfr P0 ＝ 0x80;"就是把单片机地址 0x80 改名字为 P0，因为 0x80 这个地址是连接着单片机外面的 P0 口的，为什么要改名字呢? 就是方便我们记忆运用。

4.1.1　P0 口(32 脚~39 脚)结构及工作原理

1. 结构

P0 口是双向 8 位三态 I/O 口,访问地址是 80H,每个口可独立控制,位地址范围是 80H~87H。P0 口是真正的双向 I/O 口,具有较大的负载能力。51 单片机 P0 口内部没有上拉电阻,为高阻状态,因此该组 I/O 口在使用时必须外接上拉电阻。P0 口某一位的位电路结构如图 4.1 所示。

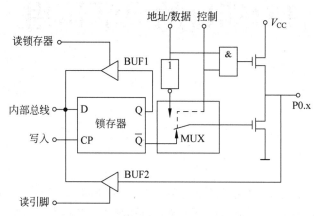

图 4.1　P0 口某一位的位电路结构

由图 4.1 可见 P0 口的某一位结构。它包含 1 个数据输出锁存器、2 个三态数据输入缓冲器、1 个多路转换开关 MUX 以及数据输出驱动和控制电路。具体是:①数据输出锁存器用于数据位锁存;②2 个三态数据输入缓冲器分别是读锁存器的输入缓冲器 BUF1 和读引脚的输入缓冲器 BUF2;③多路转接开关 MUX,一个输入自锁存器的一端,另一输入为地址/数据信号的反相输出,使 P0 口作为通用 I/O 口或地址/数据线口。MUX 由“控制”信号控制,实现锁存器的输出和地址/数据信号之间的转接;④数据输出的控制和驱动电路由一对场效应管(FET)组成。模拟开关的位置由来自 CPU 的控制信号决定。标号为 P0.x 引脚的图标,也就是说,P0.x 引脚可以是 P0.0 到 P0.7 的任何一位,即在 P0 口由 8 个与图中所示相同的电路组成。P0 口可以作为通用 I/O 接口使用,P0.0~P0.7 用于传送输入/输出数据。输出数据时,可以得到锁存,不需外接专用锁存器;输入数据,可以得到缓冲。P0.0~P0.7 在 CPU 访问片外存储器时用于传送片外存储器的低 8 位地址,然后传送 CPU 对片外存储器的读/写数据。

2. 工作原理

P0 口作为单片机系统复用的地址/数据总线使用时,单片机需外扩存储器或 I/O 设备。当作为地址或数据输出时,“控制”信号为“1”,硬件自动使转接开关 MUX 打向上面,接通反相器的输出,同时使与门处于开启状态。P0.x 引脚的输出状态随地址/数据状态的变化而变化。上方的场效应管这时起到内部上拉电阻的作用。此时,由于上、下两个 FET 反相,形成推拉式电路结构,大大提高了负载能力。当 P0 口作为数据线输入时,仅从外部存储器(或外部 I/O)读入信息,对应的“控制”信号为“0”,MUX 接通锁存器的 $\overline{Q}$ 端。

当用作通用 I/O 口时,对应的"控制"信号为"0",MUX 打向下面,接通锁存器的 $\overline{Q}$ 端,与门输出为"0",上方的场效应管截止,形成的 P0 口输出电路为漏极开路输出。P0 作为输出口使用时,来自 CPU 的"写入"脉冲加在 D 锁存器的 CP 端,内部总线上的数据写入 D 锁存器,并向端口引脚 P0.x 输出。必须外接上拉电阻才能有高电平输出(这时就不是双向口)。P0 作为输入口使用时,有两种读入方式:"读锁存器"和"读引脚"。"读引脚"信号把下方缓冲器打开,引脚上的状态经缓冲器读入内部总线;"读锁存器"信号打开上面的缓冲器,把锁存器 Q 端的状态读入内部总线。

P0 口具有如下特点:P0 口为双功能口——地址/数据复用口和通用 I/O 口。当 P0 口用作地址/数据复用口时,是一个真正的双向口,用作外扩存储器,输出低 8 位地址和输入/输出 8 位数据;当 P0 口用作通用 I/O 口时,由于需要在片外接上拉电阻,端口不存在高阻抗(悬浮)状态,因此是一个准双向口。为保证引脚信号正确读入,应首先向锁存器写"1";当 P0 口由原来的输出状态转变为输入状态时,应首先置锁存器为"1",方可执行输入操作。一般情况下,如果 P0 已作为地址/数据复用口,就不能再作为通用 I/O 口使用。

4.1.2　P1 口(1 脚~8 脚)结构及工作原理

1. 结构

P1 口是一个准双向口,字节地址为 90H,位地址为 90H~97H。作为通用 I/O 口使用,它能读引脚和读锁存器,也可用于读—修改—写。输入时,先写入"FF"。对于通常的 51 内核单片机而言,P1 是单功能端口,只能作为通用的 I/O 端口。P1 口某一位的位电路结构如图 4.2 所示。

P1 口位电路由 1 个数据输出锁存器、2 个数据输入缓冲器和输出驱动电路 3 个部分组成。1 个数据输出锁存器用于输出数据位的锁存。2 个三态的数据输入缓冲器 BUF1 和 BUF2 分别用于读锁存器数据和读引脚数据的输入缓冲。输出驱动电路由 1 个场效应管(FET)和 1 个片内上拉电阻组成。P1 每个口可独立控制,内带上拉电阻,输出没有高阻状态。

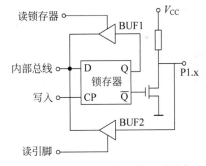

图 4.2　P1 口某一位的位电路结构

2. 工作原理

P1 口作为输出口时,若 CPU 输出"1",Q=1,$\overline{Q}$=1,场效应管截止,P1 口引脚输出高电平;若 CPU 输出"0",$\overline{Q}$=0,Q=1,场效应管导通,P1 口引脚输出低电平。P1 口作为输入口时,分为"读锁存器"和"读引脚"两种方式。"读锁存器"时,锁存器输出端 Q 的状态经输入缓冲器 BUF1 进入内部总线;"读引脚"时,先向锁存器写"1",使场效应管截止,P1.x 引脚上的电平经输入缓冲器 BUF2 进入内部总线。P1 口是准双向口,有内部上拉电阻,没有高阻抗输入状态,只能作为通用 I/O 口使用。P1 口作为输出口使用时,无须再外接上拉电阻。读引脚时,必须先向电路中锁存器写"1",使输出级的 FET 截止。

4.1.3　P2 口(21 脚~28 脚)结构及工作原理

1. 结构

P2 口是双功能口,字节地址为 A0H,位地址为 A0H~A7H。位电路结构包括以下几个部分:1个数据输出锁存器,用于输出数据位的锁存;2个三态数据输入缓冲器BUF1和BUF2,分别用于读锁存器数据和读引脚数据的输入缓冲;1个多路转接开关MUX,它的一个输入是锁存器的Q端,另一个输入是地址的高8位;输出驱动电路,由场效应管(FET)和内部上拉电阻组成。P2口某一位的位电路结构如图4.3所示。

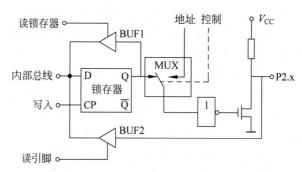

图4.3　P2口某一位的位电路结构

2．工作原理

P2口的第一功能是作为通用I/O使用。当内部控制信号作用时,MUX与锁存器的Q端连通。这时如果CPU输出"1",Q=1,场效应管截止,P2.x引脚输出"1";如果CPU输出"0",Q=0,场效应管导通,P2.x引脚输出"0"。CPU的命令信号与P2.x引脚的输出信号保持一致。输入时,也是分为"读锁存器"和"读引脚"两种方式。工作原理和P1口类似,不再赘述。

P2口的第二功能是作为地址总线。当内部控制信号作用时,MUX与地址线连通。当地址线为"0"时,场效应管导通,P2口引脚输出"0";当地址线为1时,场效应管截止,P2口引脚输出"1"。作为通用I/O口使用时,P2口为一个准双向口,功能与P1口一样。作为地址输出线使用时,P2口可以输出外存储器的高8位地址,与P0口输出的低8位地址一起构成16位地址线。

4.1.4　P3口(10脚～17脚)结构及工作原理

1．结构

由于AT89C51的引脚有限,因此在P3口电路中增加了引脚的第二功能。P3口的字节地址为B0H,位地址为B0H～B7H。P3口位电路主要由3个部分组成:1个数据输出锁存器,用于输出数据位的锁存;3个三态数据输入缓冲器BUF1、BUF2和BUF3,分别用于读锁存器、读引脚数据和第二功能数据的输入缓冲;输出驱动电路由与非门、场效应管(FET)和内部上拉电阻组成。P3口某一位的位电路结构如图4.4所示。

2．工作原理

当P3口用作第一功能通用输出时,与非门应为开启状态,即第二输出功能端应保持高电平。当CPU输出"1"时,Q=1,场效应管截止,P3.x引脚输出为"1";CPU输出"0"时,Q=0,场效应管导通,P3.x引脚输出为"0",此时P3.x的状态跟随CPU输出状态改变。当P3口用作第一功能通用输入时,P3.x位的输出锁存器和第二输出功能均应置"1",场效应管截止,P3.x引脚信息绕过场效应管,通过输入BUF3和BUF2进入内部总线,完成"读引

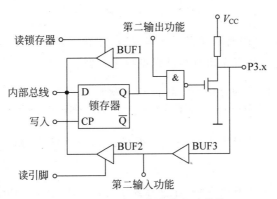

图 4.4　P3 口某一位的位电路结构

脚"操作。当 P3 口实现第一功能通用输入时,也可以执行"读锁存器"操作,此时 Q 端信息经过缓冲器 BUF1 进入内部总线。

当选择第二输出功能时,与非门开启,所以该位的锁存器需要置"1"。当第二输出为"1"时,场效应管截止,P3.x 引脚输出为"1";当第二输出为"0"时,场效应管导通,P3.x 引脚输出为"0"。当选择第二输入功能时,该位的锁存器和第二输出功能端均应置"1",保证场效应管截止,P3.x 引脚的信息绕过场效应管由输入缓冲器 BUF3 的输出获得。

P3 口是一个多用途的准双向口。第一功能是作为普通 I/O 口使用,其功能和原理与 P1 口相同。同样地,作为输出口时,不需要上拉电阻。第二功能是作为控制和特殊功能口使用。使用 P3 口时,多数是将 8 根 I/O 线单独使用,既可将其设置为第二功能,也可设置为第一功能。当工作于通用的 I/O 功能时,单片机自动将第二功能输出线置"1"。P3 口的每一个引脚的第二功能如下。

(1) P3.0——RXD:串行数据接收口。

(2) P3.1——TXD:串行数据发送口。

(3) P3.2——$\overline{INT0}$:外部中断 0 输入。

(4) P3.3——$\overline{INT1}$:外部中断 1 输入。

(5) P3.4——T0:计数器 0 计数输入。

(6) P3.5——T1:计数器 1 计数输入。

(7) P3.6——$\overline{WR}$:外部 RAM 写选通信号。

(8) P3.7——$\overline{RD}$:外部 RAM 读选通信号。

4.2　并行 I/O 端口 C51 编程

4.2.1　点亮 LED 小灯,开启学习单片机技术的大门

前几章介绍单片机学习的硬件、软件、C51 程序,从本节后开始介绍用软件控制硬件,实现智能控制。比如,能让开发板上的任意小灯点亮、闪烁。如果读者实现了这个目标,就说明你已经掌握了建立工程、建立程序框架、I/O 端口灵活控制、程序编写、下载程序的方法了,就是入门了,只要你坚持学习就能够学得更多的技术,设计出自己的作品。本节特别重要,将为你开启学习单片机技术的大门。

1. 程序基本框架

无论多么复杂的程序都离不开程序基本框架,在编写程序时一定要理解程序执行的过程,程序框架的具体内容和程序执行的过程见程序注释。

```
#inlcude<reg52.h>    //包含头文件,寄存器地址映射,软件硬件结合
void main()          //一个程序有且只有一个主函数,程序从主函数开始运行
{
    初始化程序        //程序只执行一次,一般设置寄存器初值,等待时间待系统稳定
    while(1)
    {
        循环程序      //程序循环执行,可以多行,可以调用子函数,调用完再回到主函数
    }
}
```

2. 位操作和口操作

单片机实物图如图 4.5 所示,原理图引脚对应关系如图 4.6 所示。

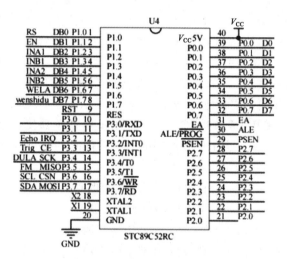

图 4.5　STC89C52RC 单片机
　　　　实物图

图 4.6　原理图引脚对应关系

注意实物图上方中间有个豁口,对应原理图上方的半圆,豁口左上方为 1 脚,然后按逆时针方向数,左下方是 20 脚,右下方是 21 脚,右上方是 40 脚,每个引脚的功能和名称是固定的,右侧原理图中横线上的字母表示网络标签,比如 RS DB0 P1.0 表示原理图中凡是有 RS 的网络标签都连接到了一起,凡是有 DB0 的网络标签连接到了一起,凡是有 P1.0 的网络标签也连接到了一起。另外,RS、DB0、P1.0 网络标签也连接到了一起。

STC89C52RC 单片机有 P0 口、P1 口、P2 口、P3 口,每组都是 8 个引脚,分别称为 Px.0,Px.1,…,Px.7,x=0,1,2,3,注意是从 Px.0 开始。单片机编程最基本的功能是控制 8 个引脚的高、低电平,高电平就是 5V,相当于电源的正极,电流往外流出,低电平是 0V,相当于电源的负极,电流向里流进。以 P1 口为例讲解程序是怎么控制 P1.0,P1.1,…,P1.7 高低电平的。

位操作:直接操作 Px 口某一引脚。比如在程序的上边有如下位定义:sbit led0=P1^0 (注意后边是分号,led0 可以改变,一般和意义相关,P 必须大写),那们在程序中写 led0=1

就可以让 P1^0 输出 5V 高电平,如果 led0＝0,就可以输出 0V 低电平。如果想操作其他位,同理可以声明多个位。注意单片机在不控制引脚时默认为高电平。

口操作:同时操作 Px 口 8 个引脚。比如,只让 P1.0 是低电平,而让其他 7 个引脚是高电平,可以写成 P1＝0xfe,它等价于 P1＝11111110,但是程序不能直接写二进制。对应引脚控制情况理解如表 4.1 所示。

表 4.1　口操作 P1＝0xfe 时对应 8 个位引脚的高、低电平情况

P1	1	1	1	1	1	1	1	0
对应引脚	P1^7＝1	P1^6＝1	P1^5＝1	P1^4＝1	P1^3＝1	P1^2＝1	P1^1＝1	P1^0＝0

开发板和仿真下载
程序方法讲解

LED 小灯点亮入门
原理程序演示

小灯点亮举例:在开发板和仿真软件上,使用位操作和口操作两种方法点亮 P1.0 引脚连接的小灯。

流水灯原理图如图 4.7 所示。

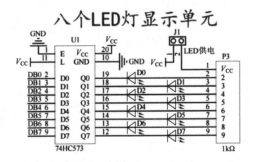

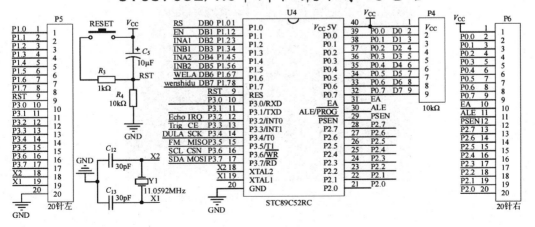

图 4.7　流水灯原理图

说明：74HC573是电流驱动作用，可以使小灯更亮，可以认为左、右直通，待学习数码管时讲解。

由原理图8个LED灯显示单元可知，要想控制小灯，实物开发板需要将J1用跳线帽连接，目的是连接正极的电源。P3是1kΩ的排阻，限流的作用。U1是74HC573，起着电流驱动的作用。

参考程序如下。

```
# include < reg52.h >
sbit led0 = P1^0;              //定义 P1^0 引脚名称为 led0
void main()
{
    while(1)
    {
        led0 = 0;              //P1^0 引脚输出低电平 0,小灯负极连单片机,电流向单片机里流
    }
}
```

也可以用下面的程序，两个程序实现的效果是一样的，因为不控制时单片机引脚默认是高电平。上边的程序只控制P1.0，其他引脚默认为高电平，下边的程序同时控制P1.7…P1.1引脚为高电平，P1.0为低电平。所以两种方法效果相同，实际控制时需要灵活运用。

```
# include < reg52.h >
void main()
{
    while(1)
    {
        P1 = 0xfe;             //11111110  P1.0 位低电平 0,其他引脚为高电平 5V
    }
}
```

点亮P1.0对应小灯D0的实物效果图和仿真效果图分别如图4.8和图4.9所示。

图4.8　点亮P1.0对应小灯D0的实物效果图

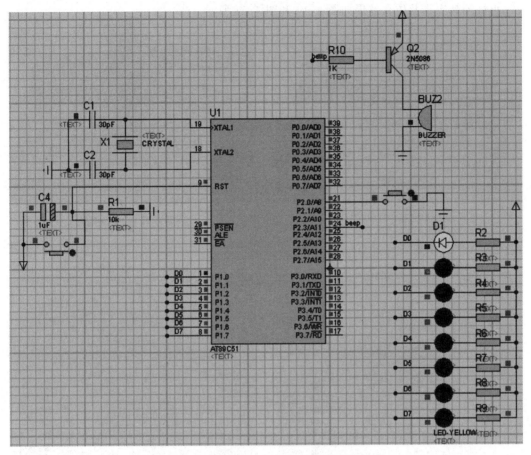

图 4.9　点亮 P1.0 对应小灯 D0 的仿真效果图

如果想让小灯闪烁可以参考下面的程序。

```
# include < reg52.h >
sbit led0 = P1^0;                //定义 P1^0 引脚名称为 led0
void delay(unsigned int i)       //延时子函数定义
{
    unsigned int j,k;            //i,j,k 占内存 2 个字节,取值范围 0~65535
    for (j = i;j > 0;j-- )
    for (k = 125 ;k > 0 ;k-- );
}
void main()
{
    while(1)
    {
        led0 = 0;                //P1^0 引脚输出低电平 0V,小灯负极连单片机,电流向单片机里流
        delay(1000) ;            //另一种方法是 P1 = 0xfe,二进制 11111110;7 个灯灭,1 个灯亮
        led0 = 1;                //P1^1 引脚输出高电平 5V,小灯不能形成电流回路,熄灭
        delay(1000) ;            //另一种方法是 P1 = 0xff 或 0xFF,其实就是十进制 255,二进制
                                 //11111111,8 个灯都灭

    }
}
```

小灯闪烁实物及仿真效果如图 4.10 和图 4.11 所示。

(a) P1.0 连接小灯 D0 熄灭　　　　　　　　　　(b) P1.0 连接小灯 D0 点亮

图 4.10　小灯闪烁实物效果图

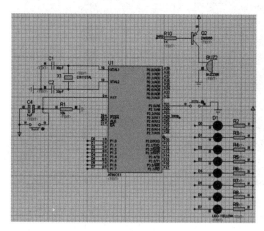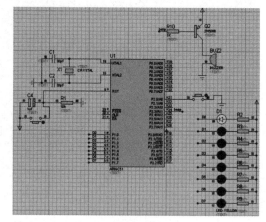

(a) P1.0 连接小灯 D0 熄灭　　　　　　　　　　(b) P1.0 连接小灯 D0 点亮

图 4.11　小灯闪烁 Proteus 仿真效果图

4.2.2　流水灯案例目标的实现

用单片机实现流水灯的控制案例目标的描述：用 4 种方法实现流水灯的控制。每种方法的关键语句功能需要注释。

1. 原理图

流水灯原理图如图 4.7 所示。

2. 程序

1）程序 1

流水灯案例
实物演示与
程序思路讲解

```
# include < reg52.h >
unsigned char table[ ] = {0xfe,0xfd,0xfb,0xf7,0xef,0xdf,0xbf,0x7f};
//将灯的不同状态分别定义成8组十六进制数并存入数组
void delay(unsigned int i)          //延时子函数定义
{
```

```
        unsigned int j;
        unsigned char k;
        for(j = i;j > 0;j -- )
            for(k = 125;k > 0;k -- );
}
void main()                     //主函数
{
    while(1)
    {
        unsigned char m;        //定义变量 m
        for(m = 0;m < 8;m++)    //8 个小灯依次循环
        {
            P1 = table[m];      //将已存数组赋予变量 m
            delay(1000);
        }
//      P1 = led_table[0];      //8 个小灯依次循环
//      delay(1000);
//      P1 = led_table[1];
//      delay(1000);
//      P1 = led_table[2];
//      delay(1000);
//      P1 = led_table[3];
//      delay(1000);
//      P1 = led_table[4];
//      delay(1000);
//      P1 = led_table[5];
//      delay(1000);
//      P1 = led_table[6];
//      delay(1000);
//      P1 = led_table[7];
//      delay(1000);
    }
}
```

2）程序 2

```
# include < reg52. h >
# define uchar unsigned char
# define uint unsigned int
uchar a;
void delayms(uint xms)
{
    uint i,j;
    for(i = xms;i > 0;i -- )         //i = xms 即延时约 xms
    for(j = 110;j > 0;j -- );
}
void main()                          //主函数
{
    P1 = 0xfe;                       //点亮第一个灯
    while(1)                         //循环函数
```

```
    {
        a = P1;                              //把 P1 赋给 a
        a = a << 1;                          //左移 1 位
        a = a | 0x01;                        //左移 1 位后与 00000001 相与, 补齐最后一位
        delayms(500);                        //延时 500ms
        if(a == 0xff)                        //如果小灯全灭
        a = 0xfe;                            //再次点亮第一个灯
        P1 = a;
    }
}
```

3) 程序 3

```
#include<reg52.h>
#define uint unsigned int
//占 2 个字节, 16 位 1111111111111111, 2^16 - 1 = 65535
#define uchar unsigned char                 //占 1 个字节, 8 位, 2^8 - 1 = 255
uchar led_table[8] = {0xfe,0xfd,0xfb,0xf7,0xef,0xdf,0xbf,0x7f};   //code 表示数组元素值不变
uchar pin = 0;
void delay(uint i)
{
    uint x,y;                                //局部变量只在这个函数内部可以用
    for(x = 0; x < 255; x++)
    for(y = 0; y < i; y++);
}
void main()
{
    while(1)
    {
        //P1& = ~(1 << 5);                   //P1.5 = 0, 其他位没有影响
        //0000 0001 << 5 = 0010 0000 1101 1111 P1 = P1&11011111
        for(pin = 0; pin < 8; pin++)
        {
            P1& = ~(1 << pin);
            delay(200);                      //更简单了
            P1 = 0xff;
        }
    }
}
```

4) 程序 4

```
#include<reg52.h>
#include<intrins.h>                          //包含_crol_函数所在的头文件
#define uint unsigned int                    //宏定义
#define uchar unsigned char
void delayms(uint);                          //声明子函数
uchar aa;                                    //定义变量 aa 给 P1 赋值
void main()                                  //主函数
{
    aa = 0xfe;                               //赋初值 11111110
    while(1)                                 //大循环
    {
        P1 = aa;                             //点亮第一个发光二极管
```

```
        delayms(500);                    //延时 500ms
        aa = _crol_(aa,1);               //将 aa 循环左移 1 位后赋给 aa
    }
}
void delayms(uint xms)
{
    uint i,j;
    for(i = xms;i > 0;i-- )               //i = xms 即延时约 xms
    for(j = 110;j > 0;j-- );
}
```

3．实物效果图

流水灯案例实物效果图如图 4.12 所示。

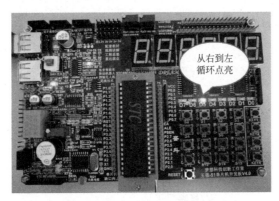

图 4.12　流水灯案例实物效果图

4．仿真效果图

流水灯案例 Proteus 仿真效果图如图 4.13 所示。

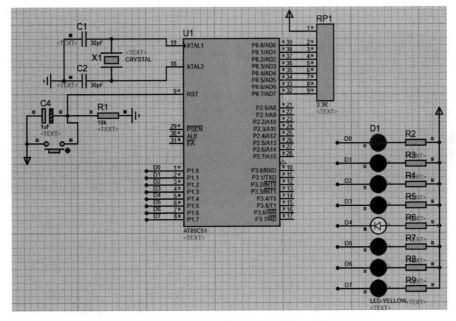

图 4.13　流水灯案例 Proteus 仿真效果图

4.2.3　蜂鸣器案例目标的实现

单片机控制蜂鸣器案例目标的描述：利用单片机控制蜂鸣器发出"滴滴"的声音，并且 8 个 LED 小灯闪烁。

1. 原理图

单片机控制蜂鸣器案例原理图如图 4.14 所示。

2. 程序

```
#include<reg52.h>              //头文件
sbit BUZZER = P2^3;           //定义端口
void Delay()
{
    unsigned char i,j;        //定义无符号字符型 i、j
    for(i = 0;i<255;i++)      //延时函数
    for(j = 0;j<255;j++);
}

void main()                   //主函数
{
    while(1)                  //循环函数
    {
        BUZZER = 0;           //蜂鸣器响
        Delay();
        BUZZER = 1;           //蜂鸣器灭
        Delay();
    }
}
```

图 4.14　单片机控制蜂鸣器案例原理图

注：FM 连接到单片机 P3.5 引脚。

蜂鸣器案例
实物演示讲解

3. 实物效果图

蜂鸣器案例实物效果如图 4.15 所示。

(a)蜂鸣器响小灯点亮　　　　　　　　(b)蜂鸣器不响小灯灭

图 4.15　蜂鸣器案例实物效果图

4. 仿真效果图

蜂鸣器案例仿真效果如图 4.16 所示。

通过仿真可以看出，为低电平时，蜂鸣器响起，且 8 个 LED 小灯点亮；为高电平时，蜂鸣器不响，且 LED 小灯熄灭。

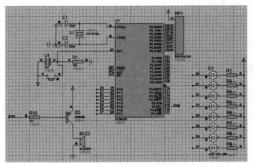 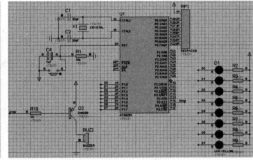

(a) 蜂鸣器响小灯点亮　　　　　　　　　　(b) 蜂鸣器不响小灯灭

图4.16　蜂鸣器案例仿真效果图

4.2.4　继电器案例目标的实现

单片机控制继电器案例目标的描述：使用独立按键，通过单片机控制继电器闭合与导通。

1. 原理图

单片机控制继电器案例原理图如图4.17所示。

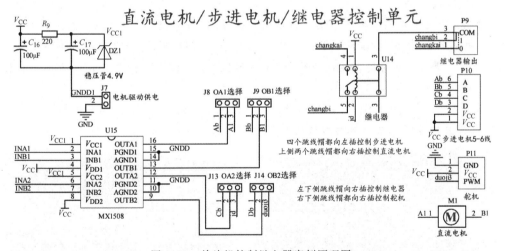

图4.17　单片机控制继电器案例原理图

说明：驱动器采用MX1508(也可采用TC1508S)，INA2连接单片机的P1.4引脚控制OUTA2高低电平。控制继电器需要两个跳线帽，一个插入J7接地，一个插入J13三个插针的右侧两个。图中两个jd表示连接到了一起，继电器默认时P9的2和3引脚接通，由于继电器1引脚接V_{CC}5V了，所以OUTA2输出低电平继电器闭合，即P9的1和3引脚连通。继电器控制原理部分说明见10.1节。

继电器案例
实物演示讲解

2. 程序

```
#include <reg52.h>
sbit KEY1 = P2^4;                //定义按键 KEY1
sbit KEY2 = P2^5;                //定义按键 KEY2
```

```
sbit Jidianqi = P1^4;            //继电器与单片机连接引脚
sbit fuzhu = P1^5;               //辅助引脚
void main()                      //主函数
{
    Jidianqi = 1;                //初始继电器断开
    fuzhu = 0;
    while(1)
    {
        if (KEY1 == 0)           //当按下 KEY1 时
        {
            Jidianqi = 0;        //继电器吸合
            fuzhu = 1;           //这里注意需要两个引脚共同控制
        }
        if (KEY2 == 0)           //当按下 KEY2 时
        {
            Jidianqi = 1;        //继电器断开
            fuzhu = 0;
        }
    }
}
```

3．实物效果图

说明：两图中左侧方框三个插针为继电器选择端，与原理图P9对应。图4.18(a)由于控制继电器的引脚和控制小灯D4的引脚都是P1.4，D5连接P1.5，当开机时，程序是Jidianqi＝1，即P1.4为高，fuzhu＝0，即P1.5为低，所以D5灯亮，并且左侧方框三个插针的右边两个接通。

图4.18(b)中当KEY1＝0，即KEY1按下时，Jidianqi＝0，fuzhu＝1，D4灯点亮，D5灯熄灭，并且左侧方框三个插针的右边两个断开。

(a) 刚开机时右侧两个继电器接通   (b) KEY1按下时左侧两个继电器接通

图4.18   继电器控制案例实物效果图

4．仿真效果图

说明：在仿真图中，由于没有1508S芯片库，继电器电路需要如图4.19所示进行搭建。控制程序和实物图的一样。在仿真图中红色表示高电平、蓝色表示低电平。具体过程不再赘述。

关于I/O接口C51编程的更多案例学习见本书配套开发板全程教学及视频资源。

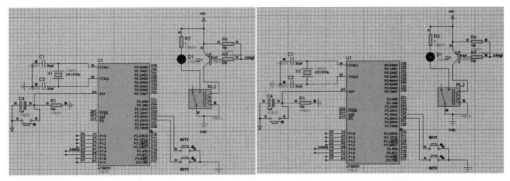

(a) 刚开机时继电器断开，D1熄灭   (b) KEY1按下时继电器接通，D1点亮

图 4.19 继电器控制案例仿真效果图

习题与思考题

1. 简述 P1 口(1 脚～8 脚)结构及工作原理。

2. 简述 P3 口各个引脚的特殊功能。

3. 对本节实例和案例目标的程序进行如下深入性的研究。

(1) 对原理图连线和程序引脚定义的一致性进行研究。

(2) 对实物和仿真现象进行研究。

(3) 对程序的执行过程进行研究，画出程序流程图。

(4) 对程序的每一行进行详细的注释。

(5) 对实例的功能进行改变，并对程序进行改动，达到学以致用的目的。

实践应用题

1. 使用口操作和位操作两种方法，在开发板上和仿真软件上实现 8 个 LED 小灯由两边到中间循环点亮的效果。

2. 已知独立按键按下时接地，程序只需判断该引脚是否等于 0 即可。在开发板和仿真软件上编写程序，按一个按键蜂鸣器响，LED 小灯点亮，再按另一个按键蜂鸣器不响，LED 小灯熄灭，以此循环。

3. (工程师思想创新实践应用提高题)在开发板和仿真软件上实现如下功能：设计一个两位密码锁，共三个按键，第一个按键表示输入的是十位数字，按几次代表输入几，第二个按键表示输入的是个位数字，第三个按键表示确认键，密码正确继电器动作，小灯常亮。密码错误 LED 小灯闪烁，蜂鸣器报警。

4. (工程师思想创新实践应用提高题)在开发板和仿真软件上设计交通灯电路，6 个小灯，编写简易交通灯的程序，使用软件延时的方法，要求如下。

硬件构成：东西方向各 3 个灯(红、黄、绿)，南北方向各 3 个灯(红、黄、绿)。

软件编程：①东西方向绿灯亮，南北方向红灯亮，延时约 5s；②东西方向黄灯亮，南北方向红灯亮，延时约 1s；③东西方向红灯亮，南北方向绿灯亮，延时约 5s；④东西方向红灯亮，南北方向黄灯亮，延时约 1s；⑤循环。

第 **5** 章

数码管显示与键盘检测

5.1　案例目标 9　数码管显示的具体实现

1．案例目标背景介绍

在信息时代的今天，单片机应用涉及各行各业，也广泛应用到人们的日常生活中，如洗衣机、空调、冰箱、电子钟等的控制系统都可以用单片机实现。为了让人们直观地了解相关设备当前的工作状态，很多时候需要将当前的时间、温度、工作程序等状态通过数码管显示出来，这就涉及单片机的数码管显示技术。在实际应用中，单片机的数码管显示一般采用动态方式。

本案例以 STC89C52RC 为核心控制器。前面介绍了 89C52 最小系统的设计与 I/O 口的简单控制，此处不再赘述。本章的重点是数码管的使用，了解数码管的引脚排列、显示原理之后，就可以让数码管显示任意数字，随意变化数字顺序等。

2．相关知识

（1）数码管显示原理。

（2）数码管静态显示应用举例。

（3）数码管动态显示应用举例。

5.1.1　数码管显示原理

首先介绍数码管的结构类型。图 5.1 所示分别为单位、双位、三位、四位数码管。无论是几位的数码管，都是由多个发光二极管封装在一起组成"8"字形的器件，引线在内部连接完成，都是由其内部的发光二极管发光。下面利用单位数码管讲解。

通常，单位数码管封装有 10 个引脚，其中的第 3 位和第 8 位引脚连接在一起，如图 5.2(a)所示。每一只发光二极管都由一根电极引到外部引脚；另外一只引脚连接在一起，也引到外部引脚，记作公共端。数码管上的 8 个 LED 小灯称为段，分别为 a、b、c、d、e、f、g、dp，其中 dp 为小数点，具体位置如图 5.2(a)所示。

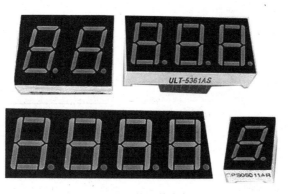

图 5.1　数码管实物

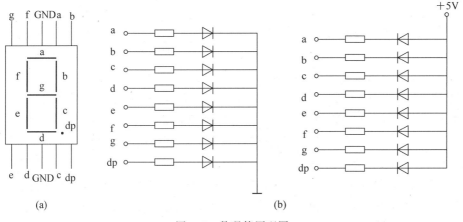

图 5.2　数码管原理图

数码管的公共端分为共阴极和共阳极,如图 5.2(b)所示。对于共阴极数码管,其内部 8 个发光二极管的阴极全部连接在一起。使用时,只需将公共端接低电平,一般接地;将想要点亮的二极管的阳极接高电平。例如,想让共阴极数码管显示十六进制的"E",应该将 b、c 和 dp 接地,其余段都接高电平。同理,共阳极数码管是将内部 8 个发光二极管的阳极全部连接在一起。使用时,将公共端接高电平,给想要点亮的二极管送低电平。如果想要点亮"0",给 g 和 dp 送高电平,其余的送低电平。一般情况下,公共端直接接电源,而段选接单片机 I/O 口,实现控制的目的。

当我们手拿一个数码管,不知道是共阴极还是共阳极时,不要觉得没有头绪,最简单的办法就是用数字万用表测量。数字万用表红表笔接内部电池正极,黑表笔接内部电池负极,将万用表置于二极管挡时,两只表笔之间的电压为 1.5V,正好能够让红色二极管发光。当将红表笔置于 3 或 8 引脚,将黑表笔置于其他任一引脚,都有二极管亮,这个数码管为共阳极;反之,将黑表笔置于 3 或 8 引脚,将红表笔置于其他任一引脚,都有二极管亮,则这个数码管为共阴极。

因为点亮发光二极管的电流不宜过大或过小,而单片机的 I/O 口不能满足此要求,所以常用的最简单的办法就是在数码管与单片机之间加 74HC573 锁存器。另外,当使用多位数码管时,一个重要的知识点就是"段选"和"位选",顾名思义,段选就是选择让哪一段二极管亮,位选就是选择让哪一位数码管亮。

74HC573 引脚图和真值表如图 5.3 和表 5.1 所示。下面介绍 74HC573 的功能。

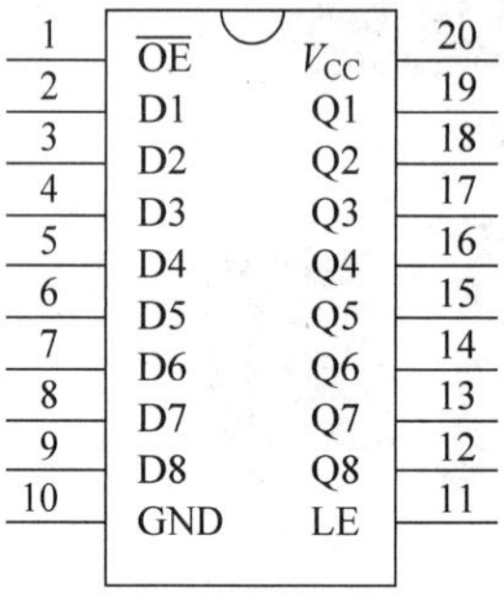

图 5.3   74HC573 引脚图

表 5.1   74HC573 真值表

输　　入			输出
$\overline{OE}$	LE	D	Q
L	H	H	H
L	H	L	L
L	L	X	Q0
H	X	X	Z

由真值表可以看出,同一行左边 3 个条件满足,右边就有相应的响应。观察前两行,当 $\overline{OE}$ 端为低电平,LE 为高电平时,左、右直通,即 D1 到 D8 分别与 Q1 到 Q8 一一对应。如 D1 是高,Q1 就是高。再看第 3 行,当 $\overline{OE}$ 是低,LE 是低时,无论 D 为何种电平状态,Q 都保持上一次的数据状态。就是说,当 LE 为高电平时,Q 端数据状态紧随 D 端数据状态变化;而当 LE 为低电平时,Q 端数据将保持 LE 端变化为低之前 Q 的数据状态,即实现了锁存功能。利用以上性质,可以将 74HC573 应用到单片机控制数码管上,实现驱动作用,并节省单片机 I/O 口。

LED 静态显示是指数码管显示某一字符时,相应的发光二极管恒定导通或恒定截止,公共端恒定接地(共阴极)或接正电源(共阳极)。LED 动态显示是一位一位地轮流点亮各位数码管的显示方式,每位数码管点亮的时间大约是 1ms。但由于 LED 具有余晖特性,人眼有视觉暂留特性,看起来好像在同时显示不同的字符。

静态显示的优点:显示控制程序简单,显示亮度大,节约单片机工作时间。静态显示的缺点:在显示位数较多时,静态显示占用的 I/O 口线较多,或者需要增加额外的硬件电路,硬件成本较高。

动态显示的优点:可以大大简化硬件线路。动态显示的缺点:要循环执行显示程序,对各个数码管动态扫描,消耗单片机较多的运行时间;在显示器位数较多或刷新间隔较大时,有一定的闪烁现象,显示亮度较暗。

5.1.2   数码管静态显示应用举例

在 52 单片机中,位选由 WELA 引脚控制,段选由 DULA 引脚控制。位选选中所有数码管,所有数码管选择相同的段,即 6 个数码管显示相同的数。这种显示方法叫作数码管的静态显示。注意,这里以共阴极数码管举例,其原理图如图 5.4 所示。

无论是几个单位数码管放在一起,还是多位一体数码管,标有 a、b、c、d、e、f、g、h 的引脚全部连接在一起。如图 5.4 所示,标有相同标号的引脚连接在一起,锁存器 U2 和 U3 的 11 脚分别与 P3.4 和 P1.6 连接。因为 U3 锁存器控制位选,所以把它的输出端记作 WE。由于单片机 I/O 口输出的电流过小,所以在 P0 口旁加一个上拉电阻,一方面可以增大电流,另一方面使其输出直接为高电平。当锁存器的锁存端 11 脚为高电平时,输入端与输出端是

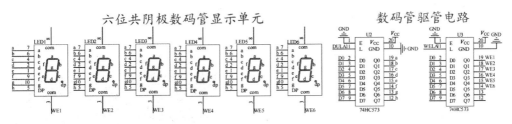

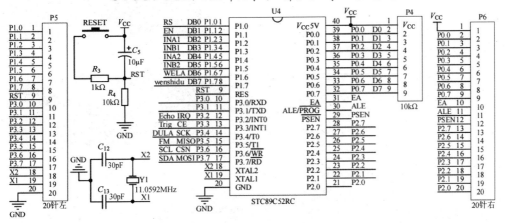

图 5.4 数码管显示原理图

连通的；当 11 脚为低电平时，输入端与输出端断开，但输出端保持原状态。

接下来分析怎么让数码管静态显示"111111"。要想让数码管显示"1"，应该使 b、c 段为高电平，那么 P0 口要输出的数据为 0000 0110，化为十六进制为 0x06。由于数码管为共阴极，所以位选选通时为低电平，关闭时为高电平。因为这里以 6 个数码管举例，所以 U3 中的 Q6 和 Q7 的高低无所谓。这里为高。那么，P0 口要输出的数据为 1100 0000，即 0xC0 用 C 语言写出来的程序如下：

数码管静态显示应用举例 1
实物演示讲解

```c
# include < reg52.h>          //52 系列单片机头文件
# define uchar unsigned char
# define uint unsigned int
sbit dula = P3^4;             //声明 U2 段选锁存器的锁存端
sbit wela = P1^6;             //声明 U3 位选锁存器的锁存端
void delay(uchar x)
{
    uchar j;
    while(x -- )
    for(j = 0;j < 125;j++);
}
//必须有延时经过测试
void main()                   //main 主函数
{                             //因显示固定的数据,将 while(1)下的程序放这里也可以
    while(1)
    {
        dula = 0;
```

```
            wela = 0;
            P0 = 0xC0;              //送位码 11000000
            wela = 1;
            wela = 0;
            P0 = 0x06;              //送段码 00000110
            dula = 1;
            dula = 0;
            delay(1);
        }
    }
```

图 5.5　数码管静态显示实物效果图

数码管静态显示实物效果图如图 5.5 所示。

数码管静态显示仿真效果图如图 5.6 所示。

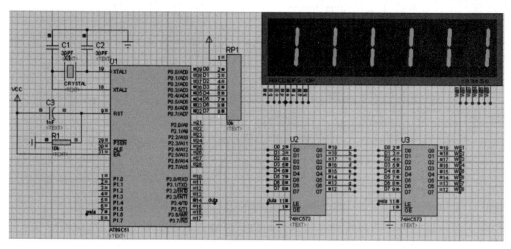

图 5.6　数码管静态显示仿真效果图

为了操作方便,将共阴极数码管段选编码整理如表 5.2 所示。使用时应当了解编码是如何推导出来的。

表 5.2　共阴极数码管段选编码

符　　号	编　　码	符　　号	编　　码
0	0x3f	5	0x6d
1	0x06	6	0x7d
2	0x5b	7	0x07
3	0x4f	8	0x7f
4	0x66	9	0x6f
A	0x77	D	0x5e
B	0x7c	E	0x79
C	0x39	F	0x71

上面的例子是静态显示"111111"。如果想让其显示"111111"之后再显示"222222",该怎么编程序呢？这里涉及另一个知识点:编码定义方法及调用数组。

在用 C 语言编程时,编码方法如下:

```
unsigned char code table[] = {
      0x3f,0x06,0x5b,0x4f,
      0x66,0x6d,0x7d,0x07,
      0x7f,0x6f,0x77,0x7c,
      0x39,0x5e,0x79,0x71};
```

　　编码定义方法与 C 语言中的数组定义方法非常相似,不同的是在数组类型后面多了一个 code 关键字。code 是"编码"的意思,一般不能修改。unsigned char 是数组类型,table 是数组名,可以自由定义,只要不与关键字重名即可。但 table 后必须加"[]",中括号内注明当前数组内的元素个数,也可以不注明。注意,中括号内每个元素中间加",",而不是";",而且最后一个元素后面没有符号。

　　调用数组的方法如下:

```
P0 = table[1];
```

即将 table 这个数组中的第二个元素赋值给 P0 口,也就是 P0=0x06。注意,在调用数组时,table 后面中括号里的数字从 0 开始,对应后面大括号里的第一个元素。

　　例:结合在 C 语言中学过的延时程序,让 6 个数码管全体从 0 到 F 循环显示。程序如下:

```
#include<reg52.h>
#define uchar unsigned char          //宏定义 unsigned char 用 uchar 表示
#define uint unsigned int
sbit dula = P3^4;                     //声明 U2 段选锁存器的锁存端
sbit wela = P1^6;                     //声明 U3 位选锁存器的锁存端
unsigned char j,k;
/*定义数码管显示字符跟数字的对应数组关系*/
uchar code table[] =
{
    0x3f,0x06,0x5b,0x4f,
    0x66,0x6d,0x7d,0x07,
    0x7f,0x6f,0x77,0x7c,
    0x39,0x5e,0x79,0x71
};                                    //数码管显示编码(0~F)

/*延时程序*/
void delay(unsigned int x)            //延时子函数定义
{
    unsigned int i,j;
    for(i=x;i>0;i--)
    for(j=125;j>0;j--);
}
void main()
{
    uchar m = 0;
    dula = 0;
    wela = 0;
```

数码管静态显示应用举例 2
实物演示与程序思路讲解

```
        P0 = 0xC0;                           //送位码
        wela = 1;
        wela = 0;
        while(1)
        {
                for(m = 0;m < 16;m++)
                {
                        P0 = table[m];          //送段码
                        dula = 1;
                        dula = 0;
                        delay(500);
                }
        }
}
```

六位数码管实物显示效果图如图 5.7 所示。

图 5.7　六位数码管实物显示相同数字效果图

六位数码管仿真效果图如图 5.8 所示。

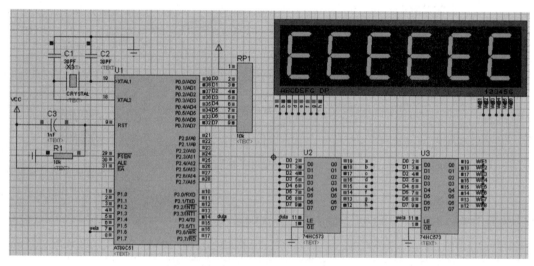

图 5.8　六位数码管显示相同数字仿真效果图

5.1.3 数码管动态显示应用举例

数码管的动态显示是指逐位轮流点亮各位数码管的方式,又叫作数码管的位扫描方式。该方式通常将多个数码管的 a、b、c、d、e、f、g、dp 全部连接在一起,而各数码管的位选通常独立。其工作过程是:某一时刻只选通 1 位数码管,并送出相应的字形码;在另一时刻选通另 1 位数码管,并送出相应的字形码。依此规律循环,使各位数码管显示欲显示的字符。虽然这些字符是在不同的时刻分别显示,但由于人眼存在视觉暂留效应,只要每位显示间隔足够短,就可以给人以同时显示的感

数码管动态显示
应用举例实物演示
与程序思路讲解

觉。采用动态显示能节省 I/O 口,硬件相对简单,但其亮度不如静态显示方式,而且在显示位数较多时,CPU 依次扫描,需占用较多的时间。

例:实现第 1 个数码管显示 0,再关闭;第 2 个数码管立即显示 1,再关闭;……一直到第 6 个数码管显示 5,关闭后,再回来显示第 1 个数码管,如此循环。程序如下:

```
#include<reg51.h>
#define uchar unsigned char
sbit dula = P3^4;                                    //声明 U2 段选锁存器的锁存端
sbit wela = P1^6;                                    //声明 U3 位选锁存器的锁存端
uchar code tabledula[] = {0x3f,0x06,0x5b,0x4f,0x66,0x6d,0x7d,
0x07,0x7f,0x6f,0x77,0x7c,0x39,0x5e,0x79,0x71};       //数码管显示段码(0-F)
uchar code tablewela[] = {0xfe,0xfd,0xfb,0xf7,0xef,0xdf}; //数码管显示位码(对应第1到第6个)
/*延时函数*/
void delay(uchar x)
{
    uchar j;
    while(x--)
     {
        for(j=0;j<125;j++);
     }
}
void main()
{
    uchar i;
    while(1)
    {
        for(i=0;i<6;i++)
        {
            dula = 0;
            wela = 0;
            P0 = tablewela[i];                        //送位码
            wela = 1;
            wela = 0;
            P0 = tabledula[i];                        //送段码
            dula = 1;
            dula = 0;
            delay(2);
        }
    }
}
```

数码管动态显示实物效果图如图 5.9 所示。

图 5.9　数码管动态显示实物效果图

数码管动态显示仿真效果图如图 5.10 所示。

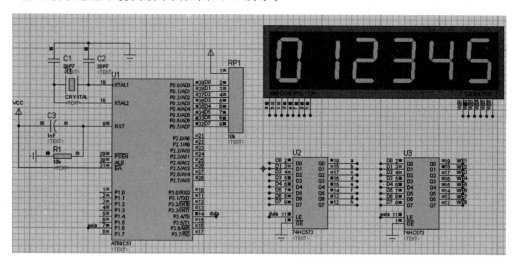

图 5.10　数码管动态显示仿真效果图

　　程序中定义了两个数组,分别是段码和位码数组,这样结合 for 循环语句运用起来比较简洁。可以发现,数码管动态显示主要掌握段选、位选、数码管上各字符的编码,还有 C 语言中的延时程序。另外,延时程序在数码管动态显示中是必不可少的,可以通过调整 delay(2)中的数值充分理解数码管静态显示和动态显示的关系。其实,动态显示就是特殊的静态显示,只不过每两次显示之间有延时,比如,第 1 次只是第 1 个数码管显示“1”,延时一小会儿,第 2 次第 2 个数码管只显示“2”;只要调试好延时的时间,看上去就好像“1”“2”同时显示一样,也就是通过延时的多少可以看到动态显示的效果,这一定要掌握。

5.1.4　数码管案例目标的实现

　　数码管案例目标的描述:研究开发板原理图,编写程序。6 个数码管显示“11.12.13”。

1. 思路分析

　　这个题目具有一定的应用性,采用动态显示的方法,需研究出小数点数码管显示的段码。

2．硬件框图

数码管案例硬件框图如图 5.11 所示。

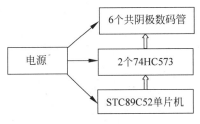

图 5.11　数码管案例硬件框图

数码管案例实物演示与
程序思路讲解

3．原理图

数码管案例目标原理图如图 5.4 所示。

4．程序

```c
#include < reg52.h>
#define uint unsigned int
#define uchar unsigned char
sbit dula = P3^4;                                    //声明 U2 段选锁存器的锁存端
sbit wela = P1^6;                                    //声明 U3 位选锁存器的锁存端
uchar shi2,shi1,fen2,fen1,miao2,miao1;
uchar shi = 11,fen = 12,miao = 13;
uchar code tabledula[] = {0x3f,0x06,0x5b,0x4f,       //定义 0~9 段码
                          0x66,0x6d,0x7d,0x07,0x7f,0x6f};
uchar code tableduladian[] = {0xbf,0x86,0xdb,0xcf,   //定义带有小数点的 0~9 段码
                              0xe6,0xed,0xfd,0x87,0xff,0xef};
uchar code tablewela[] = {0xfe,0xfd,0xfb,0xf7,0xef,0xdf};
//数码管显示位码(对应第 1 到第 6 个)
void delay(uchar x)                                  //延时函数
{
        uint i,j;
        for(i = 110;i > 0;i-- )
            for(j = x;j > 0;j-- );
}

void display(uchar shi2,uchar shi1,uchar fen2,uchar fen1,uchar miao2,uchar miao1)
//数码管显示函数
{
        wela = 0;
        dula = 0;
        P0 = tablewela[0];
        wela = 1;
        wela = 0;
        P0 = tabledula[shi2];
        dula = 1;
        dula = 0;
        delay(1);
```

```
        P0 = tablewela[1];
        wela = 1;
        wela = 0;
        P0 = tableduladian[shi1];
        dula = 1;
        dula = 0;
        delay(1);

        P0 = tablewela[2];
        wela = 1;
        wela = 0;
        P0 = tabledula[fen2];
        dula = 1;
        dula = 0;
        delay(1);

        P0 = tablewela[3];
        wela = 1;
        wela = 0;
        P0 = tableduladian[fen1];
        dula = 1;
        dula = 0;
        delay(1);

        P0 = tablewela[4];
        wela = 1;
        wela = 0;
        P0 = tabledula[miao2];
        dula = 1;
        dula = 0;
        delay(1);

        P0 = tablewela[5];
        wela = 1;
        wela = 0;
        P0 = tabledula[miao1];
        dula = 1;
        dula = 0;
        delay(1);
}
void main()
{
    shi2 = shi/10;                                    //shi 除 10 求整,显示的是时的十位
    shi1 = shi % 10;                                  //shi 除 10 求余,显示的是时的个位
    fen2 = fen/10;                                    //fen 除 10 求整,显示的是分的十位
    fen1 = fen % 10;                                  //fen 除 10 求余,显示的是分的个位
    miao2 = miao/10;                                  //miao 除 10 求整,显示的是秒的十位
    miao1 = miao % 10;                                //miao 除 10 求余,显示的是秒的个位
    while(1)
    {
        display(shi2,shi1,fen2,fen1,miao2,miao1);     //显示
    }
}
```

5. 实物效果图

数码管案例目标实物效果图如图 5.12 所示。

图 5.12　数码管案例目标实物效果图

6. 仿真效果图

数码管案例目标仿真效果图如图 5.13 所示。

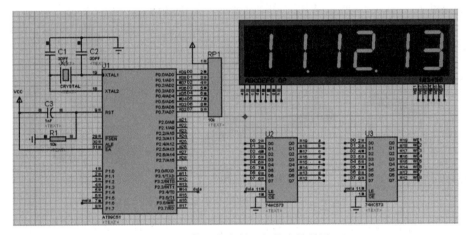

图 5.13　数码管案例目标仿真效果图

7. 程序分析

为了显示带有小数点的数字,这里单独定义了一个 tableduladian[]数组,显示函数写成了子函数 display()的形式,注意,数码管需要一位一位显示,所以需要数字分离,比如 shi/10即为把 shi 除以 10 取整数,shi％10 即为把 shi 除以 10 取余数。该程序初步实现了时钟的初始显示功能,讲到定时器时还会实现时钟走时的功能。

5.2　案例目标 10　利用数码管显示按键值

1. 案例目标背景介绍

人们和单片机之间进行信息交流,主要依靠输入设备和输出设备。前边讲的 LED 小灯、数码管都是输出设备。下面研究最常用的输入设备——按键,包括独立按键和矩阵按键。

　　键盘分为编码键盘和非编码键盘。键盘上闭合键的识别由专用的键盘控制芯片实现，如计算机键盘等。本章重点介绍非编码按键，即靠软件编程识别的键盘。

　　通过本案例，将学习以下内容：①使用C语言进行独立键盘的检测；②使用C语言进行矩阵键盘的检测；③键盘和数码管的综合应用。目标是使学生能够独立地编写键盘程序。

　　2．相关知识

　　（1）独立键盘的检测应用举例。

　　（2）矩阵键盘的检测应用举例。

　　（3）键盘检测案例目标的实现。

　　（4）数码管的静态显示。

　　（5）单片机相关知识。

　　（6）switch-case语句的应用。

5.2.1　独立键盘检测应用举例

　　在单片机的外围电路中，通常用到的按键就是开关。当开关闭合时，线路导通；开关断开时，线路断开。图5.14所示是几种单片机系统常见的按键。

(a) 直插式弹性小按键　　　　　(b) 贴片式小按键　　　　　(c) 自锁式小按键

图5.14　几种单片机系统常见的按键

　　弹性小按键也叫复位按键，被按下时闭合，松手后自动断开。自锁式按键，按下时闭合且会自动锁住，再次按下时弹起断开。一般情况下，把自锁式按键当作开关使用，控制整个电源的导通与截止，把小复位按键当作单片机外围输入控制较好。

　　单片机检测按键的原理是：单片机的I/O口既可作为输出，也可作为输入使用。把按键的一端接地，另一端与单片机的某个I/O口相连。开始时，先给该I/O口赋一个高电平。作为输入功能的按键接地时，可以将响应的I/O口电平拉低。让单片机不断地检测该I/O口是否变为低电平。当按键闭合时，即相当于该I/O口通过按键与地相连，变成低电平。程序一旦检测到I/O口变为低电平，说明按键被按下，然后执行相应的指令。只需一条if(key==0)语句就能检测到按键是否接地。

　　按键的连接方法如图5.15所示。右侧I/O端与单片机的任一I/O口相连。按键在被按下时，连接在单片机I/O口的触点电压并不是马上变高、变低，而是如图5.16所示发生变化。

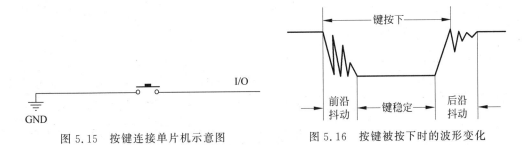

图 5.15 按键连接单片机示意图 　　　图 5.16 按键被按下时的波形变化

可以看出,实际波形在按下和释放的瞬间都有抖动现象。当按键按下时,由于抖动而造成高、低电平的不稳定可能会造成程序跑偏,因此单片机在检测键盘是否按下时都要加上去抖操作。目前,有专用的去抖电路和去抖芯片,通常用软件延时的方法能很容易地解决抖动问题,没有必要利用硬件实现按键消抖。请看下面的语句:

```
if(key == 0)
{
    delay(10);
    if(key == 0)
    {
        ******
        while(!key) ;
    }
}
```

可以这样理解:首先判断按键是否被按下;延时一小段时间,再次检测。如果按键真的被按下,执行 ****** 语句。while(!key)非常关键,这是松手检测语句。当没有松手时,key 的值是 0,!0 就是真,程序不会跳出 while 语句;当松手时,key 的值是 1,!1 就是 0,程序会跳出 while 循环,继续向下运行。这样就防止了程序跑偏。

下面通过一个实例讲解独立键盘的具体操作方法。

例: 使用学习板键盘最右侧的一排独立键盘(KEY1～KEY4),分别控制前 4 个 LED 小灯(D0～D3)的亮灭。按下后松开,LED 亮;再按下后松开,LED 灭,就像家里用的电灯一样受开关控制。

1. 原理图

独立按键举例原理图如图 5.17 所示。

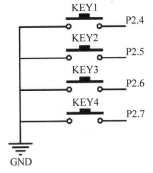

图 5.17 独立按键举例原理图

独立按键应用举例实物演示
与程序思路讲解

2．程序

程序代码如下：

```c
#include<reg52.h>
sbit KEY1 = P2^4;                        //声明独立按键连接单片机引脚
sbit KEY2 = P2^5;
sbit KEY3 = P2^6;
sbit KEY4 = P2^7;
sbit led0 = P1^0;                        //声明 LED1 连接单片机引脚
sbit led1 = P1^1;
sbit led2 = P1^2;
sbit led3 = P1^3;
void delay(unsigned char p)
{
    unsigned char m,n;
    for(m = p;m > 0;m -- )
        for(n = 125;n > 0;n -- );
}
void main()
{
    while(1)                             //大循环
    {
        if(KEY1 == 0)
        {
            delay(10);                   //按键消抖
            if(KEY1 == 0)
            {   while(!KEY1);            //等待按键松开
                led0 = ~led0;
            }
        }
         if(KEY2 == 0)
        {
            delay(10);                   //按键消抖
            if(KEY2 == 0)
            {   while(!KEY2);            //等待按键松开
                led1 = ~led1;
            }
        }
         if(KEY3 == 0)
        {
            delay(10);                   //按键消抖
            if(KEY3 == 0)
            {   while(!KEY3);            //等待按键松开
                led2 = ~led2;
            }
        }
         if(KEY4 == 0)
        {
            delay(10);                   //按键消抖
            if(KEY4 == 0)
```

```
        {    while(!KEY4);            //等待按键松开
             led3 = ～led3;
        }
    }
  }
}
```

3. 实物效果图

独立按键按下 KEY1 和 KEY3 松手时实物效果图如图 5.18 所示。

图 5.18　独立按键按下 KEY1 和 KEY3 松手时实物效果图

4. 仿真效果图

独立按键按下 KEY1 和 KEY3 松手时仿真效果图如图 5.19 所示。

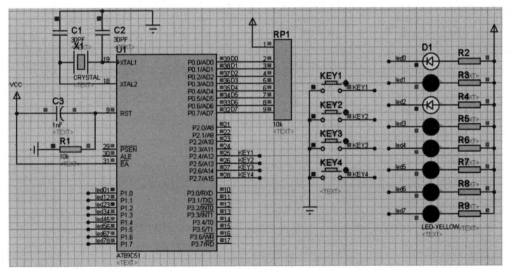

图 5.19　独立按键按下 KEY1 和 KEY3 松手时仿真效果图

5. 程序分析

(1) 程序中的 delay(10) 是去抖延时。在确认按键被按下后,程序中还有语句 "while(!KEY1);",它的意思是等待按键释放。若按键没有释放,则 KEY1 始终为 0,那么 !KEY1 始终为 1,程序一直停止在这个 while 语句处,直到按键释放,KEY1 变成 1,才退出这个 while 语句。通常在检测单片机按键时,要等按键确认释放后才执行相应的代码。若不加按键释放检测,由于单片机执行代码的速度非常快,而且是循环检测按键,所以当按下一个键时,单片机会在程序循环中多次检测到键被按下,造成错误的结果。

（2）在写程序时,一定要注意代码的层次感,一级和一级之间用一个 Tab 键隔开,并且尽量多使用注释,这样当程序较多时,以后查询起来比较方便。从一开始就要养成良好的书写习惯。

5.2.2　矩阵键盘检测应用举例

单片机的 I/O 口资源是有限的。独立键盘与单片机连接时,每一个按键都需要单片机的一个 I/O 口。当独立按键较多时,会占用较多的 I/O 口资源。为了节省 I/O 口线,可以使用矩阵键盘。下面以 4×4,即 16 个矩阵键盘为例,讲解其工作原理和检测方法。在实际应用中,可以通过这种思路设计不同的键盘。矩阵键盘和独立键盘的编程思想是一样的,都是检测与该键对应的 I/O 口是否为低电平。独立键盘有一端固定为低电平,单片机写程序检测时比较方便。而矩阵键盘两端都与单片机 I/O 口相连,因此在检测时需人为通过单片机 I/O 口送出低电平。检测时,先送一行为低电平,其余几行全为高电平,然后立即轮流检测一次各列是否有低电平。若检测到某一列为低电平,便可确认当前被按下的键是哪一行哪一列的。在程序中可以任意定义相应按键的功能。

开发板上的 16 个矩阵按键与单片机的连接图如图 5.20 所示。

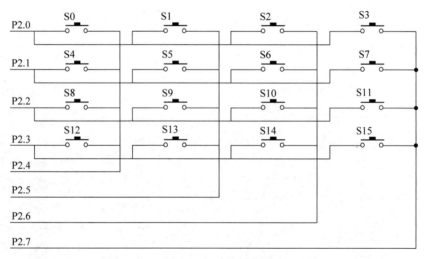

图 5.20　开发板上矩阵按键与单片机连接

从图 5.20 可看到,矩阵键盘的 4 行分别与单片机的 P2.0～P2.3 相连,矩阵键盘的 4 列分别与单片机的 P2.4～P2.7 相连。

下面通过一个实例讲解独立键盘的具体操作方法。

例：利用矩阵键盘的前 2 行控制 8 个 LED 灯亮,利用矩阵键盘后 2 行控制 LED 灯灭。

1. 程序

```
# include < reg52.h >
# define uchar unsigned char
```

```c
#define uint unsigned int
sbit led0 = P1^0;
sbit led1 = P1^1;
sbit led2 = P1^2;
sbit led3 = P1^3;
sbit led4 = P1^4;
sbit led5 = P1^5;
sbit led6 = P1^6;
sbit led7 = P1^7;
uchar temp;
void delay(uchar);                  //因为delay函数在主函数下边定义,所以这里需要声明
void keyscan()
{
    P2 = 0xfe;                      //11111110 键盘第一行左侧为低电平
    if(P2!= 0xfe)
     {
        delay(50);                 //去抖
        if(P2!= 0xfe)
         {
            switch(P2)
            {
                case 0xee: led0 = 0;break;  //第一行第一个按键被按下
                case 0xde: led1 = 0;break;
                case 0xbe: led2 = 0;break;
                case 0x7e: led3 = 0;break;
            }
            while(P2!= 0xfe);      //松手检测,保证松手后程序再往下进行
         }
     }
    P2 = 0xfd;
    if(P2!= 0xfd)
     {
        delay(50);
        if(P2!= 0xfd)
         {
            switch(P2)
            {
                case 0xed: led4 = 0;break;
                case 0xdd: led5 = 0;break;
                case 0xbd: led6 = 0;break;
                case 0x7d: led7 = 0;break;
            }
            while(P2!= 0xfd);
         }
     }
    P2 = 0xfb;
    if(P2!= 0xfb)
     {
```

矩阵按键应用
举例实物演示
与程序思路讲解

```
            delay(50);
            if(P2!= 0xfb)
             {
                switch(P2)
                {
                    case 0xeb: led0 = 1;break;
                    case 0xdb: led1 = 1;break;
                    case 0xbb: led2 = 1;break;
                    case 0x7b: led3 = 1;break;
                }
                while(P2!= 0xfb);
            }
        }
        P2 = 0xf7;
        if(P2!= 0xf7)
         {
            delay(50);
            if(P2!= 0xf7)
             {
                switch(P2)
                {
                    case 0xe7: led4 = 1;break;
                    case 0xd7: led5 = 1;break;
                    case 0xb7: led6 = 1;break;
                    case 0x77: led7 = 1;break;
                }
                while(P2!= 0xf7);
            }
        }
    }
    void main()
    {
        while(1)
        {
            keyscan();
        }
    }
    void delay(uchar x)
    {
        uchar a,b;
        for(a = x;a > 0;a-- )
         for(b = 200;b > 0;b-- );
    }
```

2. 实物效果图

当按下按键 S2 时实物效果图如图 5.21 所示。

3. 仿真效果图

当按下按键 S2 时仿真效果图如图 5.22 所示。

图 5.21　当按下按键 S2 时实物效果图

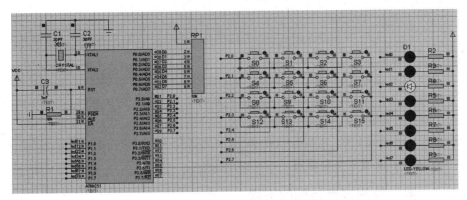

图 5.22　当按下按键 S2 时仿真效果图

4.程序分析

(1) 在检测矩阵键盘时我们用到这样几条语句:

```
P2 = 0xfd;
  if(P2!= 0xfd)
  {
     delay(50);
     if(P2!= 0xfd)
      {
         switch(P2)
         {
             case 0xed: led4 = 0;break;
             case 0xdd: led5 = 0;break;
             case 0xbd: led6 = 0;break;
             case 0x7d: led7 = 0;break;
         }
         while(P2!= 0xfd);
      }
  }
```

上面这一段程序的作用为扫描第二行按键,搞明白这一段程序后,其他的都一样,程序解释如下。

"P2＝0xfd;"将第 2 行线置低电平,其余行线全部为高电平。"if(P2!＝0xfd);"读取 P2口当前状态。如果成立,说明第二行有按键被按下。例如,第二行第一个按键按下时,P2 口

8个引脚 P2.7～P2.0 的电平从高到低分别为 11101110，即为十六进制 0xee。

（2）"delay(50);"为延时去抖操作，实际中可以找到适当的延时时间。

（3）程序中用到了 switch case 语句。使用 switch 语句可直接处理多个分支，其一般形式为：

```
switch(表达式)
{
    case 常量表达式 1:(注意这里,常量表达式 1 后面是冒号(:)而不是分号(;))
    语句 1; break;
    case 常量表达式 2:
    语句 2; break;
    ...
    case 常量表达式 n:
    语句 n; break;
    default: 语句 n+1; break;
}
```

switch 语句在第 3 章已经遇到过，这里做进一步说明。switch 语句的执行流程是：首先计算 switch 后面圆括号中表达式的值，用此值与各个 case 后的常量表达式比较。若 switch 后面圆括号中表达式的值与某个 case 后面的常量表达式的值相等，就执行此 case 后面的语句；执行遇到 break 语句，就退出 switch 语句。若圆括号中表达式的值与所有 case 后面的常量表达式都不相等，则执行 default 后面的语句 n+1，然后退出 switch 语句，程序转向 switch 语句后面的下一个语句。

5.2.3 键盘检测案例目标的实现

案例目标的描述：根据开发板原理图编写程序。上电时，数码管显示 0，顺序按下矩阵键盘后，在数码管上依次显示 0～F，6 个数码管同时静态显示即可。

1. 思路分析

在第 5.2.2 小节矩阵键盘检测的基础上，结合数码管显示原理，把显示部分的程序写到一个函数里，把键盘扫描部分的程序写到一个函数里，主函数调用两个子函数。关键是把两个单独功能的程序合并，实现一个大的功能。

2. 硬件框图

键盘检测案例硬件框图如图 5.23 所示。

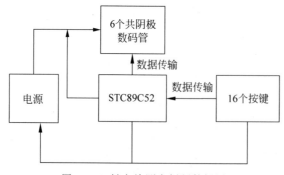

图 5.23 键盘检测案例硬件框图

矩阵按键案例实物演示
与程序思路讲解

3．原理图

键盘检测案例原理图如图 5.24 所示。

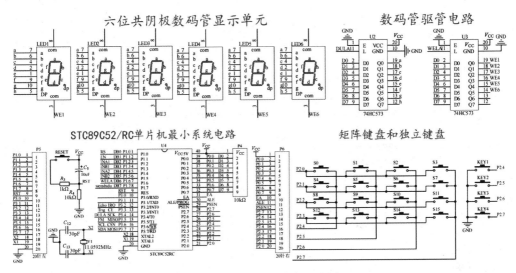

图 5.24　键盘检测案例原理图

4．程序

```c
#include<reg52.h>
#define uchar unsigned char
#define uint unsigned int
sbit dula = P3^4;                //声明 U2 段选锁存器的锁存端
sbit wela = P1^6;                //声明 U3 位选锁存器的锁存端
uchar num = 0;
/*定义数码管显示字符跟数字的对应数组关系*/
uchar code table[] =
{
    0x3f,0x06,0x5b,0x4f,
    0x66,0x6d,0x7d,0x07,
    0x7f,0x6f,0x77,0x7c,
    0x39,0x5e,0x79,0x71
};                               //数码管显示编码(0~F)
void delay(uchar);               //因为 delay 函数在主函数下边定义,所以这里需要声明
void display(uchar num1)
{
    dula = 0;                    //开始段选和位选为低电平,防止干扰
    wela = 0;
    P0 = 0xC0;                   //送位码
    wela = 1;
    wela = 0;
    P0 = table[num1];            //送段码
    dula = 1;
    dula = 0;
}
void keyscan()
```

```
{
    P2 = 0xfe;                          //11111110 键盘第一行左侧为低电平
    if(P2!= 0xfe)
     {
        delay(50);                      //去抖
        if(P2!= 0xfe)
         {
            switch(P2)
            {
                case 0xee: num = 0;     //第一行第一个按键被按下
                    break;
                case 0xde: num = 1;
                    break;
                case 0xbe: num = 2;
                    break;
                case 0x7e: num = 3;
                    break;
            }
            while(P2!= 0xfe);           //松手检测,保证松手后程序再往下进行
         }
     }
    P2 = 0xfd;
    if(P2!= 0xfd)
     {
        delay(50);
        if(P2!= 0xfd)
         {
            switch(P2)
            {
                case 0xed: num = 4;
                    break;
                case 0xdd: num = 5;
                    break;
                case 0xbd: num = 6;
                    break;
                case 0x7d: num = 7;
                    break;
            }
            while(P2!= 0xfd);
         }
     }
    P2 = 0xfb;
    if(P2!= 0xfb)
     {
        delay(50);
        if(P2!= 0xfb)
         {
            switch(P2)
            {
                case 0xeb: num = 8;
                    break;
```

```
                    case 0xdb: num = 9;
                            break;
                    case 0xbb: num = 10;
                            break;
                    case 0x7b: num = 11;
                            break;
                    }
                while(P2!= 0xfb);
            }
        }
    P2 = 0xf7;
    if(P2!= 0xf7)
     {
        delay(50);
        if(P2!= 0xf7)
         {
            switch(P2)
            {
                case 0xe7: num = 12;
                    break;
                case 0xd7: num = 13;
                    break;
                case 0xb7: num = 14;
                    break;
                case 0x77: num = 15;
                    break;
                }
            while(P2!= 0xf7);
        }
    }
}
void main()
{
    while(1)
    {
        keyscan();                      //调用键盘扫描子函数
        display(num);                   //调用显示子函数
    }
}
void delay(uchar x)
{
    uchar a,b;
    for(a = x;a > 0;a -- )
     for(b = 200;b > 0;b -- );
}
```

5. 实物效果图

键盘检测案例实物效果图如图 5.25 所示。

图 5.25　按下按键 S8 显示 8 的实物效果图

6. 仿真效果图

键盘检测案例按下按键 S15 显示 F 的仿真效果图如图 5.26 所示。

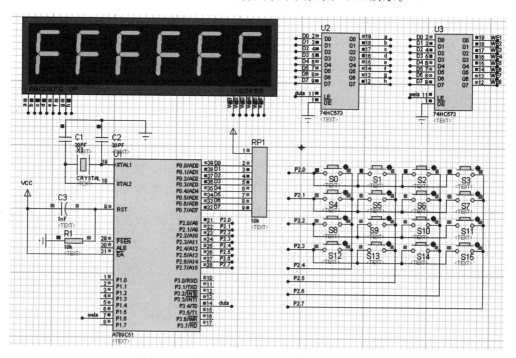

图 5.26　按下按键 S15 显示 F 的仿真效果图

7. 程序分析

在阅读比较长的程序时,主要看 main()函数,因为程序都是从这个函数运行的,while(1)前面的部分称为初始化,程序运行一遍,while(1)下大括号里的程序会循环运行,理解了这个流程对编写程序和阅读程序至关重要。

键盘的应用非常广泛,例如,智能车设计时,利用独立按键进行功能的选择;设计整骨机械手时,用矩阵按键进行不同功能的远程操作;上课和进行创新设计时,同学们经常设计密码锁,密码锁项目非常锻炼学生的编程能力。从第一步密码输入正确小灯点亮,输入错误小灯闪、蜂鸣器报警,到更改密码,可调性很强,能够初步培养学生的工程师思想。由于篇幅有限,关于键盘的更多学习和应用可参考本书的配套开发板全程教学及视频资源。

习题与思考题

1. 下面左图所示为数码管引脚图。画出共阴极和共阳极数码管的等效图。

2. 下面右图所示为 74HC573 引脚图,列出真值表,并简要说明其工作原理。

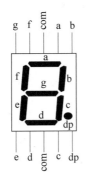

3. 何谓 LED 静态显示? 何谓 LED 动态显示? 两种显示方式各有何优缺点?

4. 对本节实例和案例目标的程序进行如下深入性的研究。

(1) 对原理图连线和程序引脚定义的一致性进行研究。

(2) 对实物和仿真现象进行研究。

(3) 对程序的执行过程进行研究,画出程序流程图。

(4) 对程序的每一行进行详细的注释。

(5) 对实例的功能进行改编,并对程序进行改动,达到学以致用的目的。

实践应用题

1. 在开发板和仿真软件上实现任意数码管显示任意数字的功能,包括单个、多个数码管同时显示同样数字。

2. 在开发板和仿真软件上实现任意两个或者多个数码管显示任意两位或多位数字的功能。

3. 在开发板和仿真软件上实现数码管动态显示 unsigned char 型变量值 12 和 float 型变量值 1.2 的功能。

4. 在开发板和仿真软件上实现 1 位加法器的功能,要求:只使用矩阵按键,S0~S8 表示数据 0~9,S9 表示"+",S10 表示"确认"键,整个过程数码管始终显示两位数据,输入时数码管显示输入的数字,按确认后数码管显示结果。

5. (工程师思想实践能力提升题)在开发板和仿真软件上实现如下功能。设计一个两位密码锁,每按一次密码数码管要显示输入的数字,密码正确 LED 小灯一直点亮,密码错误 LED 小灯闪烁并且蜂鸣器报警几次,然后 LED 小灯熄灭,蜂鸣器不响,并且具有修改密码的功能,其他细节自行设计。具体要求和工程师思想调试过程如下。

(1)先测试矩阵按键是否好使。矩阵按键 S0～S9 作为数字键 0～9,S10、S11 作为"修改"和"确定"功能。每按一个按键的键值给 P1,根据小灯点亮情况将二进制转化为十进制看是否正确。

(2)测试不带修改密码功能的两位密码锁是否好使。在程序(1)的基础上添加决定按键次数的变量 count,每按一次按键 count++,然后进行密码合成和验证。

(3)加入 1 位数码管显示子函数,使每次按键按下数码管显示数字范围为 0～9。

(4)加入修改密码子函数,改变初始密码变量的值。

第 **6** 章

案例目标11　带有紧急情况处理的交通灯控制系统设计

中断系统在计算机应用系统中起着十分重要的作用,良好的中断系统能提高计算机对外界异步事件的处理能力和响应速度,从而扩大计算机的应用范围。80C51单片机是一个多中断源的单片机,其片内的中断系统主要用于实时控制,使单片机能及时响应和处理单片机外设或其内部所提出的中断要求。本章介绍MCS-51单片机的中断系统。

6.1　中断系统概述

6.1.1　基本概念

中断是指单片机的CPU在执行程序的过程中,外部有一些事件变化,如数据采集结束、电平变化、定时器/计数器溢出等,要求CPU立即处理。这时,CPU暂时停止当前的执行程序,转去处理中断请求;处理后,回到原来所执行程序的地址,继续执行原来的程序。这个过程称为中断。中断响应和处理过程如图6.1所示。中断在生活中随时发生。例如,你在看书时,电话铃响了;你在书上做记号,然后走到电话机旁拿起电话机和对方通话;通话结束后,从做记号的地方起继续读书。

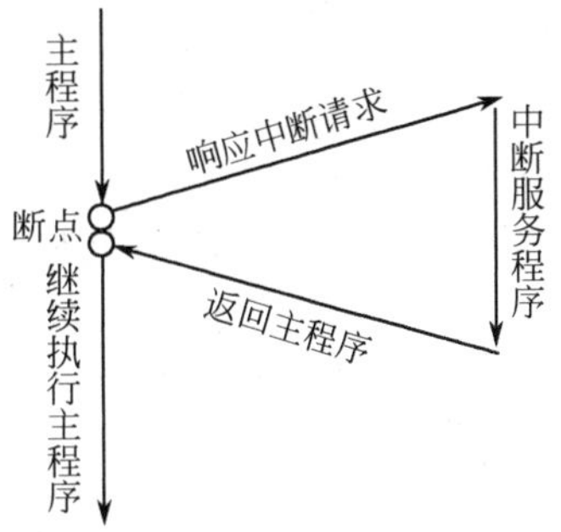

发出中断请求信号的设备称为中断源。中断源是引起中断的原因,对于不同的机器,中断源有所不同。一般中断源包括外部设备、键盘、打印机、内部定时器、故障源以及根据某种需要人为设置的中断源。要求中断处理发出的标志信号称为中断请求。中断后转向执行的程序叫作中断服务或中断处理程序。原来的程序称为主程序,主程序被断开的地址称为断点。实现中断功能的硬件系统和软件系统统称为中断系统。当CPU正在处理一个中断请求时,外部又

图 6.1　中断响应和处理过程

发生了一个优先级比它高的中断事件,请求 CPU 及时处理。于是,CPU 暂时中断当前的中断服务工作,转而处理所发生的事件。处理完毕,再回到原来被中断的地方,继续原来的中断处理工作。这样的过程称为中断嵌套,这样的中断系统称为多级中断系统。多级中断响应和处理过程如图 6.2 所示。

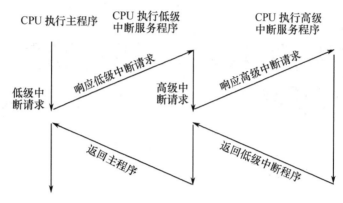

图 6.2　多级中断响应和处理过程

中断系统是计算机的重要组成部分。中断的使用消除了 CPU 在查询方式中的等待现象,大大提高了 CPU 的工作效率,改善了计算机的性能。具体表现在以下几个方面:①有效地解决了快速 CPU 与慢速外设之间的通信矛盾,使 CPU 能与多个外设并行工作,提高了工作效率;②在实时控制系统中,外设对 CPU 的服务请求是随机的,中断系统可以及时处理控制系统中许多随机产生的数据与信息,使系统具备实时处理的能力,提高控制系统的性能;③系统工作时会出现一些如电源断电之类的突发故障,中断系统可以使系统在发生故障时自动运行处理程序,使系统具备处理故障的能力,提高其自身的可靠性。

6.1.2　51 系列单片机中断源

中断源是引起中断的原因,或发出中断请求的中断来源。中断源向 CPU 提出的处理请求,称为中断请求或中断申请。MCS-51 中断系统结构如图 6.3 所示。中断系统包括 5 个中断请求源,4 个用于中断控制和管理的可编程和位寻址的特殊功能寄存器,即中断请求标志寄存器 TCON、SCON,中断允许控制寄存器 IE 和中断优先级控制寄存器 IP。MCS-51 中断系统提供 2 个中断优先级,实现二级中断嵌套,并且每一个中断源可编程为开放或屏蔽的。

51 子系列中有 5 个中断源(52 子系列为 6 个),分别简述如下。

(1) $\overline{\text{INT0}}$:外部中断 0 请求,低电平或脉冲下降沿有效。由 P3.2 引脚输入。

(2) $\overline{\text{INT1}}$:外部中断 1 请求,低电平或脉冲下降沿有效。由 P3.3 引脚输入。

(3) T0:定时器/计数器 0 溢出中断请求。外部计数脉冲由 P3.4 引脚输入。

(4) T1:定时器/计数器 1 溢出中断请求。外部计数脉冲由 P3.5 引脚输入。

(5) TX/RX:串行中断请求。当串行口完成一帧发送或接收时,请求中断。

可以将 80C51 单片机的 5 个中断源分为 3 类,即外部中断、定时器/计数器中断和串行口中断。

外部中断源通过 P3.2 和 P3.3 引脚输入。外部中断请求有两种信号方式:电平方式和脉冲方式。电平方式的中断请求是低电平有效,脉冲方式的中断请求是下降沿有效。

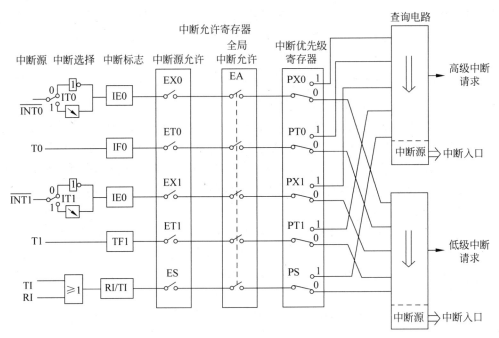

图 6.3　MCS-51 中断系统结构

　　定时器/计数器中断是为了满足定时和计数溢出处理而设置的,是以计数产生溢出时的信号作为中断请求,定时器 T0 和 T1 中断请求标志为 TF0 和 TF1。当定时器 T0 和 T1 溢出时,置 TF0 和 TF1 为"1",向 CPU 发出中断请求,直到 CPU 响应该中断时才由硬件清 0。这种溢出中断是在单片机芯片内部发生的。但在计数方式时,计数脉冲由外部引脚输入。

　　串行口的接收中断 RI 和发送中断 TI 逻辑或以后作为内部的一个中断源。当完成一串行帧的发送和接收时,由内部的硬件自动置位,串行口中断控制寄存器 SCON 中的串行中断请求标志 TI(发送)或 RI(接收)产生中断请求。但要注意,RI 和 TI 必须由用户软件清零复位。

6.1.3　51 系列单片机中断请求标志寄存器

　　由图 6.3 可以看到,每一个中断源都对应一个中断请求标志位,用于反映中断请求状态。这些标志位分布在特殊功能寄存器 TCON 和 SCON 中。

1. 定时器/计数器控制寄存器 TCON

　　TCON 为定时器/计数器的控制寄存器,同时锁存 T0、T1 溢出中断源标志、外部中断请求标志。与这些中断请求源相关的位含义如表 6.1 所示。

表 6.1　TCON 寄存器的中断请求标志位

位符号	D7	D6	D5	D4	D3	D2	D1	D0
位地址	TF1	TR1	TF0	TR0	IE1	IT1	IE0	IT0

　　TCON(88H)各标志位说明如下。

　　(1) IT0(TCON.0):选择外部中断请求 0 为边沿触发或电平触发方式的控制位。IT0＝

0,为电平触发方式,$\overline{INT0}$引脚是P3.2口接低电平时向CPU申请中断;IT0=1,为边沿触发方式,$\overline{INT0}$输入脚高到低负跳变时向CPU申请中断。IT0可由软件置"1"或清"0"。

（2）IE0(TCON.1)：外部中断0的中断申请标志。当IT0=0,即电平触发方式时,每个机器周期的S5P2采样$\overline{INT0}$引脚。若$\overline{INT0}$为低电平,则置"1",否则IE0置"0"。当IT0=1,即$\overline{INT0}$为边沿触发方式时,CPU在每个机器周期S5P2期间采样外部中断请求引脚的输入电平。如果在相继的两个机器周期采样过程中,一个机器周期采样到外部中断请求为高电平,接着下一个机器周期采样到外部中断请求为低电平,则IE0置"1"。IE0为"1",表示外部中断0正在向CPU申请中断。当CPU响应该中断,转向中断服务程序时,由硬件清零IE0。

（3）IT1(TCON.2)：选择外部中断请求1($\overline{INT1}$)为边沿触发方式或电平触发方式的控制位,其作用和IT0类似。

（4）IE1(TCON.3)：外部中断1的中断申请标志。其意义和IE0相同。

（5）TF0(TCON.5)：MCS-51片内定时器/计数器0溢出中断申请标志。当启动T0计数后,定时器/计数器0从初始值开始计数。当最高位产生溢出时,由硬件使TF0置"1",向CPU申请中断。CPU响应TF0中断时,进入中断服务程序后,TF0会自动清"0"。

（6）TF1(TCON.7)：MCS-51片内定时器/计数器1溢出中断申请标志,功能和TF0类似。

当MCS-51系统复位后,TCON各位被清"0"。

2．串行口控制寄存器 SCON

SCON为串行口控制寄存器。SCON的低2位锁存串行口的接收中断和发送中断标志,其格式如表6.2所示。

表6.2　SCON寄存器的中断请求标志位

位序号	D7	D6	D5	D4	D3	D2	D1	D0
位符号	SM0	SM1	SM2	REN	TB8	RD8	TI	RI

SCON(98H)各标志位说明如下。

（1）TI(SCON.1)：串行口的发送中断标志。当串行发送数据结束,发送停止位开始时,由内部硬件自动使TI置"1",向CPU申请中断。向串行口的数据缓冲器SBUF写入一个数据后,立即启动发送器继续发送。值得注意的是,CPU响应发生器中断请求,转向执行中断服务程序时,并不清0TI。TI必须由用户的中断服务程序清"0",以便下次继续发送。

（2）RI(SCON.0)：串行口接收中断标志。当串行接收数据结束,接收到停止位的中间时,由内部硬件自动使RI置"1",向CPU申请中断。同样地,RI必须由用户的中断服务程序清0,以便下次继续接收。

6.1.4　中断允许与中断优先级的控制

实现中断允许控制和中断优先级控制分别由特殊功能寄存器区中的中断允许寄存器IE和中断优先级寄存器IP来实现。下面介绍这两个特殊功能寄存器。

1．中断允许寄存器 IE

MCS-51单片机对中断的开放或屏蔽,是由片内的中断允许寄存器IE控制的。IE寄存器的格式如表6.3所示。

<<<

表 6.3 IE 寄存器格式

位序号	D7	D6	D5	D4	D3	D2	D1	D0
位符号	EA	—	ET2	ES	ET1	EX1	ET0	EX0
位地址	AFH	—	ADH	ACH	ABH	AAH	A9H	A8H

IE(A8H)寄存器各位功能说明如下。

(1) EA(IE.7)：CPU 的中断开放/禁止总控制位。EA=0 时,禁止所有中断；EA=1时,开放中断,但每个中断还受各自的控制位控制。

(2) ES(IE.4)：允许或禁止串行口中断。ES=0 时,禁止中断；ES=1 时,允许中断。

(3) ET1(IE.3)：允许或禁止定时器/计数器 1 溢出中断。ET1=0 时,禁止中断；EX1=1 时,允许中断。

(4) EX1(IE.2)：允许或禁止外部中断 1($\overline{INT1}$)中断。EX1=0 时,禁止中断；EX1=1时,允许中断。

(5) ET0(IE.1)：允许或禁止定时器/计数器 0 溢出中断。ET0=0 时,禁止中断；ET0=1 时,允许中断。

(6) EX0(IE.0)：允许或禁止外部中断 0($\overline{INT0}$)中断。EX0=0 时,禁止中断；EX0=1时,允许中断。

当 MCS-51 系统复位后,IE 各位均被清 0,所有中断被禁止。

2. 中断优先级寄存器 IP

MCS-51 单片机设有两级优先级,即高优先级中断和低优先级中断。如果 CPU 正在处理的是低级中断请求,那么高级中断请求可以使 CPU 暂停处理低级中断请求的中断服务程序,转而处理高级中断请求的中断服务程序；待处理完高级中断请求的中断服务程序后,再返回原低级中断请求的中断服务程序。这种情况称为中断嵌套。具有中断嵌套的系统称为多级中断系统,没有中断嵌套的系统称为单级中断系统。

中断源的中断优先级分别由中断控制寄存器 IP 的各位设定。IP 寄存器的格式如表 6.4所示。

表 6.4 IP 寄存器格式

位序号	D7	D6	D5	D4	D3	D2	D1	D0
位符号	—	—	—	PS	PT1	PX1	PT0	PX0
位地址	—	—	—	BCH	BBH	BAH	B9H	B8H

IP(B8H)寄存器各位功能如下。

(1) PS(IP.4)：串行口中断优先级控制位。PS=1,为高优先级中断；PS=0,为低优先级中断。

(2) PT1(IP.3)：定时器/计数器 T1 中断优先级控制位。PT1=1,高优先级中断；PT1=0,低优先级中断。

(3) PX1(IP.2)：外部中断 1 中断优先级控制位。PX1=1,高优先级中断；PX1=0,低优先级中断。

(4) PT0(IP.1)：定时器/计数器 T0 中断优先级控制位。PT0=1,高优先级中断；PT1=0,低优先级中断。

(5) PX0(IP.0)：外部中断 0 中断优先级控制位。PX0=1,高优先级中断；PX0=0,低优先级中断。

中断申请源的中断优先级的高低,由中断优先级控制寄存器IP的各位控制,IP的各位由用户指令来设定。复位操作后,IP=××000000B,即各中断源均设为低优先级中断。

若CPU正在对某一个中断服务,则级别低的或同级中断申请不能打断正在进行的服务;而级别高的中断申请能中止正在进行的服务,使CPU转去更高级的中断服务,待服务处理完毕后,CPU返回原中断服务程序继续执行。若多个中断源同时申请中断,则级别高的优先级先服务。若同时收到几个同一级别的中断请求,中断服务取决于系统内部辅助优先顺序。在每个优先级内存在一个辅助优先级,其优先顺序如表6.5所示。

表6.5 中断查询优先顺序

中断源	中断名称	中断矢量地址	中断级别
IE0	外部中断0	0003H	最高级别
TF0	定时器/计数器0溢出中断	000BH	
IE1	外部中断1	0013H	
TF1	定时器/计数器1溢出中断	001BH	
RI、TI	串行口中断	0023H	最低优先级
TF2	定时器/计数器2溢出中断	002BH	

中断服务函数的写法即中断号见3.4.2小节中的介绍。

综上所述,对中断系统的规定概括为以下两条基本规则。

(1) 低优先级中断可以被高级中断系统中断,反之不能。

(2) 当多个中断源同时发出申请时,级别高的先服务;先按高低优先级区分,再按辅助优先级区分。

6.2 外部中断及应用举例

使用STC89C52单片机开发板和Proteus仿真软件,P1.0和P1.1口连接2个发光二极管,低电平点亮;P3.5连接蜂鸣器,低电平有效;外部中断发生引脚P3.2,P3.3由配套的杜邦线接GND触发,仿真则由按键按下接地触发。开始时两灯一直亮,每按一个按键,其中一个灯变为闪亮,同时蜂鸣器发出"嘀嘀"声。

1. 思路分析

外部中断0对应P3.2,外部中断1对应P3.3,两个中断是独立的,主函数写两个灯常亮程序,两个中断函数写灯闪烁和"嘀嘀"的程序。

2. 硬件框图

外部中断应用举例硬件框图如图6.4所示。

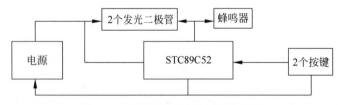

图6.4 外部中断应用举例硬件框图

外部中断应用举例实物
演示与程序思路讲解

3．原理图

外部中断应用举例原理图如图6.5所示。

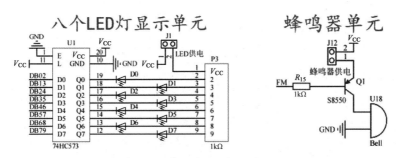

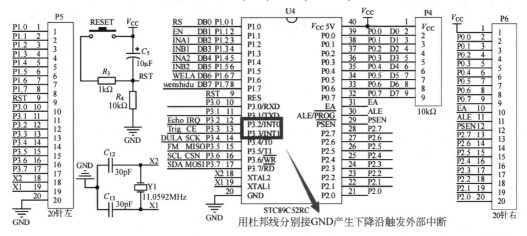

图6.5 外部中断应用举例原理图

4．程序

```
# include < reg52.h>                //头文件
# define uint unsigned int          //宏定义
# define uchar unsigned char
sbit beep = P2^3;                    //声明蜂鸣器
sbit led0 = P1^0;                    //声明 LED 灯 P1 口第 1 位
sbit led1 = P1^1;                    //声明 LED 灯 P1 口第 2 位
void delayms(uint);                  //声明子函数
uchar time;
void main()                          //主函数
{   EA = 1;                          //开总中断
    IT1 = 1;                         //外部中断 1 下降沿触发
    IT0 = 1;                         //外部中断 0 下降沿触发
    EX0 = 1;                         //打开外部中断 0
    EX1 = 1;                         //打开外部中断 1
    delayms(100);                    //初始化完毕,稳定一下
    while(1)                         //总循环
    {
        led0 = 0;                    //点亮第 1 个灯
        led1 = 0;                    //点亮第 2 个灯
    }
}
```

```
    }
void warn1( ) interrupt 0
{
    EX0 = 0;                              //关闭外部中断 0
    for(time = 0;time < 10;time++)
    {   beep = 0;                         //打开蜂鸣器
        led0 = 1;                         //关闭第 1 个灯
        delayms(500);                     //延迟 500ms
        led0 = 0;                         //点亮第 1 个灯
        beep = 1;                         //关闭蜂鸣器
        delayms(500);}                    //延迟 500ms
        EX0 = 1;                          //关闭外部中断 0
    }
}
void warn2( ) interrupt 2
{
    EX1 = 0;                              //关闭外部中断 1
    for(time = 0;time < 10;time++)
    {   beep = 0;                         //打开蜂鸣器
        led1 = 1;                         //关闭第 2 个灯
        delayms(500);                     //延迟 500ms
        led1 = 0;                         //点亮第 2 个灯
        beep = 1;                         //关闭蜂鸣器
        delayms(500);                     //延迟 500ms
            }
        EX1 = 1;                          //打开外部中断 1
    }
}
void delayms(uint xms)
{
    uint i,j;
    for(i = xms;i > 0;i -- )
    for(j = 110;j > 0;j -- );
}
```

5．实物效果图

外部中断应用举例实物效果图如图 6.6 所示。

(a) 开机没有按键按下，两个灯常亮　　　　　　(b) P3.2按键按动后D0灯闪，蜂鸣器发声

图 6.6　外部中断应用举例实物效果图

6. 仿真效果图

外部中断应用举例仿真效果图如图6.7所示。

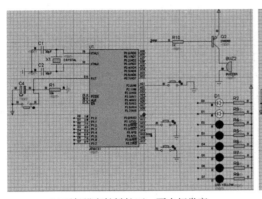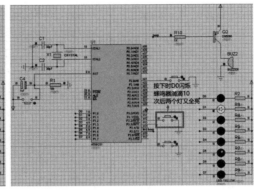

(a) 开机没有按键按下，两个灯常亮　　　　(b) P3.2按键按动后灯闪，蜂鸣器发声

图6.7　外部中断应用举例仿真效果图

7. 程序分析

（1）本程序属于C51语言程序典型结构，一般在程序进入主函数while(1)前要初始化参数，待设备稳定后再进行控制，上面的while(1)前的delayms(100)就是这个功能。

（2）当按键按下后，灯出现闪烁，同时蜂鸣器开始报警，不需要松手检测。当小灯闪烁10次后停止闪烁，恢复一直点亮状态，同时蜂鸣器停止报警。

（3）平时程序在主函数while(1)里运行，点亮两个小灯。当中断发生时程序跳转到中断函数里，运行完后程序后，再回到主函数。

（4）外部中断0的中断函数为什么这么写？注意外部中断0和P3.2对应，外部中断1和P3.3对应。这里还要看3.4.2小节的表3.7中断号及优先级。

再看外部中断0服务函数void warn1( ) interrupt 0，就知道这里为什么是interrupt 0了。由于设置了IT0=1，也就是下降沿触发，所以外部中断0产生需要一个条件，即P3.2引脚外围电路给它产生一个由高到低的下降沿。当实物P3.2接GND或者仿真连接P3.2的按键按下时就产生了下降沿，程序就从主函数走到中断程序里运行，运行完后又回到主函数。同理，对于void warn2( ) interrupt 2，根据表格，外部中断1对应的中断号是2，而不是1。

6.3　外部中断案例目标的实现

案例目标的描述：在开发板上以及仿真软件上自行设计，实现模拟交通灯控制功能。要求带有紧急情况处理，即当外部中断发生时双向红灯亮，并且蜂鸣器发声。

1. 思路分析

选用P1.0、P1.1、P1.2作为A主通道的红灯、绿灯、黄灯，P1.3、P1.4、P1.5作为B支通道的红灯、绿灯、黄灯。使用开发板模拟紧急情况处理时需要用杜邦线将P3.2接GND，使用仿真可以将P3.2连接一个接GND的按键。

2. 硬件框图

交通灯硬件框图如图6.8所示。

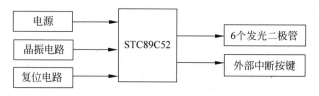

图6.8　交通灯硬件框图

外部中断案例实物演示
与程序思路讲解

3. 原理图

交通灯硬件原理图如图6.9所示。

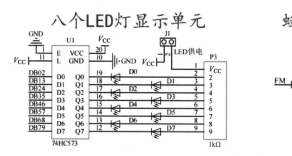

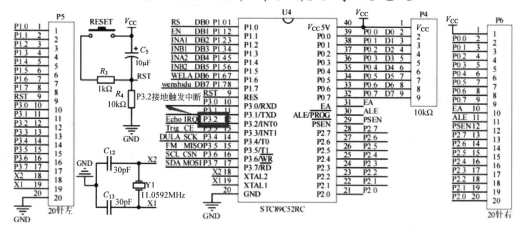

图6.9　交通灯硬件原理图

4. 程序流程图

交通灯程序流程图如图6.10所示。

5. 程序

```c
#include<reg52.h>
#include<intrins.h>
#define uchar unsigned char
#define uint unsigned int
```

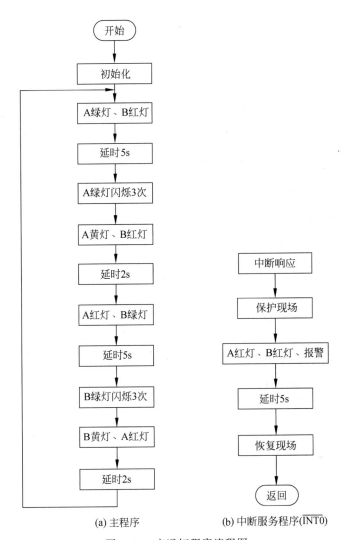

(a) 主程序　　　　　(b) 中断服务程序($\overline{INT0}$)

图 6.10　交通灯程序流程图

```
uchar x;
sbit main_road_red = P1^0;              //主道红灯定义端口 P1^0
sbit main_road_green = P1^1;            //主道绿灯定义端口 P1^1
sbit main_road_yellow = P1^2;           //主道黄灯定义端口 P1^2
sbit branch_road_red = P1^3;            //支道红灯定义端口 P1^3
sbit branch_road_green = P1^4;          //支道绿灯定义端口 P1^4
sbit branch_road_yellow = P1^5;         //支道黄灯定义端口 P1^5
sbit P32 = P3^2;
sbit beep = P3^5;
/* --------- t * 0.5s 延时函数 --------- */
void DelayX500ms(uint t)
{
  int x,y;
  for(x = t * 100;x > 0;x-- )
    for(y = 550;y > 0;y-- );
```

```
    }
/* ----------- 主函数 ----------- */
void main()
{
    uchar m;
    EX0 = 1;
    IT0 = 1;
    EA = 1;
    while(1)
    {
        /* A绿灯,B红灯 5s */
        main_road_red = 1;
        main_road_green = 0;
        main_road_yellow = 1;
        branch_road_red = 0;
        branch_road_green = 1;
        branch_road_yellow = 1;
        DelayX500ms(10);
        /* A绿灯闪烁 3 次,B红灯 */
        for(m = 0;m < 6;m++)
        {
            main_road_green = !main_road_green;
            DelayX500ms(1);
        }
        /* A黄灯,B红灯 2s */
        main_road_green = 1;              //主干道黄灯亮 2s
        main_road_yellow = 0;
        DelayX500ms(4);
        /* A红灯,B绿灯 5s */
        main_road_red = 0;               //支道绿灯亮 5s
        main_road_green = 1;
        main_road_yellow = 1;
        branch_road_red = 1;
        branch_road_green = 0;
        branch_road_yellow = 1;
        DelayX500ms(10);
        /* A红灯,B绿灯闪烁 3 次 */
        for(m = 0;m < 6;m++)             //支道绿灯闪烁 3 次
        {
            branch_road_green = !branch_road_green;
            DelayX500ms(1);
        }
        /* A红灯,B黄灯 2s */
        branch_road_green = 1;
        branch_road_yellow = 0;
        DelayX500ms(4);
    }
}
/* ----------- 外部中断 0 函数,紧急车辆通行 ----------- */
void Ex0_int() interrupt 0
{
    x = P1;                           //保存进入中断前的交通等状态
    main_road_red = 0;                //主干道、直道皆为红灯,以备紧急车辆通行
    main_road_green = 1;
    main_road_yellow = 1;
```

```
branch_road_red = 0;
branch_road_green = 1;
branch_road_yellow = 1;
beep = 0;                        //蜂鸣器响
DelayX500ms(10);                 //保持 5s
while(P32 == 0);   //松手检测,等待本次中断信号结束。若需要更长的时间,保持按键为低电平
beep = 1;                        //蜂鸣器不响
P1 = x;                          //恢复进入中断前的交通灯状态
}
```

6．实物效果图

交通灯开发板实物效果图如图 6.11 所示。

注释：从右到左依次代表主通道方向的红灯、绿灯、黄灯,支通道方向的红灯、绿灯、
黄灯。

(a) 主通道绿灯亮，支通道红灯亮　　　　　(b) P3.2接GND双向红灯亮，蜂鸣器响

图 6.11　交通灯开发板实物效果图

7．仿真效果图

交通灯仿真效果图如图 6.12 所示。

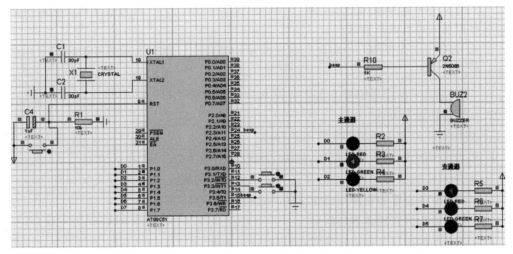

(a) 主通道绿灯亮，支通道红灯亮

图 6.12　交通灯仿真效果图

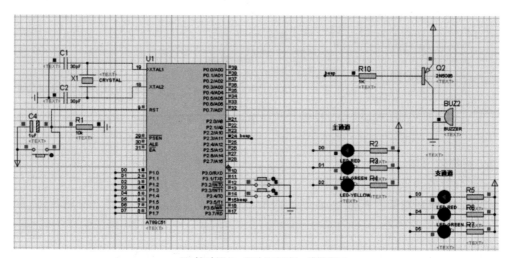

(b) 按动P3.2，双向红灯亮，蜂鸣器响

图　6.12(续)

　　外部中断的应用非常广泛,普通扫描按键的功能具有一定的滞后性,但是外部中断按键功能随时可以打断主函数运行,程序直接跳到外部中断函数执行,然后再回到主函数接着运行程序。另外,根据 P3.2 或 P3.3 引脚的下降沿触发外部中断功能可以检测脉冲数量,比如在进行智能车设计时,让这两个引脚之一连接用来测速的红外光电传感器或者编码器,当电机转动时发出脉冲信号,结合定时器,计算一定时间的脉冲数再除以转一周的脉冲数可以测出速度。由于篇幅有限,关于中断的更多应用学习见开发板全程教学及视频资源。

习题与思考题

　　1. 什么是中断和中断系统？其主要功能是什么？

　　2. 89C51 单片机都有哪些中断源,中断发生的条件是什么？进行程序初始化时可以配置哪些寄存器来进行中断请求？

　　3. 什么是中断优先级？中断优先处理的原则是什么？在写中断服务函数时怎样区分是哪种中断？

　　4. 89C51 单片机外部中断 0 和 1 分别对应哪个引脚？以外部中断 0 为例说明 89C51 单片机有哪几种触发方式？

　　5. 如何书写外部中断 1 的中断服务程序？

　　6. 写出外部中断 0 的程序框架,包括主函数和中断函数。

　　7. 对本节实例和案例目标的程序进行如下深入性的研究。

　　(1) 对原理图连线和程序引脚定义的一致性进行研究。

　　(2) 对实物和仿真现象进行研究。

　　(3) 对程序的执行过程进行研究,画出程序流程图。

　　(4) 对程序的每一行进行详细的注释。

　　(5) 对实例的功能进行改编,并对程序进行改动,达到学以致用的目的。

实践应用题

1. (中断引入练习)分别在开发板和仿真软件上实现如下功能：在仿真中将 P3.2 接按键，再连接 GND，在开发板中由于按键使用的是 P2 口，所以 P3.2 接 GND 需要用杜邦线连接。

(1) 编写不带外部中断的程序，要求 P1 口 8 个 LED 小灯一直循环闪烁，当 P3.2 接 GND 时蜂鸣器报警。

(2) 编写带外部中断的程序，下降沿触发，功能相同。

(3) 对比两种方法的响应速度。

2. (工程师思想创新实践应用提高题)下图为一款红外传感器，查找资料，了解红外传感器高、低电平开关量的使用方法，模拟用数码管显示图书馆或者实验室剩余人数。

(1) 自行用笔或 Word、AutoCAD、Unigraphics 等设计软件画图，在门口安放两对红外传感器。

(2) 自行设计实物或用开发板、仿真使用两个按键模拟先后触发顺序，运用 if 语句非中断查询方式或中断方式编写显示屋内剩余人数的程序。

3. (工程师思想创新实践应用提高题)自行设计实物或用开发板、仿真模拟，进行小车走黑线条数统计。已知小车在白色道路上行走时前方有若干条横向黑色的线，编写程序使小车识别黑色横线，并且使小车在第三条横线处停止。(提示：使用红外传感器，红外对管遇到黑线，其输出 OUT 会由高变低。)

4. (工程师思想创新实践应用提高题)在进行直流电机控制时，经常对电机测速。在开发板和仿真中编写程序，统计按键按下的次数，并在数码管上显示。(提示：本题的意思是统计外部中断引脚 P3.2 或 P3.3 从高到低的次数。)

## 第 7 章

案例目标12 基于数码管的电子时钟显示

在工业控制和日常生活中,许多场合要用到计数或定时功能,特别是对外部脉冲进行计数或产生精确的定时时间,例如洗衣机洗衣和脱水时间。计数是指对外部事件的个数进行计量,其实质就是对外部输入脉冲的个数进行计量。实现计数功能的器件称为计数器。例如啤酒生产线,通过光电传感器进行装箱计数,24 瓶装完后申请中断,转入装箱服务程序;再如某机械零件的热处理工艺,保温时间和回火时间需要严格按照热处理工艺曲线进行,由单片机定时发出信号,控制自动完成整个工艺过程。

定时分为软件定时、不可编程硬件定时、可编程定时等。软件定时是通过执行一个循环程序完成时间延迟。其特点是定时时间精确,不需外加硬件电路,但占用 CPU 时间。因此,软件定时的时间不宜过长。不可编程硬件定时是利用硬件电路实现定时。其特点是不占用 CPU 时间,通过改变电路元器件参数来调节定时,但使用不够灵活、方便。对于时间较长的定时,常用硬件电路来实现。可编程定时通过专用的定时器/计数器芯片实现。其特点是通过对系统时钟脉冲进行计数实现定时,定时时间通过程序设定的方法改变,使用灵活、方便;也可实现对外部脉冲的计数功能。

7.1 定时器简介

单片机中的定时器和计数器其实是同一个物理电子器件,只不过计数器记录的是单片机外部发生的事情(接收的是外部脉冲),定时器则是由单片机自身提供的一个非常稳定的计数器。这个稳定的计数器就是单片机上连接的晶振部件。MCS-51 单片机如果使用 12MHz 的晶振经过 12 分频之后,提供给单片机的只有 1MHz 的稳定脉冲。晶振的频率非常准确,所以单片机的计数脉冲之间的时间间隔也非常准确,间隔 $1\mu s$。

7.1.1　定时器的结构

MCS-51 单片机内部有 2 个 16 位可编程的定时器/计数器,简称为 T0 和 T1,均可作为定时器,也可作为计数器。它们都是二进制加法计数器,当计数器计满归 0 时,能自动产生溢出中断请求,表示定时时间已到或计数终止。它适用于定时控制、延时、外部计数和检测等。

(1) 定时功能的计数输入信号是内部时钟脉冲,每个机器周期使寄存器的值加 1。计数频率是振荡频率的 1/12。单片机的定时功能是对周期性的定时脉冲进行计数。工作过程是:预先装入一个计数初值,每经过一个定时周期,单片机计数器加 1,计满时计数器归零,同时自动产生溢出中断请求。所以,定时时间 t、计数器的值 M、计数器初值 x 和计数脉冲的机器周期 T 的计算公式如式(7-1)所示:

$$t = (M - x) \times T \tag{7-1}$$

MCS-51 单片机的定时脉冲频率为系统晶振频率(f_{osc})的 12 分频,计一个数的周期是一个机器周期。机器周期的计算公式如式(7-2)所示:

$$\frac{1}{T} = \frac{f_{osc}}{12}, \quad T = \frac{12}{f_{osc}} \tag{7-2}$$

1 个机器周期等于 12 个振荡周期。式中,f_{osc} 为开发板上的晶振频率;$\frac{1}{f_{osc}}$ 为振荡周期,也是时钟周期。

(2) 计数脉冲来自相应的外部输入引脚,T0 为 P3.4,T1 为 P3.5。计数脉冲负跳变有效,供计数器进行加法计数。

单片机的计数功能是对外部事件计数。工作过程是:预先装入一个计数初值,每来一个外部脉冲,输入计数器加 1,计数满时计数器归 0,产生溢出中断请求。计数值 N、当前值 N_c 和计数器初值 x 的计算关系如式(7-3)所示:

$$N = N_c - x \tag{7-3}$$

定时器/计数器的实质是加 1 计数器(16 位),由高 8 位和低 8 位两个寄存器组成。TMOD 是定时器/计数器的工作方式寄存器,确定工作方式和功能;TCON 是控制寄存器,控制 T0、T1 的启动和停止及设置溢出标志。

T0:TL0(低 8 位)和 TH0(高 8 位)。

T1:TL1(低 8 位)和 TH1(高 8 位)。

定时器的内部逻辑结构图如图 7.1 所示,定时器/计数器的核心部件是二进制加 1 计数器(TH0、TL0 或 TH1、TL1)。特殊功能寄存器 TMOD 用于选择 T0、T1 的工作模式和工作方式。特殊功能寄存器 TCON 用于控制 T0、T1 的启动和停止计数,同时包含 T0、T1 的状态。T0、T1 不论是工作在定时器模式还是计数器模式,实质都是对脉冲信号进行计数。输入的计数脉冲有两个来源,一个是由系统的时钟振荡器输出脉冲经 12 分频后送来,即定时;另一个是 T0 或 T1 引脚输入的外部脉冲源,即计数。每来一个脉冲,计数器加 1;当加到计数器为全"1"时,再输入一个脉冲,就使计数器回零,且计数器的溢出使 TCON 中 TF0 或 TF1 置"1",向 CPU 发出中断请求(定时器/计数器中断允许时)。如果定时器/计数器工作于定时模式,表示定时时间已到;如果工作于计数模式,表示计数值已满。可见,由溢出

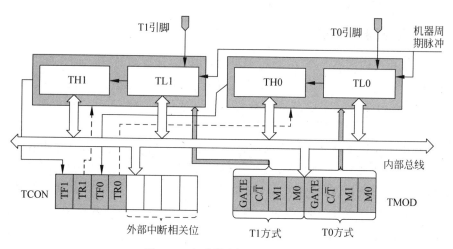

图 7.1　定时器内部逻辑结构图

时计数器的值减去计数初值,才是加 1 计数器的计数值 N。设置为定时器模式时,加 1 计数器是对内部机器周期计数,计数值 N 乘以机器周期 T 就是定时时间 t。设置为计数器模式时,外部事件计数脉冲由 T0 或 T1 引脚输入到计数器。

7.1.2　定时器/计数器控制寄存器

MCS-51 单片机的可编程定时器/计数器除了具有计数寄存器 THx 和 TLx 以外,还有两个寄存器 TMOD 和 TCON 用来控制其工作模式或者反映其工作状态。TMOD 选择定时器/计数器 T0、T1 的工作模式和工作方式。TCON 用于控制 T0、T1 的启动和停止计数,以及进行中断申请,同时锁存 T0、T1 的状态。用户可用软件对 TMOD 和 TCON 完成写入和更改。

1. 定时器方式控制寄存器 TMOD

TMOD 用于控制定时器/计数器的工作模式及工作方式,其字节地址为 89H,格式如下。其中,低 4 位用于决定 T0 的工作方式,高 4 位用于决定 T1 的工作方式,M1 和 M0 用来确定所选工作方式。

	D7	D6	D5	D4	D3	D2	D1	D0	
TMOD	GATE	C/$\overline{T}$	M1	M0	GATE	C/$\overline{T}$	M1	M0	89H
		T1 方式字段				T0 方式字段			

各字段说明如下。

(1) GATE: 门控位。

GATE=0,以 TRx(x=0,1)来启动定时器/计数器运行。

GATE=1,用外部中断引脚($\overline{\text{INT0}}$ 或 $\overline{\text{INT1}}$)上的高电平和 TRx 来启动定时器/计数器运行。

(2) C/$\overline{T}$: 计数器模式和定时器模式选择位。在 TMOD 中,各有一个控制位(C/$\overline{T}$),分别用于控制定时器/计数器 T0 和 T1 是工作在定时器方式还是计数器方式。定时器工作方式示意图如图 7.2 所示。

C/$\overline{T}$=1,计数工作方式。计数脉冲从外部引脚引入。T0 为 P3.4;T1 为 P3.5。

C/$\overline{T}$=0,定时工作方式。计数脉冲为内部脉冲。脉冲周期=机器周期。

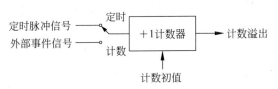

图 7.2 定时器工作方式示意图

（3）M1、M0：工作方式选择位。表 7.1 所示为定时器/计数器的 4 种工作方式，并给出了 TCON 有关控制位功能。

表 7.1 定时器/计数器的 4 种工作方式

M1	M0	工作方式	功　能	最大计数值
0	0	方式 0	13 位定时器/计数器，由 THx(x=0,1)的 8 位和 TLx 的低 5 位构成	$M=2^{13}=8192$
0	1	方式 1	16 位定时器/计数器，由 THx 和 TLx 构成	$M=2^{16}=65536$
1	0	方式 2	可自动重装初值的 8 位计数器，TLx 用作计数器，THx 保存计数初值。一旦计数器计满溢出，初值自动装入，继续计数，重复不止	$M=2^8=256$
1	1	方式 3	仅适用于 T0，分为两个 8 位计数器，T1 停止计数	$M=2^8=256$

2. 定时器控制寄存器 TCON

设定好定时器/计数器的工作方式后，它还不能进入工作状态，必须通过设置控制寄存器 TCON 中的某些位来启动它。要使定时器/计数器停止运行，也必须通过设置 TCON 中的某些位来实现。当定时器/计数器计满溢出或有外部中断请求时，TCON 能标明溢出和中断情况。定时器控制寄存器 TCON 地址 88H，可以位寻址。TCON 主要用于控制定时器的操作及中断控制。TCON 控制器描述如表 7.2 所示，位功能描述如表 7.3 所示。

表 7.2 TCON 控制器描述

位地址	8F	8E	8D	8C	8B	8A	89	88
位符号	TF1	TR1	TF0	TR0	IE1	IT1	IE0	IT0

表 7.3 TCON 有关控制位功能

符号	功 能 说 明
TF1	计数器/计时器 1 溢出标志位。计数器/计时器 1 溢出(计满)时，该位置"1"。在中断方式时，此位作为中断标志位，在转向中断服务程序时由硬件自动清"0"。在查询方式时，也可以由程序查询和清"0"
TR1	定时器/计数器 1 运行控制。TR1=0，停止定时器/计数器 1 工作。TR1=1，启动定时器/计数器 1 工作。该位由软件置位和复位
TF0	计数器/计时器 0 溢出标志位。计数器/计时器 0 溢出(计满)时，该位置"1"。在中断方式时，此位作为中断标志位，在转向中断服务程序时由硬件自动清"0"。在查询方式时，也可以由程序查询和清"0"
TR0	定时器/计数器 0 运行控制位。TR0=0，停止定时器/计数器 0 工作。TR0=1，启动定时器/计数器 0 工作。该位由软件置位和复位

系统复位时,TMOD 和 TCON 寄存器的每一位都清 0。计满溢出时,单片机内部硬件对 TF0(TF1)置"1"。

查询方式:作为定时器状态位以供查询。查询有效后,以软件及时将该位清"0"。

中断方式:作为中断标志位。在响应中断转向中断服务程序后,由硬件自动对 TF0(TF1)清 0。

7.2 51 单片机的定时器/计数器 T0 和 T1 的控制

7.2.1 定时器/计数器对输入信号的要求

当定时器/计数器为定时工作方式时,计数器的加 1 信号由振荡器的 12 分频信号产生,即每过 1 个机器周期,计数器加 1,直至计满溢出为止。显然,定时器的定时时间与系统的振荡频率有关。因 1 个机器周期等于 12 个振荡周期,所以计数频率 $f_{count}=(1/12)f_{osc}$。如果晶振为 12MHz,则计数周期为:$T=12\times1/(12\times1000000Hz)=1\mu s$。当定时器/计数器工作在计数器模式时,计数脉冲来自外部输入引脚 T0 或 T1。当输入信号产生由 1 至 0 的跳变(即负跳变)时,计数器值增 1。用户可通过编程设置专用寄存器 TMOD 中的 M1、M0 位,选择 4 种操作方式。

7.2.2 方式 0

当 M1 M0 为 0 0 时,定时器/计数器被设置为工作方式 0,这时定时器/计数器的等效逻辑结构框图如图 7.3 所示(以定时器/计数器 T1 为例,(TMOD.5)(TMOD.4)=00)。方式 0 为 13 位计数,由 TL1 的低 5 位(高 3 位未用)和 TH1 的 8 位组成。TL1 的低 5 位溢出时,向 TH1 进位;TH1 溢出时,置位 TCON 中的 TF1 标志,并向 CPU 发出中断请求。

GATE 位状态决定定时器的运行控制取决于 TRx 一个条件,还是取决于 TRx 和 INTx(x=0,1)引脚状态这两个条件。GATE=0 时,A 点电位恒为"1",B 点电位仅取决于 TRx 状态。TRx=1,B 点为高电平,控制端控制电子开关闭合,允许 T1(或 T0)对脉冲计数。TRx=0,B 点为低电平,电子开关断开,禁止 T1(或 T0)计数。GATE=1 时,B 点电位由 INTx(x=0,1)的输入电平和 TRx 的状态两个条件来决定。当 TRx=1,且 INTx=1 时,B 点才为"1",控制端控制电子开关闭合,允许 T1(或 T0)计数。故这种情况下计数器是否计数,由 TRx 和 INTx 两个条件来共同控制。

当 13 位计数器溢出时,TCON 的 TF1 位由硬件置"1",同时将计数器清"0"。

当 $C/\overline{T}=0$ 时(定时方式),多路开关与片内振荡器的 12 分频输出相连。所以,定时器/计数器每加一个数的时间为一个机器周期,如果工作在定时工作方式,其定时时间为

$$(2^{13}-定时器初值)\times 机器周期 \tag{7-4}$$

根据上述公式,可以在已知定时时间的情况下求出所要设定的定时器初值。

当 $C/\overline{T}=1$ 时(计数方式),多路开关与 T0(P3.4)或 T1(P3.5)相连,外部计数脉冲由引脚输入,工作在计数工作方式。当检测到外部信号电平发生从 1 到 0 跳变时,计数器加 1。

设 x 为计数器初值,则外部脉冲计数值为

$$N=2^{13}-x=8192-x \tag{7-5}$$

$x=8191$ 时为最小计数值 1，$x=0$ 时为最大计数值 8192，即计数范围为 1～8192。

方式 0 内部逻辑框图如图 7.3 所示。

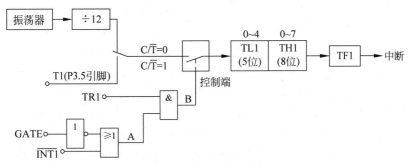

图 7.3 方式 0 内部逻辑框图

7.2.3 方式 1

当 M1 M0 为 0 1 时，工作于方式 1。以定时器/计数器 T1 为例，方式 1 内部逻辑框图如图 7.4 所示。

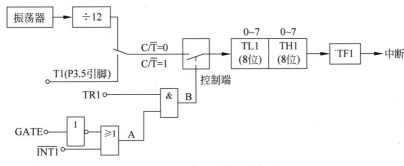

图 7.4 方式 1 内部逻辑框图

方式 1 和方式 0 的差别仅仅在于计数器的位数不同。方式 1 为 16 位计数器，由 THx 高 8 位和 TLx 低 8 位构成（x=0,1），方式 0 则为 13 位计数器。有关控制状态位的含义（GATE、$C/\overline{T}$、TFx、TRx）与方式 0 相同。由于定时器/计数器是 16 位的，计满为 $2^{16}-1=65535$，再加 1 溢出产生中断。所以，方式 1 的计数范围是：1～2^{16}（65536），定时时间计算公式为

$$(2^{16}-\text{定时器初值})\times\text{机器周期} \tag{7-6}$$

在方式 0 和方式 1 中，计数计满溢出后，使其值为 0。在循环定时或计数应用中，必须反复预置计数初值。这样会对定时精度带来一定的影响。

由于定时器/计数器方式 1 常用，下面将详细介绍方式 1 的初值计算方法。首先要明确，定时器一旦启动，就会在原来数值的基础上不停地加 1 计数，而定时器和主函数程序的运行是并列的，程序都是从主函数开始执行。在初始化时，若对定时器进行了设置并启动，程序继续走主函数，当定时时间到时，程序会停下来，走到定时中断函数中进行，然后回到主函数刚停止的位置继续执行程序。

下面研究初值问题。以定时器/计数器 T0 为例，假设时钟频率为 12MHz（就是单片机最小系统 18 脚和 19 脚之间的晶振大小），那么时钟周期（振荡周期）就是（1/12000000）Hz，

由于使用12T单片机,所以1个机器周期等于12个时钟周期,也就是$1\mu s$;无论TH0和TL0初值是多少,计满都是$2^{16}-1=65535$,再加一个数就会溢出,TH0和TL0都变为0(循环),随即向CPU发出中断申请。如果从0开始计数,那么只能加65536个数溢出进入中断,也就是最多$65536\mu s$,即65.536ms,为了定时1s,可以让基本的定时时间取$50000\mu s$即50ms,取20次即为1s,那么定时$50000\mu s$如何设定初值呢?TH0和TL0是定时器的高8位和低8位。低8位都是"1"时,对应的数是$2^8-1=255$,再加1就会向高8位进1位,所以存放初值时,TH0和TL0的总数除以256的整数应放在TH0里,用"/"表示除取整,余数应放在TL0里,用"%"表示除取余。要计50000个数,TH0和TL0应装入的总的数值为$65536-50000=15536$,TH0$=15536/256=60$,TL0$=15536\%256=176$。实际上,经常写为:TH0$=(65536-50000)/256$,TL0$=(65536-50000)\%256$,要计N个数溢出产生中断,只需要将"50000"改为N即可。

但是要注意,如果时钟频率是11.0592MHz,机器周期将变为$12\times(1/11059200)\approx1.09(\mu s)$。若定时时间还是50ms即$50000\mu s$,需要计数$50000/1.09\approx45872$,也就是初值变成了TH0$=(65536-45872)/256$,TL0$=(65536-45872)/256$。

7.2.4 方式2

当M1 M0为1 0时,定时器/计数器处于工作方式2。在工作方式2中,16位计数器分为两部分,即以TLx作为8位计数器进行计数,以THx保存8位初值并保持不变,作为预置寄存器,初始化时,把相同的计数初值分别加载至TLx和THx中;当计数溢出时,不需再像方式0和方式1那样需要由软件重新赋值,而是由硬件自动将预置寄存器THx的8位计数初值重新加载给TLx,继续计数,不断循环。

除能自动加载计数初值之外,方式2的其他控制方法同方式0类似。

计数个数与计数初值的关系为:(256-定时器初值)×机器周期。

方式2内部逻辑框图如图7.5所示。工作方式2省去了用户软件中重装初值的程序,还有精确的定时,特别适合于用作较精确的脉冲信号发生器。当定时器作为串口波特率发生器时,常选用定时方式2。

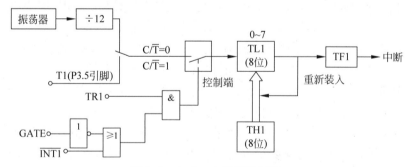

图7.5 方式2内部逻辑框图

7.2.5 方式3

工作方式3是为了增加一个附加的8位定时器/计数器而设置的,使单片机具有3个定时器/计数器。该工作方式只适用于定时器T0。当TMOD的低2位为11时,T0的工作方式被选为方式3。各引脚与T0的逻辑关系如图7.6所示。

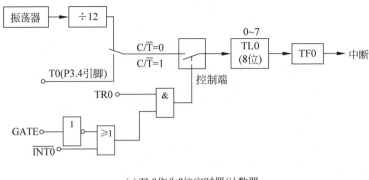

(a) TL0作为8位定时器/计数器

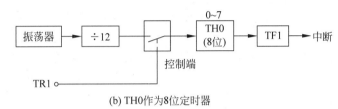

(b) TH0作为8位定时器

图7.6 方式3内部逻辑框图

当T0工作在方式3时,TH0和TL0被拆成2个独立的8位计数器。这时,TL0既可作为定时器,也可作为计数器使用。它占用定时器T0所使用的控制位,除了它的位数为8外,其功能和操作与方式0或1完全相同。TH0只能作为定时器使用,并且占据了定时器T1的控制位TR1和中断标志位TF1,TH0计数溢出置位TF1,且TH0的启动和关闭仅受TR1的控制。

定时器T1无工作方式3,当将定时器T0设定为方式3时,定时器/计数器T1仍可设置为方式0、1或2。但由于TR1、TF1已被定时器TH0占用,中断源已被定时器T0占用,所以当其计数器计满溢出时,不能产生中断。

7.3 STC89C52的定时器/计数器应用举例

7.3.1 应用步骤和初值设定方法

应用定时器/计数器时,首先要合理选择工作方式;接着计算定时器/计数器定时初值;最后编制应用程序,包括定时器/计数器的初始化,正确编制定时器/计数器中断服务程序。下面重点介绍定时器/计数器初值设定方法和定时器/计数器初始化的主要内容。由于定时器/计数器的功能是由软件编程确定的,所以一般在使用前都要对其初始化,使其按设定的功能工作。初始化的步骤如下。

(1) 通过设置方式寄存器TMOD,确定工作方式。例如,为了把定时器/计数器0设定为方式0,使M1 M0=0 0;为实现定时功能,应使$\overline{INT0}$=0;为实现定时器/计数器0的运行控制,则GATE=0,有关位设定为0,因此TMOD寄存器应初始化为00H。

(2) 直接将初值写入TH0、TL0或TH1、TL1,预置定时或计数的初值。

（3）根据需要,开放定时器/计数器的中断,直接对 IE 位赋值。

（4）启动定时器/计数器。若已规定用软件启动,把 TR0 或 TR1 置"1";若已规定由外中断引脚电平启动,需给外引脚加启动电平。当实现了启动要求后,定时器即按规定的工作方式和初值开始计数或定时。

下面给出了确定定时器/计数器初值的具体方法。因为在不同工作方式下计数器位数不同,所以最大计数值也不同。现假设最大计数值为 M,那么各方式下的 M 值如下。

方式 0：$\qquad M = 2^{13} = 8192$

方式 1：$\qquad M = 2^{16} = 65536$

方式 2：$\qquad M = 2^8 = 256$

方式 3：定时器 0 分成两个 8 位计数器,所以两个 M 均为 256。

因为定时器/计数器是做"加 1"计数,并在计数满溢出时产生中断,所以初值可以这样计算：用最大计数量减去需要的计数次数,即

$$TC = M - C \qquad (7\text{-}7)$$

其中,TC 是计数器需要预置的初值；M 是计数器的模值（最大计数值）。方式 0 时,$M = 2^{13}$；方式 1 时,$M = 2^{16}$；方式 2、方式 3 时,$M = 2^8$。C 是计数器计满回 0 所需的计数值,即设计任务要求的计数值。

例如,流水线上一个包装是 12 盒,要求每到 12 盒就产生一个动作。用单片机的工作方式 0 来控制,则应当预置的初值为

$$TC = M - C = 2^{13} - 12 = 8180 \qquad (7\text{-}8)$$

定时时间的计算公式为

$$T = (M - TC) \times T0 \quad \text{或} \quad TC = M - T/T0 \qquad (7\text{-}9)$$

其中,T 是定时器的定时时间,即设计任务要求的定时时间；T0 是机器周期,计数器计数脉冲的周期,即单片机系统主频周期的 12 倍。

若设初值 TC = 0,则定时器定时时间最大。若设单片机系统主频 f_{osc} 为 12MHz,则各种工作方式定时器的最大定时时间为

工作方式 0：$\qquad T_{max} = 2^{13} \times 1\mu s = 8.192ms$

工作方式 1：$\qquad T_{max} = 2^{16} \times 1\mu s = 65.536ms$

工作方式 2 和 3：$\qquad T_{max} = 2^8 \times 1\mu s = 0.256ms$

7.3.2 应用实例的描述

利用开发板及仿真软件,编写程序,使 P1.0 引脚连接的第一个发光二极管 LED0 以定时器的方式亮 1s、灭 1s,并且使 P3.5 连接的蜂鸣器响 1s、停 1s。

1. 思路分析

根据题目要求,选用基本定时时间 50ms 进入一次定时器中断,n++,在主函数判断 n,如果 n 等于 20 即为 1s。使用定时器 0 工作方式 1,由于开发板晶振是 11.0592MHz,所以十六位计数器初值为 65536～45872。

2. 硬件原理图

定时器应用实例原理图如图 7.7 所示。

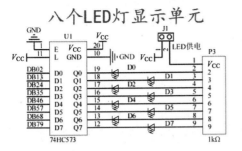

八个LED灯显示单元

蜂鸣器单元

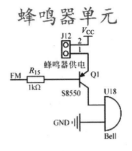

STC89C52/RC单片机最小系统电路

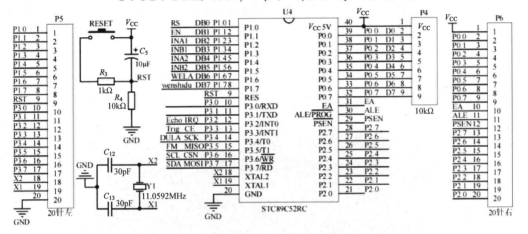

图 7.7　定时器应用实例原理图

定时器应用举例1(亮一秒灭一秒)
实物演示与程序思路讲解

定时器应用举例2(一秒一亮)
实物演示与程序思路讲解

3. 程序

```
#include<reg52.h>              //52 系列单片机头文件
#define uchar unsigned char    //宏定义
#define uint unsigned int
sbit LED0 = P1^2;              //声明单片机 P1 口第 0 位
sbit beep = P3^5;
uchar n;
void main()                    //主函数
{
    TMOD = 0x01;               //设置定时器 0 为工作 1
    TH0 = (65536 - 45872)/256; //装初值 11.0592MHz 晶振
    TL0 = (65536 - 45872) % 256; //定时 50ms 数为 45872
    EA = 1;                    //开总中断
    ET0 = 1;                   //开定时器 0 中断
```

```
        TR0 = 1;                              //启动定时器 0
        while(1);                            //程序停止在这里等待中断
    }
    void T0_time( )interrupt 1
    {
        TH0 = (65536 - 45872)/256;          //重装初值,保证每次进入中断都是 50ms
        TL0 = (65536 - 45872) % 256;
        n++;                                //n 每加一次,判断一次是否到 20 次
        if(n = = 20)                         //如果 n 到 20 次,说明 1s 时间到
        {
            n = 0;                          //然后把 n 清零,重新再计数
            LED1 = ~LED1;                    //让发光二极管状态取反
            beep = ~beep;
        }
    }
```

4. 实物效果图

定时器应用举例实物效果图如图 7.8 所示。

图 7.8　定时器应用举例(隔 1s 灯亮、蜂鸣器响)实物效果图

5. 仿真效果图

定时器应用举例仿真效果图如图 7.9 所示。

6. 程序分析

（1） TH0 = (65536 - 45872)/256;　　　　　//赋初值 50ms 一次中断
　　　 TL0 = (65536 - 45872) % 256;
　　　 n++;
　　　 if(n = = 20)
　　　 {...}

此处为给定时器赋初值,结合例子,再次复习。时钟频率为 11.0592MHz,12 个时钟周期为一个机器周期,则此时的机器周期约为 1.09μs,因为 TH0 和 TL0 连接起来是 16 位,所以计满 TH0 和 TL0 就需要 65535(2 的 16 次方减 1)个数,再来一个脉冲计数器溢出,随即向 CPU 申请中断。在 65536—45872 这个数上计 45872 个数后,定时器溢出,此时刚好是 50ms,而 n 计满 20 次,正好是 1s。另外,初值 65536—45872 的存储为什么 TH0 需要/256,

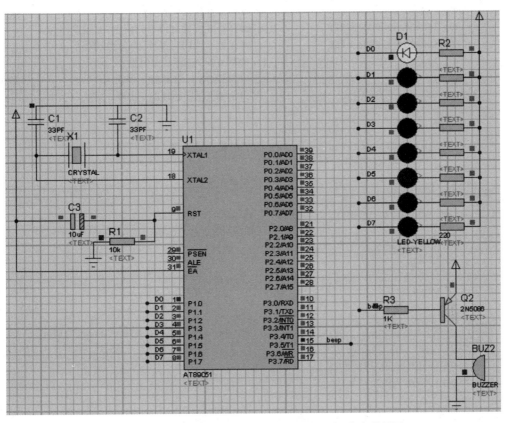

图 7.9　定时器应用举例(隔 1s 灯亮、蜂鸣器响)仿真效果图

TL0 需要%256,是因为 TL0 是 8 位的寄存器,最大的数是 8 个 1,十进制 $2^8-1=255$,再加 1 就进位给 TH0,所以 TH0 一个 1 代表 1 个 256,因此初值能整除 256 的部分放到 TH0,不能整除的部分放到 TL0 。

(2) "LED0=～LED0;"语句

此处让 LED 不断地取反,目的是让 LED 亮 1s,灭 1s,达到的闪烁目的。

(3) 如果想实现 1s 一亮,并且 1s 一响,以晶振 12MHz 为例,程序修改如下。

```c
#include <reg52.h>
#define uchar unsigned char          //宏定义
#define uint unsigned int
uchar n;
sbit led0 = P1^0;
sbit beep = P3^5;
void delay(uint x)
{
    uint i,j;
    for(i = x;i > 0;i-- )
    for(j = 110;j > 0;j-- );
}
void main()
{
```

```
    TMOD = 0X01;                        //寄存器8位同时操作
    TH0 = (65536 − 50000)/256;          //寄存器8位同时操作,存计数初值高8位
    TL0 = (65536 − 50000) % 256;        //寄存器8位同时操作,存计数初值低8位
    TR0 = 1;                            //TCON^4操作,启动定时器0
    EA = 1;                             //IE^7操作,开定时器1中断
    ET0 = 1;                            //IE^1操作,开定时器0中断
    while(1)
    {
        if(n == 20)                     //平时程序走这里1s时间到
        {
            n = 0;                      //重新开始计数
            led0 = 0;
            beep = 0;
            delay(200);                 //在1s内进行,亮、响一段时间
            led0 = 1;
            beep = 1;
        }
    }
}
void time0() interrupt 1                //定时器0,所以是1,0.05s = 50ms定时时间
{
    TH0 = (65536 − 50000)/256;
    TL0 = (65536 − 50000) % 256;
    n++;
}
```

灯1s一亮在实际生活较为常用,在实现过程中,主要思路是在定时1s内小灯点亮并且蜂鸣器响一小段(小于1s)时间,再关闭显示和停止蜂鸣器响。可以适当调节delay(200)里的数值200达到好的效果。

7.4　定时器/计数器案例目标的实现

1957年,Ventura发明了世界上第一个电子表,奠定了电子时钟的基础。现代电子时钟多是基于单片机的一种计时工具,采用延时程序产生一定的时间中断,通过计数方式进行满六十秒钟,分钟进一;满六十分钟,小时进一;满二十四小时,清0,从而实现计时的功能。

案例目标的描述:研究开发板原理图,编写程序,在开发板和仿真软件上实现数字电子时钟计时功能。要求6位数码管显示"时.分.秒",其中十、分的个位有小数点。

1. 思路分析

晶振是11.0592MHz,50ms为基本定时时间。将数码管带有小数点和不带有小数点的两种位选信息放到数组里,段选信息采用同样的方法。编程时先编写显示"时.分.秒"固定的数,然后结合定时器修改、调试、合程序。

2. 原理图

定时器案例目标原理图如图7.10所示。

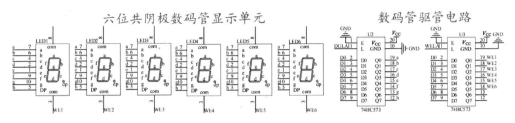

六位共阴极数码管显示单元　　　数码管驱管电路

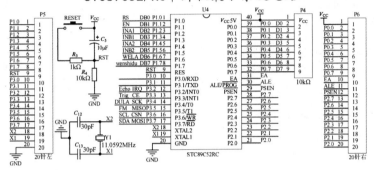

STC89C52/RC单片机最小系统电路

矩阵键盘和独立键盘

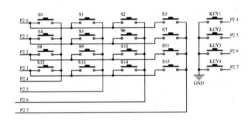

图 7.10　定时器案例目标原理图

定时器案例
实物演示与
程序思路讲解

3. 程序

```
#include<reg52.h>
#define uint unsigned int
#define uchar unsigned char
sbit dula = P3^4;                                    //声明 U2 段选锁存器的锁存端
sbit wela = P1^6;                                    //声明 U3 位选锁存器的锁存端
uchar shi2,shi1,fen2,fen1,miao2,miao1;
uchar shi = 11,fen = 12,miao = 13;                   //设置初值
uchar count;
uchar code tabledula[] = {0x3f,0x06,0x5b,0x4f,       //定义 0～9 段码
                    0x66,0x6d,0x7d,0x07,0x7f,0x6f};
uchar code tableduladian[] = {0xbf,0x86,0xdb,0xcf,   //定义带有小数点的 0～9 段码
                    0xe6,0xed,0xfd,0x87,0xff,0xef};
uchar code tablewela[] = {0xfe,0xfd,0xfb,0xf7,0xef,0xdf};  //数码管显示位码(位 0 到位 5)
void delay(uchar x)
{
    uchar j;
    while(x--)
     {
```

```
                for(j=0;j<125;j++);
            }
        }
    void display(uchar shi2,uchar shi1,uchar fen2,uchar fen1,uchar miao2,uchar miao) //显示
    {
            wela = 0;
            dula = 0;
            /*第0个数码管显示shi的十位*/
            P0 = tablewela[0];
            wela = 1;
            wela = 0;
            P0 = tabledula[shi2];
            dula = 1;
            dula = 0;
            delay(1);
            /*第1个数码管显示shi的个位*/
            P0 = tablewela[1];
            wela = 1;
            wela = 0;
            P0 = tableduladian[shi1];
            dula = 1;
            dula = 0;
            delay(1);
            /*第2个数码管显示fen的十位*/
            wela = 0;
            dula = 0;
            P0 = tablewela[2];
            wela = 1;
            wela = 0;
            P0 = tabledula[fen2];
            dula = 1;
            dula = 0;
            delay(1);
            /*第3个数码管显示fen的个位*/
            P0 = tablewela[3];
            wela = 1;
            wela = 0;
            P0 = tableduladian[fen1];
            dula = 1;
            dula = 0;
            delay(1);
            /*第4个数码管显示miao的十位*/
            P0 = tablewela[4];
            wela = 1;
            wela = 0;
            P0 = tabledula[miao2];
            dula = 1;
            dula = 0;
            delay(1);
            /*第5个数码管显示miao的个位*/
            P0 = tablewela[5];
```

```
        wela = 1;
        wela = 0;
        P0 = tabledula[miao1];
        dula = 1;
        dula = 0;
        delay(1);
}
void init()                         //初始化函数
{
    TMOD = 0x01;                    //设置定时器 0 工作方式 1
    TH0 = (65536 - 45872)/256;      //赋初值,50ms 一次中断
    TL0 = (65536 - 45872) % 256;    //高 256 的整数倍放到 TH0,余数放到 TL0
    EA = 1;                         //开总中断
    ET0 = 1;                        //开定时器 0 中断
    TR0 = 1;                        //开定时器 0,开启后定时器从初值加数
}

void main()
{
    init();
    while(1)
    {
        display(shi2,shi1,fen2,fen1,miao2,miao1);   //显示
    }
}
void time0() interrupt 1            //中断函数
{
    TH0 = (65536 - 45872)/256;      //赋初值,50ms 一次中断
    TL0 = (65536 - 45872) % 256;
    count++;
    if(count >= 20)                 //当 count 等于 20 时进入下面程序,否则 count 继续自加
    {
        count = 0;                  //归 0 以便从新计数
        miao++;                     //秒数加 1
        if(miao >= 60)              //当 miao 大于或等于 60 时进入下面程序,否则 miao 继续自加
        {
            miao = 0;               //归 0 以便从新计数
            fen++;                  //当 miao 加到 60 时,fen 自动加 1
            if(fen >= 60)           //同理
            {
                fen = 0;
                shi++;
                if(shi >= 24)
                {
                    shi = 0;
                }
            }
        }
    }
    shi2 = shi/10;                  //shi 除 10 求整,显示的是小时的十位
    shi1 = shi % 10;                //shi 除 10 求余,显示的是小时的个位
```

```
        fen2 = fen/10;              //fen 除 10 求整,显示的是分钟的十位
        fen1 = fen % 10;            //fen 除 10 求余,显示的是分钟的个位
        miao2 = miao/10;            //miao 除 10 求整,显示的是秒钟的十位
        miao1 = miao % 10;          //miao 除 10 求余,显示的是秒钟的个位
    }
```

4. 实物效果图

定时器案例目标实物效果图如图 7.11 所示。

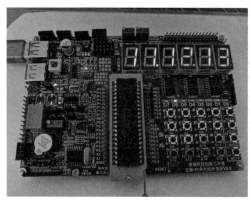

(a) 初始显示"11.12.13"实物效果图　　　　(b) 运行显示"11.13.22"实物效果图

图 7.11　定时器案例目标实物效果图

5. 仿真效果图

定时器案例目标仿真效果图如图 7.12 所示。

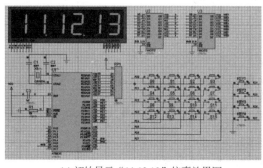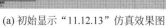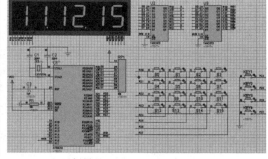

(a) 初始显示"11.12.13"仿真效果图　　　　(b) 运行显示"11.12.15"仿真效果图

图 7.12　定时器案例目标仿真效果图

6. 程序分析

（1）
```
    TH0 = (65536 - 45872)/256;     //赋初值 50ms 一次中断
    TL0 = (65536 - 45872) % 256;
    count++;
    if(count >= 20)
```

此处为给定时器赋初值:时钟频率为 11.0592MHz,12 个时钟周期为一个机器周期,那么此时的机器周期约为 $0.92\mu s$,在 65536−45872 这个数上计 45872 个数后,定时器溢出,此时刚好是 50ms,而 count 计满 20 次,正好是 1s。

（2）miao2 = miao/10;
　　　miao1 = miao % 10;
　　　fen2 = fen/10;
　　　fen1 = fen % 10;
　　　shi2 = shizhong/10;
　　　shi1 = shizhong % 10;

　　这里的 miao 为六位数码管的后两位，除以 10 取整，即为秒数的十位数；除以 10 取余，即为秒数的个位数。这里要注意 miao1 代表的是秒的个位，miao2 代表的是秒的十位，其余同理。

　　（3）dula＝1 时，打开 U2 锁存器，dula＝0 时，关闭 U2 锁存器，wela＝1 时，打开 U3 锁存器，wela＝0 时，关闭 U3 锁存器，这里容易弄混，应当多加注意。

　　（4）主要思路已经写到了程序注释部分，原理图中还放置了矩阵按键和独立按键部分，主要是为了学生后续对时钟程序强化预留的，例如可以实现修改时钟的功能，如果加入蜂鸣器电路，还可以实现闹钟功能。

　　（5）定时器的应用非常广泛，一般实际项目都靠定时器产生程序节拍。例如，在进行智能车设计时，多长时间采集一次数据，多长时间控制电机调速，主函数多长时间走一次循环是有固定节拍的。课上或实验室利用定时器经常编写的实例程序也较多，例如，可调时钟、闹钟、带有数码管显示的交通灯等。特别地，在机器人领域，研究智能车、人型机器人、无人机等都要利用定时器产生 PWM 波形，调节占空比来控制直流电机调速、舵机转动。由于篇幅有限，关于定时器的更多应用学习见本书配套开发板全程教学及视频资源。

习题与思考题

　　1．89C51 定时器有哪几种工作方式？有何区别，请用表格阐述。

　　2．选择定时器 0 工作方式 1 时，若时钟频率 12MHz，定时 50ms，TH0 和 TL0 怎样装初值？写出计算过程。

　　3．如何书写定时器 0 中断服务函数？

　　4．如果外部晶振 11.0592MHz，使用定时器 0 工作方式 1，定时 50ms，在程序初始阶段请对有关的寄存器进行设置，写出程序。

　　5．对本节实例和案例目标的程序进行如下深入性的研究。

　　（1）对原理图连线和程序引脚定义的一致性进行研究。

　　（2）对实物和仿真现象进行研究。

　　（3）对程序的执行过程进行研究，画出程序流程图。

　　（4）对程序的每一行进行详细的注释。

　　（5）对实例的功能进行改编，并对程序进行改动，达到学以致用的目的。

实践应用习题

　　1．在开发板和仿真软件中编写程序，实现小灯 1s 一亮的功能（就像灯塔上的指示灯）。

　　2．在开发板和仿真软件中编写程序，采用定时器，实现 60s 循环 1s 加 1 正计时的功能，并在数码管上显示出来。

3. (工程师思想创新实践应用提高题)在实际控制中经常用到"节拍"的思想,比如控制小车、传感器采集道路信息和采用 PID 算法进行电机 PWM 调速控制时都需要有节拍。请在开发板和仿真软件中编写程序,使基本定时时间为 50ms,主函数循环 0.5s 小灯亮灭取反,中断函数 1s 蜂鸣器状态取反。

4. (工程师思想创新实践应用提高题)在开发板上和仿真软件上设计交通灯电路,6 个小灯,编写简易交通灯的程序,使用定时器的方法,要求如下。

(1) 东西方向各 3 个灯(红、黄、绿),南北方向各 3 个(红、黄、绿)。

(2) 东西方向绿灯亮,南北方向红灯亮,延时约 5s。

(3) 东西方向黄灯亮,南北方向红灯亮,延时约 1s。

(4) 东西方向红灯亮,南北方向绿灯亮,演示约 5s。

(5) 东西方向红灯亮,南北方向黄灯亮,延时约 1s。

(6) 循环。

(7) 使用外部中断功能,下降沿触发,硬件 P3.2 连接的导线接 GND 或仿真接 GND 的 P3.2 按键按下表示当有紧急情况发生,东、西、南、北的红灯常亮。当再一次连接或按下按键时,恢复原来状态继续正常通行。

(8) 在数码管上显示倒计时时间。

5. (工程师思想创新实践应用提高题)设计一个带调整时间和设定闹钟功能的时钟。在开发板和仿真软件上实现数码管显示,使用和开发板对应的 4 个独立按键分别表示修改密码并确认键、加数、减数、设定闹钟键。具体要求和调试过程如下。

(1) 单独调试数码管显示"时分秒"。

(2) 单独调试定时器,1s 让小灯取反。

(3) 将两个程序进行合成,显示"时分秒",并且 1 秒钟加 1,加到 60,分钟加 1,加到 60,小时加 1。

(4) 加入独立按键,KEY1 按 1 次,表示修改"秒",再按 1 次,表示修改"分",再按 1 次表示修改"时",再按 1 次表示确认并正常走时。KEY2 键表示加数,KEY3 键表示减数。

(5) 加入独立按键 KEY4 键,表示设定闹钟键,接着按步骤(4)内容进行,表示闹钟定时时间的修改及确认。

第 8 章

案例目标13　单片机的双机通信

8.1　串行通信基础

中央处理器 CPU 和外界的信息交换(或数据传送)称为通信,通常有并行和串行两种通信方式。数据的各位同时传送,称为并行通信。数据一位一位逐个地顺序传送,称为串行通信。串行通信的特点是数据按位顺序传送,最少只需一根传输线即可完成,成本低。计算机与外界的数据传送大多数是串行的,其传送距离从几米到几千千米。

8.1.1　串行通信线路形式

根据信息的传送方向,串行通信进一步分为单工、半双工和全双工 3 种方式。

1. 单工

如图 8.1 所示,单工是指数据传输仅能沿一个方向,不能实现反向传输。例如,计算机与打印机之间的串行通信就是单工形式,因为只能由计算机向打印机传送数据,不可能有相反方向的数据传送。

图 8.1　单工通信示意图

2. 半双工

如图 8.2 所示,半双工是指数据传输可以沿两个方向,但需要分时进行。因此,半双工形式既可以使用一条数据线,也可以使用两条数据线。

3. 全双工

如图 8.3 所示,全双工是指数据可以同时双向传输,同时发送和接收数据。因此,全双工形式的串行通信需要两条数据线。串行通信通过串行口来实现。MCS-51 有一个全双工

>>>

的异步串行通信接口实现串行数据通信。

图 8.2　半双工通信示意图

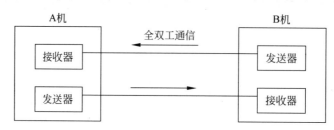

图 8.3　全双工通信示意图

8.1.2　异步通信和同步通信

串行通信有两种基本方式：异步通信方式和同步通信方式。

异步通信方式是以字符（或字节）为单位组成字符帧进行传送的。字符帧由发送端一帧一帧地发送，通过传输线，被接收设备一帧一帧地接收。异步通信的优点是数据传送可靠性高，缺点是通信效率低。异步通信传输的字符前面有一个起始位"0"，后面有一个停止位"1"，是一种起止式通信方式，字符之间没有固定的间隔长度。典型的异步通信数据格式如图 8.4 所示。

(a) 无空闲位字符帧

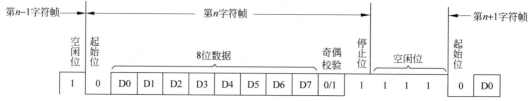

(b) 有空闲位字符帧

图 8.4　异步通信数据格式

（1）字符帧：也叫数据帧，由起始位、数据位、奇偶校验位和停止位 4 个部分组成。

（2）起始位：位于字符帧开头，只占 1 位，始终为逻辑"0"，用于向接收设备表达发送端要开始发送 1 帧数据。

（3）数据位：紧跟起始位之后，用户根据情况取 5 位、6 位、7 位或 8 位，低位在前，高位在后。各位之间的距离为"位间隔"的整数倍，若所传数据为 ASCII 码字符，则常取 7 位。

（4）奇偶校验位：位于数据位之后，仅占 1 位，用于对字符传送做正确性检查，因此，奇偶校验位是可选的，采用奇校验还是偶校验，由用户根据需要决定。

（5）停止位：位于字符帧末尾，为逻辑"1"高电平，通常可取 1 位、1.5 位或 2 位，用于向接收端表示一帧字符信息已发送完毕，也为下一帧字符做准备。

在串行通信中，发送端一帧一帧地发送信息，接收端一帧一帧地接收信息。两个相邻字符帧之间可以无空闲位，也可以有若干空闲位，这由用户根据需要决定。这种方式的优点是数据传送的可靠性较高，能及时发现错误；缺点是通信效率较低。

同步通信数据格式如图 8.5 所示。在同步通信中，每一数据块发送开始时，先发送一个或两个同步字符，使发送与接收取得同步，然后再顺序发送数据。数据块的各个字符间取消起始位和停止位，所以通信速度得以提高。接收端不断对传输线采样，并把采样到的字符和双方约定的同步字符相比较。只有比较成功后，才会存储后面接收到的字符，在同步通信中字符之间没有间隔，通信效率高。

同步字符	数据字符1	数据字符2	数据字符3	⫶	数据字符n	校验字符1	校验字符2

(a) 单同步字符帧格式

同步字符1	同步字符2	数据字符1	数据字符2	⫶	数据字符n	校验字符1	校验字符2

(b) 双同步字符帧格式

图 8.5　同步通信数据格式

在串行通信中，每秒传送的数据位数称为波特率。

8.2　串行口结构描述

MCS-51 的串行口是一个全双工的异步串行通信接口，可以同时发送和接收数据。全双工就是指两个单片机之间的串行数据可同时双向传输。异步通信是指收、发双方使用各自的时钟控制发送和接收过程，省去收、发双方的一条同步时钟信号线，使得异步串行通信连接更加简单且容易实现。

8.2.1　串行接口的结构

MCS-51 单片机串行口的内部结构如图 8.6 所示。串行口的内部有数据接收缓冲器和数据发送缓冲器，这两个数据缓冲器都用符号 SBUF 来表示。串行口由发送电路和接收电路两部分组成。图中有两个物理上独立的串行口接收、发送缓冲器 SBUF。SBUF（发送）用于存放将要发送的字符数据；SBUF（接收）用于存放串行口接收到的字符数据，数据的发送、接收可同时进行。SBUF（发送）和 SBUF（接收）同属于特殊功能寄存器 SBUF，占用同一个地址 99H。但发送缓冲器只能写入，不能读出；接收缓冲器只能读出，不能写入。因此,对 SBUF 进行写操作时,是把数据送入 SBUF(发送);对 SBUF 进行读操作时,读出的是 SBUF(接收)中的数据。

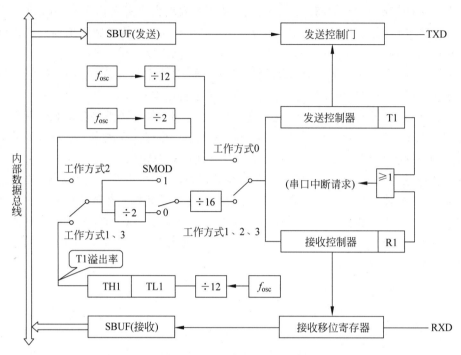

图 8.6   MCS-51 单片机串行口的内部结构

当单片机执行"写"SBUF 命令(如 SBUF＝a)时,将变量 a 中欲发送的字符送入 SBUF (发送)后,发送控制器在发送时钟的作用下,自动地在发送字符前、后添加起始位、停止位和其他控制位;然后,在发送时钟的控制下,逐位从 TXD 线串行发送字符帧。发送完毕,使发送中断标志 TI＝1,并发出串口发送中断请求。串行口在接收时,接收控制器会自动对 RXD 线进行监视。当确认 RXD 线上出现起始位后,接收控制器就从起始位后的数据位开始,将一帧字符中的有用位逐位移入接收缓冲寄存器 SBUF(接收),自动去掉起始位、停止位或空闲位,并使接收中断标志 RI＝1,发出串口接收中断请求。这时,只要执行"读"SBUF 命令(b＝SBUF),变量 b 便可以得到接收的数据。

8.2.2   串行接口的控制寄存器

与串行通信有关的特殊功能寄存器共有 4 个。

(1) 特殊功能寄存器 SCON:存放串行口的控制和状态信息。

(2) 特殊功能寄存器 PCON:最高位 SMOD 为串行口波特率的倍率控制位。

(3) 中断允许寄存器 IE:D4 位(ES)为串行口中断允许位。

(4) 中断优先级控制寄存器 IP:D4 位(PS)为串行口优先级控制位。

1. 串行口控制寄存器 SCON

串行口控制寄存器 SCON 各位描述如图 8.7 所示。它是一个特殊功能寄存器,地址为 98H,具有位寻址功能。SCON 用于设定串行口的工作方式、接收/发送控制以及设置状态标志等。

位序		7	6	5	4	3	2	1	0	
SCON	位名	SM0	SM1	SM2	REN	TB8	RB8	TI	RI	字节地址
	位地址	9FH	9EH	9DH	9CH	9BH	9AH	99H	98H	98H

图 8.7　串行口控制寄存器 SCON

各位功能说明如下。

（1）SM0 和 SM1（SCON.7 和 SCON.6）：串行口工作方式选择位。可选择 4 种工作方式，如表 8.1 所示。

表 8.1　串行口工作方式设置

SM0	SM1	工作方式	功　能	波　特　率
0	0	0	同步移位寄存器	$f_{osc}/12$
0	1	1	10 位异步收发（8 位数据）	可变，由定时器 1 控制
1	0	2	11 位异步收发（9 位数据）	$f_{osc}/64$ 或 $f_{osc}/32$
1	1	3	11 位异步收发（9 位数据）	可变，由定时器 1 控制

（2）SM2：多机通信控制位。

对于方式 2 和方式 3，如 SM2 置"1"，则只有接收到的第 9 位数据（RB8）为"1"，才激活接收中断标志位 RI，收到的数据才可以进入 SBUF，进而在中断或主函数中将数据从 SBUF 读取；而当 SM2 置为"0"时，则不论第 9 位数据是"0"还是"1"，都将前 8 位数据装入 SBUF，并置位 RI 产生中断请求。对于方式 1，如 SM2＝1，只有接收到有效停止位，才会将 RI 置"1"。对于方式 0，SM2 必须为"0"。

（3）REN：允许串行接收位。

REN 位用于控制串行数据的接收。由软件置位"1"，以允许接收；由软件清"0"，来禁止接收。

（4）TB8：发送的第 9 个数据位。

对于方式 2 和方式 3，TB8 的内容是要发送的第 9 位数据。需要时，其值由用户通过软件置位或复位。方式 0 和方式 1 该位未用。

（5）RB8：接收第 9 个数据位。可以用作数据的奇偶校验位，或在多机通信中，作为地址帧/数据帧的标志位。

对于方式 2 和方式 3，RB8 存放接收到的第 9 位数据。对于方式 1，如 SM2＝0，RB8 是接收到的停止位。对于方式 0，不使用 RB8。

（6）TI：发送中断标志。

在方式 0 下，串行发送完第 8 位数据后，该位由硬件置位。在其他方式下，开始串行发送停止位时，由硬件置"1"，并向 CPU 发出中断申请。TI 必须由软件清"0"。这就是说，TI 在发送前必须由软件复位，发送完一帧数据后由硬件置位。TI＝1，表示帧发送结束，其状态既可供软件查询使用，也可请求中断。

（7）RI：接收中断标志。

在方式 0 下，接收完第 8 位数据后，该位由硬件置位（"1"）。在其他方式下，接收到停止位中间时置位，必须由软件清"0"。

2. 电源管理寄存器 PCON

PCON 的字节地址为 87H，不能按位寻址，只能按字节寻址。各位的定义如图 8.8 所示。其中,只有1位SMOD与串行口工作有关,编程时只能使用字节操作指令对它赋值。

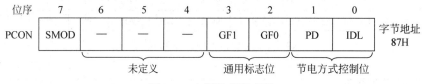

图8.8　电源控制寄存器

SMOD(PCON.7)是波特率倍增位。在串行口方式1、方式2、方式3中,用于控制是否倍增波特率。当SMOD=0时,波特率不倍增;当SMOD=1时,波特率提高1倍。

PCON的其余位只定义了4位。GF1、GF0为通用标志位,PD、IDL用于节电方式控制。前者为掉电控制位,后者为空闲控制位。

8.3　波特率的设定与定时器的关系

串行口每秒钟发送(或接收)的位数叫作波特率。设发送1位所需的时间为T,则波特率为$1/T$。定时器采用不同的工作方式,得到的波特率的范围不一样,这是由T1在不同工作方式下计数位数的不同决定的。在串行通信中,为了保证接收方能正确识别数据,收、发双方必须事先约定串行通信的波特率。MCS-51单片机在不同的串口工作方式下,其串行通信的波特率是不同的。其中,方式0和方式2的波特率是固定的;方式1和方式3的波特率是可变的,由定时器T1的溢出率决定。计算公式如下所述。

(1)方式0时,波特率固定为时钟频率f_{osc}的1/12,不受SMOD值的影响,即

$$波特率=f_{osc}/12 \tag{8-1}$$

若$f_{osc}=12MHz$(f_{osc}为单片机使用的晶振频率),波特率为1Mb/s。

(2)方式2时,波特率仅与SMOD位的值有关,即

$$波特率=f_{osc}\times 2^{SMOD}/64 \tag{8-2}$$

若$f_{osc}=12MHz$,SMOD=0,波特率=187.5Kb/s;SMOD=1,波特率=375Kb/s。

(3)方式1或方式3时,常用T1作为波特率发生器,其关系式为

$$波特率=(2^{SMOD}/32)\times T1的溢出率 \tag{8-3}$$

由此可见,T1溢出率和SMOD的值共同决定波特率。

在实际设定波特率时,T1常设置为方式2定时(自动装初值),即TL1作为8位计数器,TH1存放备用初值。这种方式操作方便,也避免因软件重装初值带来的定时误差。

设定时器T1方式2的初值为X,则有

$$定时器T1的溢出率=\frac{计数速率}{256-X}=\frac{f_{osc}/12}{256-X} \tag{8-4}$$

式(8-4)理解如下:TL1为8位计数器,范围0~255,加满后再加1,为256溢出。设初值为X,则定时器1每计$256-X$个数溢出1次,每计1个数为1个机器周期,也就是12个时钟周期,所以计1个数的时间为$12/f_{osc}$,那么溢出1次的时间为$(256-X)12/f_{osc}$,则T1的溢出率为溢出1次时间的倒数。

在单片机应用中,常用的晶振频率为6MHz或12MHz(或11.0592MHz)。为避免繁杂的计算,表8.2和表8.3列出了波特率和有关参数的关系,以便查用。

表8.2 常用波特率初值表

波特率/ (b/s)	晶振/ MHz	初 值 (SMOD=0)	初 值 (SMOD=1)	误差 /%	晶振/ MHz	初 值 (SMOD=0)	初 值 (SMOD=1)	误差(12MHz 晶振)/% (SMOD=0)	误差(12MHz 晶振)/% (SMOD=1)
300	11.0592	0xA0	0X40	0	12	0X98	0X30	0.16	0.16
600	11.0592	0XD0	0XA0	0	12	0XCC	0X98	0.16	0.16
1200	11.0592	0XE8	0XD0	0	12	0XE6	0XCC	0.16	0.16
1800	11.0592	0XF0	0XE0	0	12	0XEF	0XDD	2.12	−0.79
2400	11.0592	0XF4	0XE8	0	12	0XF3	0XE6	0.16	0.16
3600	11.0592	0XF8	0XF0	0	12	0XF7	0XEF	−3.55	2.12
4800	11.0592	0XFA	0XF4	0	12	0XF9	0XF3	−6.99	0.16
7200	11.0592	0XFC	0XF8	0	12	0XFC	0XF7	8.51	−3.55
9600	11.0592	0XFD	0XFA	0	12	0XFD	0XF9	8.51	−6.99
14400	11.0592	0XFE	0XFC	0	12	0XFE	0XFC	8.51	8.51
19200	11.0592	—	0XFD	0	12	—	0XFD	—	8.51
28800	11.0592	0XFF	0XFE	0	12	0XFF	0XFE	8.51	8.51

注：此表为串口方式1、方式3，定时器1方式2产生常用波特率时，TL1和TH1中所装入的值。

表8.3 常用波特率参数表

工作方式	波特率/(b/s)	f_{osc}/MHz	SMDO	定时器 T1 $C/\overline{T}$	定时器 T1 工作方式	定时器 T1 初值
方式0	0.5M	6	×	×	×	×
	1M	12	×	×	×	×
方式2	187.5K	6	1	×	×	×
	375K	12	1	×	×	×
方式1 或 方式3	62.5K	12	1	0	2	FFH
	19.2K	11.0592	1	0	2	FDH
	9600	11.0592	0	0	2	FDH
	4800	11.0592	0	0	2	FAH
	2400	11.0592	0	0	2	F4H
	1200	11.0592	0	0	2	E8H
	19.2K	6	1	0	2	FEH
	9600	6	1	0	2	FCH
	4800	6	0	0	2	FCH
	2400	6	0	0	2	F9H
	1200	6	0	0	2	F2H

例：若时钟频率为11.0592MHz，选用 T1 的方式2定时作为波特率发生器，波特率为9600b/s，求初值。

设 T1 为方式2定时，选择 SMOD=0。将已知条件代入式(8-3)，有

$$9600 = \frac{2^{SMOD}}{32} \times \frac{f_{osc}}{12(256-X)}$$

解：$X=253=$FDH。只要把 FDH 装入 TH1 和 TL1，则 T1 产生的波特率为9600b/s。也可直接从表8.2或表8.3中查到。这里，时钟振荡频率选为11.0592MHz，可使初值为整数，从而产生精确的波特率。

8.4 串行口的工作方式与典型应用举例

4种工作方式由SCON中的SM0、SM1位定义,编码详见表8.1所示串行口工作方式设置。

1. 方式0

串行口方式0被称为同步移位寄存器的输入/输出方式,主要用于扩展并行输入或输出口。当串行口工作于方式0时,RXD(P3.0)引脚用于输入或输出数据,TXD(P3.1)引脚用于输出同步移位脉冲。波特率固定为$f_{osc}/12$。发送和接收均为8位数据,低位在前,高位在后。SM2、RB8和TB8皆不起作用,通常将它们均设置为"0"状态。

方式0发送时,SBUF(发送)相当于一个并入串出的移位寄存器。当TI=0时,通过指令向发送数据缓冲器SBUF写入一个数据,启动串行口的发送过程。从RXD引脚逐位移出SBUF中的数据,同时从TXD引脚输出同步移位脉冲。这个移位脉冲提供与串口通信的外设,作为输入移位脉冲移入数据。当SBUF中的8位数据完全移出后,硬件电路自动将中断标志TI置"1",产生串口中断请求。如要再发送下一字节数据,必须用指令先将TI清"0",再重复上述过程。串口方式0的发送时序如图8.9所示。

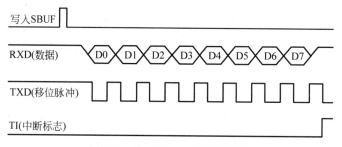

图8.9 串口方式0的发送时序

在方式0接收时,SBUF(接收)相当于一个串入并出的移位寄存器。当SCON中的接收允许位REN=1,并用指令使RI为"0"时,启动串行口接收过程。外设送来的串行数据从RXD引脚输入,同步移位脉冲从TXD引脚输出,供给外设,作为输出移位脉冲用于移出数据。当一帧数据完全移入单片机的SBUF后,由硬件电路将中断标志RI置"1",产生串口中断请求。接收方可在查询到RI=1后,或在串口中断服务程序中,将SBUF(接收)中的数据读走。如要再接收数据,必须用指令将RI清"0",再重复上述过程。串口方式0的接收时序如图8.10所示。

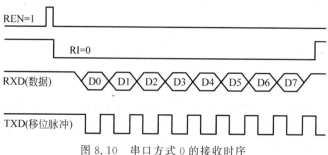

图8.10 串口方式0的接收时序

2．方式1

工作方式1时，串口被设定为10位异步通信口。通常情况下，单片机通信时，基本都选择方式1。掌握了这种工作方式，其他方式同理可学。TXD为数据发送引脚，RXD为数据接收引脚，所传送的字符帧格式如图8.11所示，发送时序如图8.12所示。

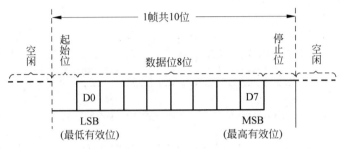

图 8.11　串口方式1的字符帧格式

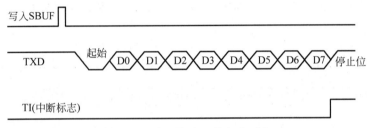

图 8.12　串口方式1的发送时序

在TI＝0时，当执行一条写SBUF的指令后，即可启动串行口发送过程：发送电路自动在写入SBUF中的8位数据前、后分别添加1位起始位和1位停止位。在发送移位脉冲作用下，从TXD引脚逐位送出起始位、数据位和停止位。发送完一个字符帧后，自动维持TXD线为高电平，并使发送中断标志TI置"1"，产生串口中断请求。通过软件将TI清"0"，可继续发送。

接收时序如图8.13所示。当使用命令使RI＝0，REN＝1时，串口开始接收过程。接收控制器先以速率为所选波特率的16倍的采样脉冲对RXD引脚电平采样，当连续8次采样到RXD线为低电平时，便可确认RXD线上有起始位。此后，接收控制器改为对第7、8、9这3个脉冲采样到的值进行位检测，并以"三中取二"原则来确定所采样数据的值。

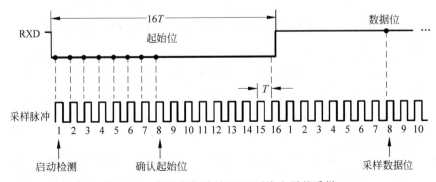

图 8.13　串口接收时对RXD引脚电平的采样

3. 方式2和方式3

将串行口定义为工作方式2或方式3时,串口被设定为11位异步通信口。TXD为数据发送引脚,RXD为数据接收引脚,所传送的字符帧格式如图8.14所示。

图8.14　串口方式2和方式3的字符帧格式

串口方式2和方式3的发送过程类似于方式1,如图8.15所示。不同的是,方式2和方式3有9位有效数据位。因此,发送时,除了通过写SBUF指令将8位数据装入SBUF(发送)外,还要把第9位数据预先装入SCON的TB8。第9位数据可以是奇偶校验位,也可以是其他控制位。

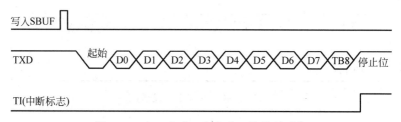

图8.15　串口方式2和方式3的发送时序

通常使TB8为"1"或"0",装入第9位数据;然后,再执行一条写SBUF指令,将低8位发送数据送入SBUF,便可启动发送过程。1帧字符发送完毕,TI=1。通过软件将其清"0"后,采用同样的方法发送下一个字符帧。

方式2和方式3的接收过程也和方式1类似,不同的是:方式1时,RB8中存放的是停止位;方式2和方式3时,RB8中存放的是第9位数据。

方式2和方式3正常接收时的时序如图8.16所示。其中,TB8被接收后存为RB8。

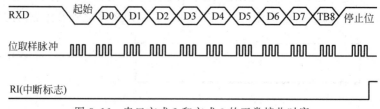

图8.16　串口方式2和方式3的正常接收时序

由于串口工作方式1应用比较常见,其他工作方式同理。

4. 应用实例的描述

在开发板上实现上位机和下位机通信功能。上位机采用串口助手,向下位机单片机发送数据,单片机收到数据后,点亮相应的发光二极管,并将发光二极管的状态返回上位机。

(1)串口通信应用实例原理图如图8.17所示。

USB转TTL串口下载及双USB供电单元

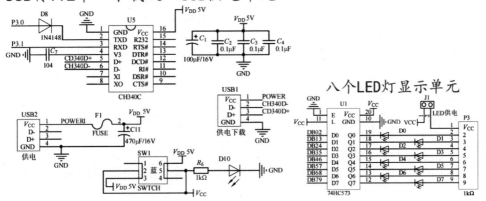

八个LED灯显示单元

STC89C52/RC单片机最小系统电路

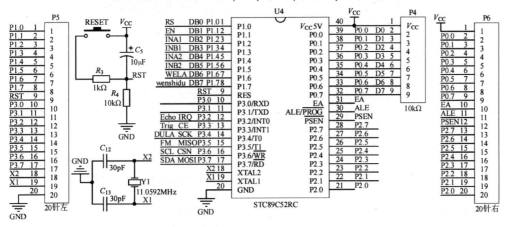

图 8.17 串口通信应用实例原理图

串口通信举例实物演示讲解

串口通信举例程序思路讲解

（2）程序如下。

```c
# include < reg52.h >              //52 系列头文件,特殊功能寄存器声明
# define uchar unsigned char       //宏定义,无符号字符型,8 位
uchar flag,a;                      //定义 flag a
void init()                        //初始化子函数体
{
    TMOD = 0x20;                    //设置定时器 T1 方式 2,目的是自动重装 8 位初值
    TL1 = 0xfd;                     //装初值,目的是设置波特率
    TH1 = 0xfd;
    TR1 = 1;                        //启动定时器 T1
```

```
    REN = 1;                        //允许串口接收
    SM0 = 0;                        //设定串口工作方式
    SM1 = 1;                        //方式1,SM0 = 0,SM1 = 1
    EA = 1;                         //开总中断
    ES = 1;                         //开串口中断
}
void main()                         //主函数
{
    init();                         //调用初始化子函数
    while(1)                        //循环
    {
        if(flag == 1)               //判断 flag 是否为 1,若为 1 表示接收到数据
        {
            ES = 0;                 //关闭串口中断
            flag = 0;               //赋值
            SBUF = a;               //单片机向计算机发送数据
            while(!TI);             //等待发送成功,发送成功 TI 为 1,否则为 0
            TI = 0;                 //发送成功后 TI 为 0,以便再次发送
            ES = 1;                 //打开串口中断
        }
    }
}
void ser() interrupt 4             //中断函数,中断号 4
{
    RI = 0;                         //发送、接收都能产生中断,由于开始没发送,
                                    //只能接收产生,RI = 0,下次才能接收
    P1 = SBUF;                      //点亮发光二极管
    a = SBUF;                       //把接收的数据赋值给变量 a
    flag = 1;                       //表示接收数据
}
```

（3）单片机与计算机通信应用实例效果如图 8.18 所示。

（4）程序分析如下。

① 要明确程序执行的流程,程序只走 main() 函数,while(1)前走 1 遍,然后进入 while 大循环,当上位机发送数据时,进入中断函数,P1 = SBUF,小灯显示数据 0xaa,二进制 10101010,把接收的数据利用 a＝SBUF 给变量 a。然后在主函数把 a 的数据利用 SBUF＝a 发送到上位机计算机。

② void ser() interrupt 4 中的 ser 可以修改,因为 4 是串口中断,见表 3.7,外部中断 0 对应 0,定时器 0 对应 1,外部中断 1 对应 2,定时器 1 对应 3,串口中断对应 4。

③ 一般在程序进入主函数 while(1)前要初始化参数,加一个延时函数,待设备稳定后 再进行控制,这里功能简单没有加。

④ 在进行串口通信时波特率一定要统一,即程序和上位机计算机配置波特率都是 9600b/s。

⑤ SBUF 的使用要明确,a＝SBUF 表示单片机接收数据;SBUF＝a 表示单片机发送 数据。虽然 SBUF 看似一样,但实际上是两个寄存器。

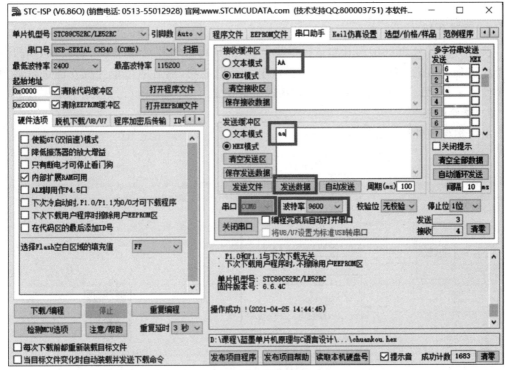

(a) 串口助手显示内容

(b) 对应小灯显示内容

图 8.18 单片机与计算机通信应用案例实物图

8.5 串行口案例目标的实现

案例目标的描述：准备两块开发板，3根杜邦线，参考开发板原理图，进行双机通信。两个单片机的 P3.0/RXD 和 P3.1/TXD 用两根杜邦线互连，GND 也用一根杜邦线连接。当一块开发板按键被按下时，另一块开发板对应的发光二极管点亮，以 4 个按键对应 4 个小灯为例。

1. 思路分析

波特率设置为 9600b/s，开始进行单步调试，保证每个单片机程序编写都正确。先让每个单片机和上位机 STC 下载软件中的串口单元通信成功，然后两个单片机互连进行通信。一个作为主机，另一个作为从机，下载程序时分开下载。

2. 硬件框图

串口案例硬件框图如图 8.19 所示。

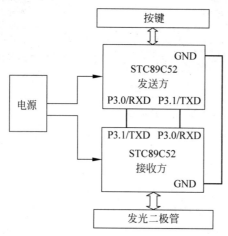

串口通信案例
实物演示与
程序思路讲解

图 8.19　串口案例硬件框图

3. 原理图

串口案例原理图如图 8.20 所示。

说明：将发射端最小系统的 P3.1/TXD、P3.0/RXD、GND 用导线分别连接接收端最小系统的 P3.0/RXD、P3.1/TXD、GND。

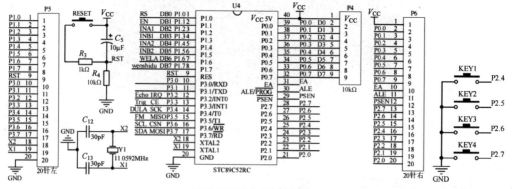

(a) 发射端最小系统原理图

图 8.20　串口案例原理图

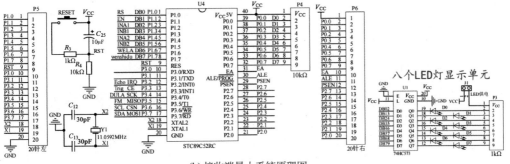

(b) 接收端最小系统原理图

图 8.20(续)

4. 程序

(1) 发送

```c
#include<reg52.h>              //52 系列头文件,特殊功能寄存器声明
#define uchar unsigned char    //宏定义,无符号字符型,8 位,0~255
#define uint unsigned int      //宏定义,无符号整型,16 位,-128~127
sbit key1 = P2^4;              //声明按键
sbit key2 = P2^5;
sbit key3 = P2^6;
sbit key4 = P2^7;
void init()                    //将串口配置部分定义初始化子函数
{
    TMOD = 0x20;               //设置 T1 方式 2
    TL1 = 0xFD;                //设置波特率 9600b/s,装初值
    TH1 = 0xFD;
    TR1 = 1;                   //启动 T1
    EA = 1;                    //开总中断
    REN = 1;                   //允许串口接收
    SM0 = 0;                   //设置串口方式 1
    SM1 = 1;
}
void main()                    //主函数
{
    init();                    //调用初始化子函数
    while(1)                   //循环
    {
      if(key1 == 0)            //判断 key1 是否被按下
      {
          SBUF = 0xfe;         //向从机发送数据 11111110,第 0 个灯亮
          while(!TI);          //等待发送成功,发送成功 TI 为 1;否则为 0
          TI = 0;              //TI 清零,以便下次发送
      }                        //下同
      if(key2 == 0)
      {
          SBUF = 0xfd;         //向从机发送数据 11111101,第 1 个灯亮
          while(!TI);
          TI = 0;
      }
```

```
        if(key3 == 0)
        {
            SBUF = 0xfb;                          //向从机发送数据 11111011,第 2 个灯亮
            while(!TI);
            TI = 0;
        }
        if(key4 == 0)
        {
            SBUF = 0xf7;                          //向从机发送数据 11110111,第 3 个灯亮
            while(!TI);
            TI = 0;
        }
    }
}
```

（2）接收

```
# include < reg52.h>                             //52 系列头文件,特殊功能寄存器声明
# define uchar unsigned char                     //宏定义,无符号字符型,8 位,0～255
# define uint unsigned int                       //宏定义,无符号整型,16 位, - 128～127
void init()                                      //将串口配置部分初始化子函数
{
    TMOD = 0x20;                                 //设置 T1 方式 2
    TL1 = 0xFD;                                  //设置波特率 9600b/s,装初值
    TH1 = 0xFD;
    TR1 = 1;                                     //启动 T1
    EA = 1;                                      //开总中断
    REN = 1;                                     //允许串口接收
    SM0 = 0;                                     //设置串口方式 1
    SM1 = 1;
}
void main()                                      //主函数
{
    init();                                      //调用初始化子函数
    while(1)                                     //循环
    {
        if(RI == 1)                              //判断是否有数据接收,TI = 1 表示接收到了数据
        {
            RI = 0;                              //RI 清零,可以继续接收数据
            P1 = SBUF;                           //从 SBUF 读取数据给 P1 口,点亮对应小灯
        }
    }
}
```

5. 实物效果图

串口案例实物效果如图 8.21 所示。图中,下面的开发板为主机发射端,上面的开发板为从机接收端。

6. 程序分析

（1）下载时要把连接两个单片机杜邦线都拔掉,待下载成功后再连接。如果两个单片机开发板用两根 USB 线下载和供电,会出现两个 COM 口,STC 软件下载时要选择好对应的 COM 口,如果用一个 USB 分别下载并供电,要多一根杜邦线连接两块开发板的 V_{CC}。连接杜邦线时要关闭电源。两个单片机系统的波特率设置必须相同。测试时,使每个单片机

图 8.21　串口双机通信主机按动 KEY1,从机
显示第 0 个灯亮实物效果图

在同一波特率下与计算机通信成功,再让这两个单片机通信。测试时发现有时串口得到的
数据是乱的,这可能是在刚上电时或下载时 TXD、RXD 的干扰信号造成的。一般在通信时
设置标志位,以防误干扰,即用某个不影响正常程序的数据作为开头或结尾,再选取所需要
的数据。

(2) 当单片机发送或接收 1 帧数据时,如果打开串口中断 ES=1,就会进入中断服务函
数;发送时,最好关闭串口中断,此时通过查询 TI 或 RI 是否得 1,可知是否发送成功或接
收成功 1 帧数据(注意,如果 ES=1,不管是发送还是接收 1 帧数据,程序都会进入串口中断
服务函数)。本程序主机和从机都是采用串口查询的方式编写的,没有使用串口中断的方
式,即只需要判断 TI 和 RI 是否等于 1 就知道发送和接收数据是否成功。

(3) 以下是在实际工程或创新比赛中经常用到的串口中断服务程序,供参考借鉴。以
0x0d 和 0x0a 为结束标志,对应的字符为'\r'和'\n'。如果在串口助手上,就是回车键。这个
中断程序的意思是将接收到的数据都放在数组里,如果最后收到了结束标志,之前的数据就
认为是有效的,可以放到主函数中使用。

```
void UartInterruptReceive(void) interrupt 4
{
    unsigned char tmp = 0;
    uchar i = 0;
    ES = 0;                                //关闭串口 2 中断
    if(RI == 1)
    {
        RI = 0;
```

```
        tmp = SBUF;
        GsmRcv[GsmRcvCnt] = tmp;
        GsmRcvCnt++;
        if(GsmRcv[GsmRcvCnt-2] == 0x0d&&GsmRcv[GsmRcvCnt-1] == 0x0a && GsmRcvCnt >= 2)
        {
            for(i = 0; i < GsmRcvCnt; i++)
            {
                GsmRcvAt[i] = GsmRcv[i];
                GsmRcv[i] = 0;
            }
            GsmRcvCnt = 0;
            GsmAtFlag = 1;
        }
        else if(GsmRcvCnt >= 300)
        {
            GsmRcvCnt = 0;
        }
    }
    ES = 1;
}
```

（4）串口通信的 Proteus 仿真设置有点复杂，而且只能仿真基础内容，相关配置见本书配套开发板全程教学及视频资源。串口通信应用非常广泛，比如，蓝牙通信、GSM 手机模块通信、Wi-Fi 通信。由于篇幅有限，关于开发板串口通信相关模块的应用学习也是见本书配套开发板教学及视频资源。

习题与思考题

1. 简述串行异步通信的特点。

2. 简述串行口接收和发送数据的过程。

3. 与串行通信有关的特殊功能寄存器有几个？其作用是什么？

4. 用表格说明如何选择串口工作方式？各工作方式的波特率如何确定？

5. 写出定时器 T1 的溢出率公式，如何理解？写出推导过程。

6. 若时钟频率为 11.0592MHz，选用 T1 的方式 2 作为波特率发生器，SMOD 为 0，波特率为 9600b/s，求初值。

7. 对本节实例和案例目标的程序进行如下深入性的研究。

（1）对原理图连线和程序引脚定义的一致性进行研究。

（2）对实物和仿真现象进行研究。

（3）对程序的执行过程进行研究，画出程序流程图。

（4）对程序的每一行进行详细的注释。

（5）对实例的功能进行改编，并对程序进行改动，达到学以致用的目的。

实践应用习题

1. 在"STC 下载软件"上的串口通信单元，发送一个字节数据，开发板单片机收到后每隔 1s 向上位机软件发送 1 字节变量的数据，试编写程序并验证实物效果。

2. 开发板单片机向上位机"STC下载软件"发送一串字符"AT＋CMGS＝23\r",编写程序,要求发送字符串写为带有形参的子函数 Uart1Sends()。

3. 上位机"STC下载软件"向开发板单片机发送十六进制数据 FA1234,即第一个字节是 0xFA,第二个字节是 0x12,第三个字节是 0x34。下位机单片机收到 0xFA 的标志后,再把后两个数据返回到上位机。请根据开发板原理图编写程序并验证实物效果。

4. 上位机"STC下载软件"向开发板单片机发送十六进制数据 FA1234FB,即第 1 个字节是 0xFA,第 2 个字节是 0x12,第 3 个字节是 0x34,第 4 个字节是 0xFB。下位机单片机收到 0xFA 开始标志、0xFB 结束标志位后,再把中间两个数据返回到上位机。请根据开发板原理图编写程序并验证实物效果。

5. 已知,在 Windows 系统下,回车是由两个字符'\r'、'\n'构成的,回车代码：'\r',十六进制,0x0D,回车的作用只是移动光标至该行的起始位置；换行代码：'\n',十六进制,0x0A,换行至下一行行首起始位置。上位机"STC下载软件"向开发板单片机发送十六进制数据 1234560D0A,下位机单片机收到回车换行字符串"\r\n"的标志后,再把两个数据返回给上位机。请根据开发板原理图编写程序,并考虑传输数据量的通用性。

6. 已知单片机串口通信可以像 C 语言 printf() 函数一样自由输出,方法为头文件加入 <stdio.h>,初始化配置 REN 放到 SM1、SM0 后,并且 Ti＝1。写法参考为 printf("\r\n 您发送的消息为：%d\r\n\r\n",(int)a)。其中,"\r\n"是回车换行命令,使用这种方法编写程序,使单片机向上位机软件发送变量 a 的值。

7. (工程师思想创新实践应用提高题)在开发板中实现双机通信功能,设 A 机主要为发送单片机,B 机主要为接收单片机。B 机给 A 机发送指令数据,然后 A 机再向 B 机发送两个 unsigned char 型变量数据。B 机需要判断选择第几个变量,收到数据后小灯显示有相应的变化。请编写程序,具体内容自行设计。

8. (工程师思想创新实践应用提高题)确定一款蓝牙模块,查找资料,完成蓝牙串口通信的设计。目标：通过手机 APP 蓝牙软件控制开发板上的小灯点亮。

工程师思想调试过程如下。

(1) 调试蓝牙模块是否正常。连接硬件,将开发板上的单片机拔掉,用蓝牙模块代替,开发板上的 TXD/P3.1 连接蓝牙模块的 TXD,RXD/P3.0 连接蓝牙模块的 RXD,V_{CC} 和 GND 分别供电。参见蓝牙模块使用说明书,上位机"STC下载软件"一般选择波特率 9600b/s,配置好并打开串口,向开发板连接的蓝牙发送文本"AT＋回车",如果返回 OK,说明蓝牙模块正常,可继续按说明书配置。然后下载一款手机蓝牙串口软件 APP,将单片机上电,上位机配置方式不变,蓝牙配对成功后,用 APP 发送数据,观察上位机接收端接收数据是否成功。注意连线时,电源要关闭,APP 写数据要注意是字符还是十六进制形式。

(2) 调试开发板单片机串口通信是否正常。去掉蓝牙模块,插入单片机,连接硬件,编写程序,使控制小灯的 P1 口接收 SBUF 数据并显示,波特率和第(1)步相同。上位机"STC下载软件"向开发板单片机发送数据,如果通信成功,小灯点亮情况是预期,说明单片机串口通信功能正常。

(3) 综合测试。在前两步的基础上,将蓝牙插入开发板上的"蓝牙通信"排母,使用 APP 软件,发送数据,直到单片机小灯的响应符合预期说明控制成功。

9. (工程师思想创新实践应用提高题)下图为一款 SIM900A 模块实物图,查找资料,完成手机 GSM 模块 SIM900 串口通信的设计。目标:手机发短信,可以控制开发板上的小灯点亮。

工程师思想调试过程如下。

(1) 调试 SIM900 模块是否正常。插入 SIM 卡,连接硬件,将开发板上的单片机拔掉,用 SIM900 模块代替,开发板上的 TXD/P3.1 连接 SIM900 模块的 TXD,RXD/P3.0 连接 SIM900 模块的 RXD,VCC 和 GND 分别供电。参见说明书,上位机"STC 下载软件"一般选择波特率 9600b/s,配置好并打开串口,向开发板连接的 SIM900 发送文本"AT＋回车",如果返回 OK,说明模块正常,可继续按说明书配置。然后用手机向该卡号发送一条短信,观察上位机接收端接收数据是否成功。注意连线时,电源要关闭。

(2) 调试开发板单片机是否正常。去掉 SIM900 模块,插入单片机,连接硬件,编写程序,使控制小灯的 P1 口接收 SBUF 数据并显示,波特率和第(1)步相同。上位机"STC 下载软件"向开发板单片机发送数据,如果通信成功,小灯点亮情况是预期,说明单片机通信正常。

(3) 综合测试。在前两步的基础上,将开发板上的 TXD/P3.1 连接 SIM900 模块的 RXD,RXD/P3.0 连接 SIM900 模块的 TXD,VCC 和 GND 分别供电。继续发送短信,直到单片机小灯的响应符合预期说明控制成功。

10. (工程师思想创新实践应用提高题)下图为一款 ESP8266 Wi-Fi 无线模块实物图,查找资料,完成 ESP8266 Wi-Fi 无线通信的设计。目标:计算机或者手机可以通过 Wi-Fi 的形式控制开发板上的小灯点亮。调试方法与第 8、9 题类似。

第 **9** 章

51单片机扩展与接口技术

9.1 案例目标 14 可调数字时钟液晶显示系统设计

液晶显示器(LCD)具有功耗低、体积小、重量轻、超薄等许多其他显示器无法相比的优点,广泛应用于便携式电子产品中。它不仅省电,而且能够显示大量的信息,如文字、曲线、图形等,其显示界面较之数码管有了质的提高。近年来,液晶显示技术发展很快,LCD 显示器已经成为仅次于显像管的第二大显示产业。单片机液晶显示系统主要是指单片机以及由单片机驱动的点阵式液晶显示屏所组成的显示系统,近几年来被广泛用于单片机控制的智能仪器、仪表和低功耗电子产品中。液晶显示器分为字符型 LCD 显示模块和点阵型 LCD 显示模块。字符型 LCD 是一种用 5×7 点阵图形来显示字符的液晶显示器。点阵型液晶可显示用户自定义的任意符号和图形,并可卷动显示。它作为便携式单片机系统人机交互界面的重要组成部分,被广泛应用于实时检测和显示的仪器仪表中。

本节将介绍 LCD1602 和 LCD12864 的使用方法。

9.1.1 LCD1602 液晶控制原理

LCD1602 液晶是一种字符型点阵式液晶模块(Liquid Crystal Display Module,LCM),或字符型 LCD,实物图如图 9.1 和图 9.2 所示。LCD 是指液晶显示器;LCM 是指整个液晶显示模组,包括 LCD、驱动、背光等。LCD1602 分为带背光和不带背光两种,带背光的比不带背光的厚。是否带背光,在应用中并无差别。LCD1602 字符液晶在实际产品中运用比较多,对于学习单片机而言,掌握 LCD1602 的用法是每一个学习者必然要经历的过程。在此总结使用 LCD1602 的方法,给初学者一点指导,使其少走一点弯路。

所谓 LCD1602,是指显示的内容为 16×2,即可以显示 2 行,每行 16 个字符。目前市面上的字符液晶绝大多数基于 HD44780 液晶芯片,控制原理完全相同。基于 HD44780 写的控制程序可以很方便地应用于市面上大部分的字符型液晶。绝大多数 LCD1602 模组也是基于 HD44780 液晶芯片的,本节以并行操作为主来介绍。

图 9.1　LCD1602 液晶实物图正面　　　　图 9.2　LCD1602 液晶实物图背面

1. 引脚定义

LCD1602 液晶引脚定义如表 9.1 所示。

表 9.1　LCD1602 液晶引脚定义

编号	符号	引脚说明	编号	符号	引脚说明
1	V_{SS}	电源地	9	D2	数据
2	V_{DD}	电源正极	10	D3	数据
3	VL	液晶显示偏压	11	D4	数据
4	RS	数据/命令选择	12	D5	数据
5	R/W	读/写选择	13	D6	数据
6	E	使能信号	14	D7	数据
7	D0	数据	15	BLA	背光源正极
8	D1	数据	16	BLK	背光源负极

2. 引脚功能总结

采用并行接口方式,有 16 个引脚,各引脚的功能及使用方法如下所述。

(1) V_{SS}(引脚 1):电源地。

(2) V_{DD}(引脚 2):电源正极,接+5V 电源。

(3) VL(引脚 3):液晶显示偏压信号。即调节液晶的对比度,通常接滑动变阻器。

(4) RS(引脚 4):数据/指令寄存器选择端。高电平时,选择数据寄存器;低电平时,选择指令寄存器。

(5) R/W(引脚 5):读/写选择端。高电平时为读操作,低电平时为写操作。

(6) E(引脚 6):使能信号,下降沿触发。

(7) D0~D7(引脚 7~14):I/O 数据传输线。

(8) BLA(引脚 15):背光源正极。

(9) BLK(引脚 16):背光源负极。

3. 显示位与 RAM 的对应关系(地址映射)

控制器内部带有 80×8b 的 RAM 缓冲区,显示位与 RAM 地址的对应关系(十六进制 HEX 形式)如图 9.3 所示。

00~0F 地址对应第一行,40~4F 地址对应第二行。当向图 9.3 中所示任一地址写入显示数据时,液晶可以正常显示出来;但是写入到 10~27 或 50~67 地址处时,必须通过移屏指令显示。在写数据前,先要通知液晶(第 1 行前 16 个和第 2 行前 16 个地址)显示在哪个位置,显示地址通过写命令实现。例如,要想在第一行第一个位置显示数据,要写命令地址 0x80+0x00。

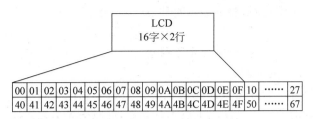

图 9.3　LCD1602 内部 RAM 地址映射图

4．状态字说明

状态字说明如表 9.2 所示。

表 9.2　状态字说明

STA7 D7	STA6 D6	STA5 D5	STA4 D4	STA3 D3	STA2 D2	STA1 D1	STA0 D0
STA0~STA6		当前地址指针的数值					
STA7		读/写操作使能			1—禁止　0—允许		

说明：当 STA7 为"0"时，才可以进行读/写操作，即每次读/写操作之前，都要确保 STA7 为"0"，才能读/写成功。但是单片机的操作速度往往慢于液晶控制器的反应速度，因此只需要简短延时即可，不必检测。

5．指令操作

LCD1602 液晶模块内部的控制器共有 11 条控制指令，如表 9.3 所示。

表 9.3　LCD1602 液晶模块控制器指令

序号	指　　　令	RS	R/W	D7	D6	D5	D4	D3	D2	D1	D0
1	清显示	0	0	0	0	0	0	0	0	0	1
2	光标返回	0	0	0	0	0	0	0	0	1	*
3	置输入模式	0	0	0	0	0	0	0	1	I/D	S
4	显示开/关控制	0	0	0	0	0	0	1	D	C	B
5	光标或字符移位	0	0	0	0	0	1	S/C	R/L	*	*
6	置功能	0	0	0	0	1	DL	N	F	*	*
7	置字符发生存储器地址	0	0	0	1	字符发生存储器地址					
8	置数据存储器地址	0	0	1	显示数据存储器地址						
9	读忙标志或地址	0	1	BF	计数器地址						
10	写数到 CGRAM 或 DDRAM	1	0	要写的数据内容							
11	从 CGRAM 或 DDRAM 读数	1	1	读出的数据内容							

说明："1"为高电平，"0"为低电平，"*"表示"1"或"0"均可。

LCD1602 液晶模块的读/写操作、屏幕和光标的操作都是通过指令编程实现的。

(1) 指令 1：清显示，指令码 01H，光标复位到地址 00H 位置。

(2) 指令 2：光标复位，光标返回到地址 00H。

(3) 指令 3：

① I/D=1，当读或写一个字符后，地址指针加 1，且光标加 1。

② I/D=0，当读或写一个字符后，地址指针减 1，且光标减 1。

③ S=1,当写一个字符时,整屏显示左移(I/D=1)或右移(I/D=0),得到光标不移动而屏幕移动的效果。

④ S=0,当写一个字符时,整屏显示不移动。

(4) 指令4:显示开关控制。

① D:控制整体显示的开与关。高电平表示开显示,低电平表示关显示。

② C:控制光标的开与关。高电平表示有光标,低电平表示无光标。

③ B:控制光标是否闪烁。高电平,闪烁;低电平,不闪烁。

(5) 指令5:

① S/C=0,R/L=0:光标左移。

② S/C=0,R/L=1:光标右移。

③ S/C=1,R/L=0:整屏左移,光标跟随移动。

④ S/C=1,R/L=1:整屏右移,光标跟随移动。

(6) 指令6:功能设置命令。

① DL:高电平时为8位总线,低电平时为4位总线。

② N:低电平时为单行显示,高电平时双行显示。

③ F:低电平时,显示5×7的点阵字符;高电平时,显示5×10的点阵字符。

(7) 指令7:字符发生器RAM地址设置。

(8) 指令8:DDRAM地址设置。

(9) 指令9:读忙信号和光标地址。

BF:忙标志位。高电平表示忙,此时模块不能接收命令或者数据;如果为低电平,表示不忙。

(10) 指令10:写数据。

(11) 指令11:读数据。

注意:以上11条指令在实际编程时并不是都使用,根据实际情况选用。

6．基本操作时序

与HD44780相兼容的芯片时序如表9.4所示。

表9.4 LCD1602芯片时序的输入与输出

操作时序	输　　入	输　　出
读状态	RS=L,RW=H,E=H	D0~D7=状态字
写指令	RS=L,RW=L,D0~D7=指令码,E=高脉冲	无
读数据	RS=H,RW=H,E=H	D0~D7=数据
写数据	RS=H,RW=L,D0~D7=数据,E=高脉冲	无

7．读/写操作时序

LCD1602液晶读/写时序图如图9.4所示。

注意:一般情况下,主要是执行写操作。

8．初始化过程

(1) 清屏指令码:0x01。

(2) 显示模式设置指令码:0x38,设置16×2显示、5×7点阵、8位数据。

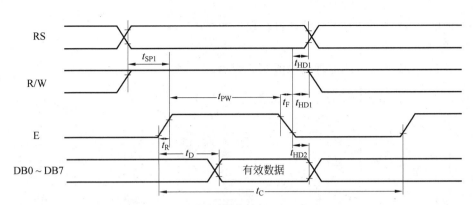

(a) 读操作时序

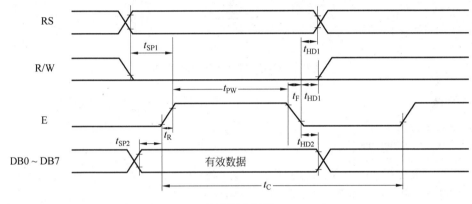

(a) 写操作时序

图 9.4　LCD1602 液晶读/写时序图

（3）显示屏显示开或关及光标的设置如下。

① 指令码：0x0e，LCD 显示开启，显示光标且光标不闪烁。

② 指令码：0x0f，LCD 显示开启，显示光标且光标闪烁。

③ 指令码：0x0c，LCD 显示开启，不显示光标且光标不闪烁。

以 0x0c 为例，0x0c 为十六进制数，转化为二进制数是 00001100，从右到左分别与表 9.3 中所示的 D0～D7 对应。

（4）LCD 内部指针移动方向及光标移动方向如下。

① 指令码：0x06，地址指针和光标右移（即后移）。

② 指令码：0x04，地址指针和光标左移（即前移）。

另外，整屏左移指令码是 0x18；整屏右移指令码是 0x1c。

9.1.2　LCD1602 液晶应用实例

1. 实例 1

实例描述：根据开发板原理图，编写程序，在液晶 LCD1602 上显示两行字符。第一行显示"I LOVE MCU!　1"，第二行显示"BEST 2021 ^_^!"。

1）思路分析

本实例是研究 LCD1602 的基本显示原理，只有能够控制液晶显示字符了，才能证明液晶是好使的,才能进一步和其他功能进行程序的合成。

2）原理图

开发板 LCD1602 液晶原理图如图 9.5 所示。

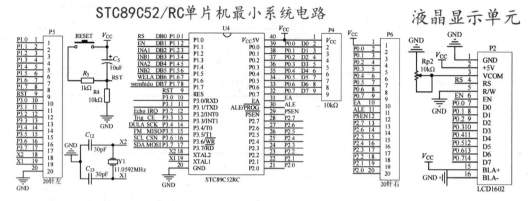

图 9.5　LCD1602 应用实例原理图

3）程序

```
# include < reg52.h>
# define uchar unsigned char
# define uint unsigned int
uchar code table1[ ] = "I LOVE MCU! 1";         //字符串数组
uchar code table2[ ] = "BEST 2021 ^_^!";
uchar num;                                      //定义变量取值范围 0～255
sbit lcdrs = P1^0;                              //定义液晶控制引脚,注意 RW 已接 GND,只写,无须控制
sbit lcden = P1^1;                              //定义液晶控制引脚
sbit wela = P1^6;                               //开发板实物效果演示用,防止数码管亮
void delay(uint z)                              //延时函数
{
    uint x,y;
    for(x = z;x > 0;x -- )
    for(y = 110;y > 0;y -- );
}
void write_com(uchar com)                       //写命令函数,按照图 9.4 时序图写
{
    lcden = 0;
    lcdrs = 0;
    P0 = com;
    delay(5);
    lcden = 1;
    delay(5);
    lcden = 0;
}
void write_date(uchar date)                     //写数据函数
{
    lcden = 0;
    lcdrs = 1;
    P0 = date;
```

LCD1602 液晶应用
举例 1 实物演示
与程序思路讲解

```
        delay(5);
        lcden = 1;
        delay(5);
        lcden = 0;
    }
    void lcdinit()
    {
        wela = 0;
        write_com(0x38);                        //见图 9.3,将十六进制数转换为二进制数后一位一
                                                //位地对比

        write_com(0x0c);
        write_com(0x06);
        write_com(0x01);
    }
    void LCD1602_Display()                      //显示函数
    {
        write_com(0x80);                        //显示位置,第 1 行第 0 个位置
        for(num = 0;table1[num]!= '\0';num++)   //判断显示结束因字符串最后一位自动加'\0'
        {
            write_date(table1[num]);
            delay(5);
        }
        write_com(0x80 + 12);                   //显示位置,第 1 行第 12 个位置
        //write_date('0' + 1);                  //显示字符'1'的三种方法
        //write_date(48 + 1);
        write_date(0x30 + 1);

        write_com(0x80 + 0x40);                 //显示位置,第 2 行第 0 个位置
        for(num = 0;table2[num]!= '\0';num++)
        {
            write_date(table2[num]);
            delay(5);
        }
    }
    void main()
    {
        lcdinit();                              //液晶初始化
        LCD1602_Display();                      //显示内容
        while(1);                               //程序待在这里,上面内容只需运行 1 次
    }
```

4) 实物效果图

LCD1602 应用实例 1 的实物效果图如图 9.6 所示。

5) 仿真效果图

LCD1602 应用实例 1 的仿真效果图如图 9.7 所示。

6) 程序分析

(1) 根据表 9.3,初始化中几个命令的解释。

write_com(0x38); 设置 16×2 显示,5×7 点阵,8 位数据接口。

write_com(0x0c); 设置显示光标,不显示光标。

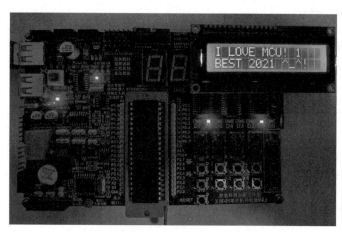

图 9.6　LCD1602 应用实例 1 实物效果图

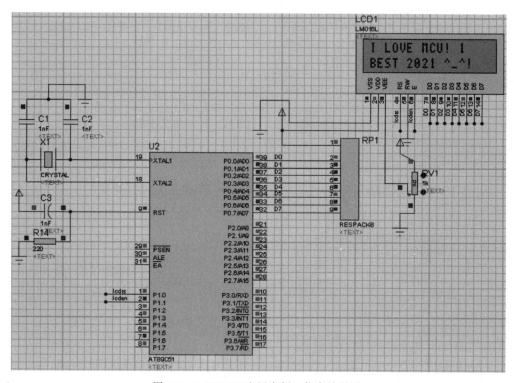

图 9.7　LCD1602 应用实例 1 仿真效果图

write_com(0x06)；写一个字符后地址指针自动加 1。

write_com(0x01)；显示清 0，数据指针清 0。

write_com(0x80)；将数据指针定位到第一行第一处。

（2）write_date( )和 write_com( )函数是液晶显示控制的基础，需要参考图 9.4 时序图。

（3）液晶显示的是字符，要参考附录 A 和附录 B 关于 ASCII 码和液晶标准字符的知识，比如液晶显示字符'1'，在附录 A 对应的十进制 49，十六进制 0x31。这三种方法表示的内容其实是一样的。比如上面写 write_date(0x30+1)即显示字符'1'，可以改为 write_date

(48+1),又可以改为 write_date('0'+1),0x30 对应字符'0'。

(4) 程序思路在程序关键位置均已注释,要补充的是,程序从 main()函数开始运行,初始化和显示后,便在 while(1)里死循环。液晶和数码管不同,数码管的动态显示需要循环运行显示程序,而液晶只需要写一次程序就会留存显示,所以在实际项目中用液晶比较多。

2. 实例 2

实例描述:根据开发板原理图,编写程序,在液晶 LCD1602 上显示"年月日时分秒",1s 加 1,实现时钟显示功能。

1) 思路分析

本程序主要涉及 51 单片机 I/O 口控制、定时器中断、液晶 LCD1602 控制方法。第 7 章定时器案例目标已经介绍过使用数码管进行时钟显示,这里显示部分变为液晶。首先保证液晶显示数据正常,并且定时器控制小灯点亮正常,然后进行程序的合成。在合程序过程中,以一个为模板,把另一个程序中有用的内容一点点复制、粘贴、修改,并经常编译,看是否有错误,是否和预期效果相同。

2) 原理图

实例 2 原理图见图 9.5。

3) 程序

```
#include <reg52.h>
#define uchar unsigned char
#define uint unsigned int
uchar miao = 13, fen = 12, shi = 11;        //定义时间初值
uchar code Time_Table[] = "2021-7-27 2";    //显示年、月、日、星期
uchar num,t;                                //定义变量取值范围 0~255
sbit lcdrs = P1^0;                          //定义液晶控制引脚,注意 RW 已接 GND,只写,无须控制
sbit lcden = P1^1;                          //定义液晶控制引脚
sbit wela = P1^6;                           //开发板实物效果演示用,防止数码管亮
void delay(uint z)                          //延时函数
{
    uint x,y;
    for(x=z;x>0;x--)
    for(y=110;y>0;y--);
}
void write_com(uchar com)                   //写命令函数,按照图 9.4 时序图写
{
    lcden = 0;
    lcdrs = 0;
    P0 = com;
    delay(5);
    lcden = 1;
    delay(5);
    lcden = 0;
}
void write_date(uchar date)                 //写数据函数,按照图 9.4 时序图写
{
    lcden = 0;
```

LCD1602 液晶应用举例 2 实物演示与程序思路讲解

```
        lcdrs = 1;
        P0 = date;
        delay(5);
        lcden = 1;
        delay(5);
        lcden = 0;
    }
    void Display(uchar add,uchar date)        //显示函数
    {
        uchar shi,ge;
        shi = date/10;                        //因液晶需要一位一位显示,所以将两位数据分离为十位
        ge = date % 10;                       //将两位数据分离为个位
        write_com(0x80 + 0x40 + add);
        write_date(0x30 + shi);               //液晶显示的是字符,字符'0'对应的 ASCII 码十六进制是 0x30
        write_date(0x30 + ge);                //字符'0'对应的 ASCII 码十进制值是 48,见附录 A 和附录 B
    }
    void lcdinit()
    {
        wela = 0;
        write_com(0x38);                      //见表 9.3 液晶控制器指令,十六进制数转换为二进制数
                                              //后一位一位地对比
        write_com(0x0c);
        write_com(0x06);
        write_com(0x01);
        write_com(0x80 + 3);
        for(num = 0;Time_Table[num]!= '\0'; num++)    //字符串定义自动加'\0'
        {
            write_date(Time_Table[num]);
            delay(5);
        }
        write_com(0x80 + 0x40 + 6);           //在 shi 的个位后显示':'
        write_date(':');
        delay(5);
        write_com(0x80 + 0x40 + 9);           //在 fen 的个位后显示':'
        write_date(':');
        delay(5);
        Display(4,shi);
        Display(7,fen);
        Display(10,miao);
    }
    void Time0_Init()
    {
        TMOD = 0x01;                          //定时器 T0 使用工作方式 1
        TH0 = (65536 - 45872)/256;            //晶振 11.0592MHz,基本定时 50ms,256 整数倍放到 TH0
      TL0 = (65536 - 45872) % 256;            //不足 256 放到 TL0
        EA = 1;                               //"开总闸",开总中断
        ET0 = 1;                              //"开分闸",开定时器 0 中断
        TR0 = 1;                              //启动定时器 0 计数,从 65536 - 45972 开始加数,加到
```

```
                                    //65536 即 50ms 中断
}
void main()
{
    lcdinit();                      //液晶初始化
    Time0_Init();
    while(1);                       //程序待在这里,上边液晶和定时器初始化内容只需运行1次
}
void timer0() interrupt 1           //进入定时器 0 中断
{
    TH0 = (65536 - 45872)/256;      //进到中断后重新赋初值,保证每次 50ms 中断 1 次
    TL0 = (65536 - 45872) % 256;
    t++;
    if(t == 20)                     //如果 t == 20 成立,正好 50 × 20ms,即 1s
    {
        t = 0;                      //清 0
        miao++;                     //每到 1s,miao 加 1
        if(miao == 60)
        {
            miao = 0;
            fen++;                  //如果 miao 为 60,fen 加 1
            if(fen == 60)
            {
                fen = 0;
                shi++;              //如果 fen 为 60,shi 加 1
                if(shi == 24)
                {
                    shi = 0;
                }
                Display(4,shi);     //在第 4 个位置显示 shi
            }
            Display(7,fen);         //在第 7 个位置显示 fen
        }
        Display(10,miao);           //在第 10 个位置显示 miao
    }
}
```

4) 实物效果图

LCD1602 应用实例 2 实物效果图如图 9.8 所示。

5) 仿真效果图

LCD1602 应用实例 2 的仿真效果图如图 9.9 所示。

6) 程序分析

程序主要思路均已经注释,除了实例 1 的分析外,补充本案例目标的分析。

void timer0() interrupt 1 内的函数是 1s 加 1 的关键,分析时要从左到右对齐分析。本程序是定时器和液晶 LCD1602 结合,基本定时时间 50ms,每进一次中断 t++,当 t 加到 20 即为 1s。

(a) 当前时间　　　　　　　　　　　　　(b) 过一会儿的时间

图 9.8　LCD1602 应用实例 2 的实物效果图

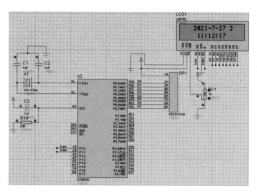

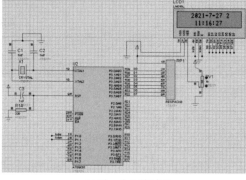

(a) 当前时间　　　　　　　　　　　　　(b) 过一会儿的时间

图 9.9　LCD1602 应用实例 2 的仿真效果图

9.1.3　LCD12864 液晶控制原理

带中文字库的 12864 是一种具有 4 位/8 位并行、2 线或 3 线串行多种接口方式,内部含有国标一级、二级简体中文字库的点阵图形液晶显示模块;其显示分辨率为 128×64,有 8192 个 16×16 点汉字以及 128 个 16×8 点 ASCII 字符集。利用该模块灵活的接口方式和简单、方便的操作指令,可构成全中文人机交互图形界面,显示 8×4 行 16×16 点阵的汉字,完成图形显示。其实物图如图 9.10 所示。

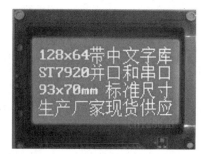

图 9.10　LCD12864 液晶实物

1. 引脚介绍

LCD12864 引脚功能如表 9.5 所示。

表 9.5　LCD12864 引脚功能

引脚号	引脚名称	方向	功 能 说 明
1	V_{SS}	—	模块的电源地
2	V_{DD}	—	模块的电源正端
3	V0	—	LCD 驱动电压输入端,调节对比度
4	RS(CS)	H/L	并行的指令/数据选择信号;串行的片选信号

引脚号	引脚名称	方向	功 能 说 明
5	R/W(SID)	H/L	并行的读/写选择信号；串行的数据口
6	E(CLK)	H/L	并行的使能信号；串行的同步时钟
7	DB0	H/L	数据0
8	DB1	H/L	数据1
9	DB2	H/L	数据2
10	DB3	H/L	数据3
11	DB4	H/L	数据4
12	DB5	H/L	数据5
13	DB6	H/L	数据6
14	DB7	H/L	数据7
15	PSB	H/L	并/串行接口选择：H—并行；L—串行
16	NC		空脚
17	$\overline{RET}$	H/L	复位。低电平有效
18	NC		空脚
19	LED_A	—	背光源正极(LED+5V)
20	LED_K	—	背光源负极(LED-0V)

2. RS 和 R/W

RS 和 R/W 配合选择，决定 LCD12864 控制界面的 4 种模式如表 9.6 所示。

表 9.6 决定 LCD12864 控制界面的 4 种模式

RS	R/W	E	功 能 说 明
L	L	高→低	MCU 写指令到指令暂存器
L	H	高	读出忙标志(BF)及地址计数器(AC)的状态
H	L	高→低	MCU 写入数据到数据暂存器(DR)
H	H	高	MCU 从数据暂存器(DR)读出数据

3. 状态字说明

状态字说明如表 9.7 所示。

表 9.7 状态字说明

STA7 D7	STA6 D6	STA5 D5	STA4 D4	STA3 D3	STA2 D2	STA1 D1	STA0 D0
STA0~STA6		当前地址指针的数值					
STA7		读/写操作使能			1—禁止　0—允许		

说明：当 STA7 为"0"时，才可以进行读/写操作，即每次读/写操作之前，都要确保 STA7 为"0"，才能读/写成功。但是单片机的操作速度往往慢于液晶控制器的反应速度，因此只需要简短延时即可，不必检测。

4．指令说明

模块控制芯片提供两套控制命令，即基本指令和扩充指令，如表 9.8～表 9.11 所示。

表 9.8　指令表 1（RE＝0：基本指令）

指　令	指　令　码										功　　能
	RS	R/W	D7	D6	D5	D4	D3	D2	D1	D0	
清除显示	0	0	0	0	0	0	0	0	0	1	将 DDRAM 填满 20H，并且设定 DDRAM 的地址计数器（AC）到 00H
地址归位	0	0	0	0	0	0	0	0	1	X	设定 DDRAM 的地址计数器（AC）到 00H，并且将游标移到开头原点位置；这个指令不改变 DDRAM 的内容
显示状态开/关	0	0	0	0	0	0	1	D	C	B	D＝1：整体显示 ON C＝1：游标 ON B＝1：游标位置反白允许
进入点设定	0	0	0	0	0	0	0	1	I/D	S	指定在读取与写入数据时，设定游标的移动方向及指定显示的移位
游标或显示移位控制	0	0	0	0	0	1	S/C	R/L	X	X	设定游标的移动与显示的移位控制位；这个指令不改变 DDRAM 的内容
功能设定	0	0	0	0	1	DL	X	RE	X	X	DL＝0/1：4/8 位数据 RE＝1：扩充指令操作 RE＝0：基本指令操作

表 9.9　指令表 2（RE＝0：基本指令）

设定 CGRAM 地址	0	0	0	1	AC5	AC4	AC3	AC2	AC1	AC0	设定 CGRAM 地址
设定 DDRAM 地址	0	0	1	0	AC5	AC4	AC3	AC2	AC1	AC0	设定 DDRAM 地址（显示位址）第 1 行：80H～87H 第 2 行：90H～97H

表 9.10　指令表 3（RE＝0：基本指令）

读取忙标志和地址	0	1	BF	AC6	AC5	AC4	AC3	AC2	AC1	AC0	读取忙标志(BF)可以确认内部动作是否完成，同时读出地址计数器（AC）的值
写数据到 RAM	1	0	数据								将数据 D7～D0 写入内部 RAM（DDRAM/CGRAM/IRAM/GRAM）
读出 RAM 的值	1	1	数据								从内部 RAM 读取数据 D7～D0（DDRAM/CGRAM/IRAM/GRAM）

表 9.11 指令表 4(RE＝1：扩充指令)

指 令	指 令 码										功　能
	RS	R/W	D7	D6	D5	D4	D3	D2	D1	D0	
待命模式	0	0	0	0	0	0	0	0	0	1	进入待命模式执行其他指令都可终止待命模式
卷动地址开关开启	0	0	0	0	0	0	0	0	1	SR	SR＝1：允许输入垂直卷动地址 SR＝0：允许输入 IRAM 和 CGRAM 地址
反白选择	0	0	0	0	0	0	0	1	R1	R0	选择两行中的任一行作反白显示，并可决定反白与否。初始值 R1R0＝00，第一次设定为反白显示；再次设定，变回正常
睡眠模式	0	0	0	0	0	0	1	SL	X	X	SL＝0：进入睡眠模式 SL＝1：脱离睡眠模式
扩充功能设定	0	0	0	0	1	CL	X	RE	G	0	CL＝0/1：4/8 位数据 RE＝1：扩充指令操作 RE＝0：基本指令操作 G＝1/0：绘图开关
设定绘图 RAM 地址	0	0	1	0 AC6	0 AC5	0 AC4	AC3 AC3	AC2 AC2	AC1 AC1	AC0 AC0	设定绘图 RAM 先设定垂直(列)地址 AC6AC5…AC0，再设定水平(行)地址 AC3AC2AC1AC0。将以上 16 位地址连续写入即可

BF 标志提供内部工作情况。BF＝1，表示模块在进行内部操作，此时模块不接收外部指令和数据；BF＝0 时，模块为准备状态，随时可接收外部指令和数据。

5. 汉字显示坐标

带中文字库的 128×64 每屏可显示 4 行 8 列共 32 个 16×16 点阵的汉字，每个显示 RAM 可显示 1 个中文字符或 2 个 16×8 点阵全高 ASCII 码字符，即每屏最多可实现 32 个中文字符或 64 个 ASCII 码字符的显示。带中文字库的 12864 内部提供 128×2 字节的字符显示 RAM 缓冲区(DDRAM)。字符显示是通过将字符显示编码写入该字符显示 RAM 实现的。根据写入内容的不同，可分别在液晶屏上显示 CGROM(中文字库)、HCGROM(ASCII 码字库)及 CGRAM(自定义字型)的内容。3 种不同字符/字型的选择编码范围为：0000～0006H(其代码分别是 0000、0002、0004、0006 共 4 个)显示自定义字型，02H～7FH 显示半宽 ASCII 码字符，A1A0H～F7FFH 显示 8192 种 GB2312 中文字库字型。字符显示 RAM 在液晶模块中的地址是 80H～9FH。字符显示的 RAM 地址与 32 个字符显示区域有着一一对应的关系，如表 9.12 所示。

表 9.12 字符显示的 RAM 地址

80H	81H	82H	83H	84H	85H	86H	87H
90H	91H	92H	93H	94H	95H	96H	97H
88H	89H	8AH	8BH	8CH	8DH	8EH	8FH
98H	99H	9AH	9BH	9CH	9DH	9EH	9FH

6．并行时序（将 PSB 接 H 为并行模式）

1）写时序

写时序流程如图 9.11 所示。

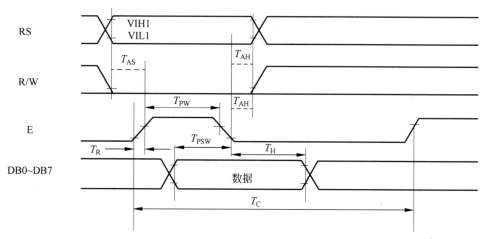

图 9.11　LCD12864 并行写时序图

RS 为命令/数据选择信号，R/W 为读/写选择信号，E 为操作驱动信号，DB0～DB7 为数据总线。图 9.11 所示为写操作，所以 R/W 表明当前执行的是写操作。

2）读时序

读时序流程如图 9.12 所示。

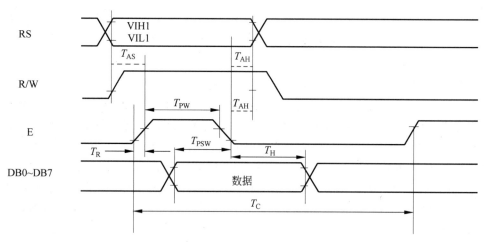

图 9.12　LCD12864 并行读时序图

RS 为命令/数据选择信号，R/W 为读/写选择信号，E 为操作驱动信号，DB0～DB7 为数据总线。当写入命令 11111100B 时，R/W 为 H，RS 为 L，如表 9.10 所示。不需要延时，控制器会马上读出当前的 AC 值，然后进行判忙等操作。当发送 11111110B 时，R/W 为 H，RS 为 H，驱动控制器会把当前地址计数器的数据发送出来。读数据要延时 $72\mu s$。

3）串行时序（将 PSB 接 L 为串行模式）

串行模式写时序和读时序是一样的流程，串行口时序图如图 9.13 所示。

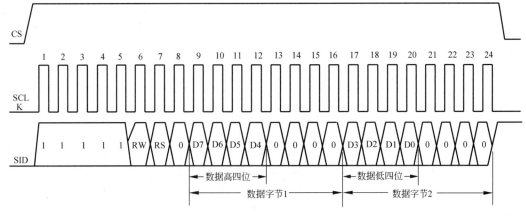

图 9.13 LCD12864 串行时序图

串行模式下输入 11111100 后,驱动控制器输出 2 字节的数据,分别为 DDDD0000 和 0000DDDD,最高位为判忙状态位。

9.1.4 LCD12864 液晶显示举例

举例描述:研究开发板原理图,编写程序,自行设计显示内容,实现 LCD12864 液晶上显示"数字、汉字、字母"的功能。

1. 思路分析

对比两种液晶的结构:LCD12864 有 20 个引脚,其中 16 和 18 两个引脚不接,由于是并行通信,所以 15 脚直接接了 V_{CC}。17 脚也接了 V_{CC},剩下的除了控制端 4、6 脚,即 RS、EN,其余 8 个引脚是数据口 D0~D7。而 LCD1602 有 16 个引脚,除了控制端 4、6 脚,即 RS、EN,其余 8 个引脚也是数据口 D0~D7。因此可以初步判断两种液晶的控制方法几乎相同,write_com() 和 write_date() 函数通用。只是 LCD1602 显示两行字母或数字字符,而带字库的 LCD12864 还可以显示四行汉字,因此两者的显示位置操作不同。

LCD12864 液晶应用举例实物演示与程序思路讲解

2. 原理图

LCD12864 液晶显示实例原理图,与 LCD1602 一起对比,如图 9.14 所示。

3. 程序

```
#include<reg52.h>
#define uchar unsigned char          //宏定义
#define uint unsigned int
sbit lcdrs = P1^0;                    //开发板液晶控制端,注意 RW 硬件已经接 GND,表示写
                                      //数据,无须控制

sbit lcden = P1^1;
sbit wela = P1^6;
uchar code table11[] = "DREAM TECH";  //液晶显示内容含汉字,字母,数字
uchar code table12[] = "Best Wishes!"; //加了 code,一般不能改变数组的值
uchar code table13[] = "我爱东方,OK!";
uchar code table14[] = "王老师 51 单片机!";
```

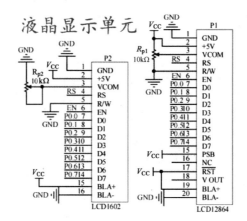

STC89C52/RC单片机最小系统电路

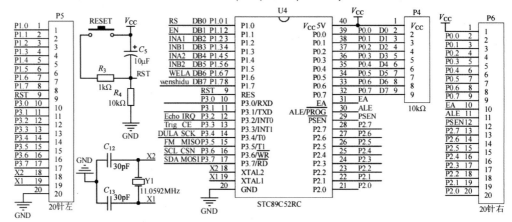

图 9.14 LCD12864 液晶实例原理图

```
uchar num1;
void delay(uint x)
{
    uint m,n;
    for(m = x;m > 0;m -- )
        for(n = 100;n > 0;n -- );
}
void write_com(uchar com)            //按照时序图写
{
    lcden = 0;
    lcdrs = 0;
    P0 = com;
    delay(5);
    lcden = 1;
    delay(5);
    lcden = 0;
}
void write_date(uchar date)
{
    lcden = 0;
    lcdrs = 1;
```

```
    P0 = date;
    delay(5);
    lcden = 1;
    delay(5);
    lcden = 0;
}
void LCD12864_init()
{
    wela = 1;
    P0 = 0xff;
    wela = 0;
    write_com(0x38);                      //按照指令表写
    write_com(0x0c);
    write_com(0x06);
    write_com(0x01);
}
void LCD12864_Display()
{
    write_com(0x80);                      //见表9.12,表示在第1行第0个位置准备写数据
    for(num1 = 0;table11[num1]!= '\0';num1++)
    {                                     //字符串数组最后一个元素自动加字符'\0',判断结束标志
        write_date(table11[num1]);
        delay(5);
    }
    write_com(0x90);                      //表示在第2行第0个位置准备写数据
    for(num1 = 0;table12[num1]!= '\0';num1++)
    {
        write_date(table12[num1]);
        delay(5);
    }
    write_com(0x88);                      //表示在第3行第0个位置准备写数据
    for(num1 = 0;table13[num1]!= '\0';num1++)//num < 11
    {
        write_date(table13[num1]);
        delay(5);
    }
    write_com(0x98);                      //表示在第4行第0个位置准备写数据
    for(num1 = 0;table14[num1]!= '\0';num1++)
    {
        write_date(table14[num1]);
        delay(5);
    }
}
void main()
{
  LCD12864_init();                        //液晶初始化
  while(1)
  {
    LCD12864_Display();                   //调用液晶显示子函数,可以放到while(1)上方
  }
}
```

4. 实物效果图

LCD12864 液晶显示实例实物效果图,如图 9.15 所示。

图 9.15　LCD12864 液晶显示实例效果图

5．程序分析

（1）关键步骤在程序中已经做了解释，写数据与写命令与 LCD1602 时序相同。4 行数据的地址位置不同，LCD1602 第 1 行地址是 0x80，第 2 行地址是 0x80＋0x40，而 LCD12864第 1 行地址是 0x80，第 2 行地址是 0x90，第 3 行地址是 0x88，第 4 行地址是 0x98。

（2）本程序主要练习了在液晶 LCD12864 上随意显示数字、标点符号、汉字、英文字母的方法。注意字符串最后一位自动加'\0'，所以语句 for(num1＝0;table11[num1]！＝'\0';num1＋＋)中的 table11[num1]！＝'\0'表示判断是否到了字符串结束。这种方法不用数字符的个数，要比 for(num1＝0;num1＜10;num1＋＋)方法好。

9.1.5　LCD 液晶案例目标的实现

案例目标说明：研究开发板 LCD1602 液晶原理图，编写可调节时间的时钟程序。具体功能为：显示"年 月 日 时 分 秒"，加入 3 个独立按键，包括调节、加、减。正常显示时间，还可以调节时间。

1．思路分析

9.1.2 小节介绍的 LCD1602 液晶应用实例，注重液晶显示的基础应用，也是验证液晶正常的过程，在此基础上才能和其他功能的程序进行合成。本例原理图与 9.1.2 小节的相同，内容更加接近实际应用。编程时需要一步一步调试，最终实现效果。

2．硬件框图

LCD 液晶案例硬件框图如图 9.16 所示。

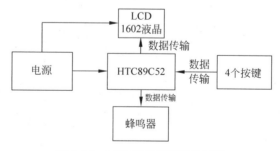

图 9.16　LCD 液晶案例硬件框图

3．原理图

原理图见图 9.5 LCD1602 应用实例原理图。

4．程序

```
# include < reg52. h>
# define uchar unsigned char
# define uint unsigned int
uchar miao = 13, fen = 12, shi = 11 ;       //定义时间初值
uchar code Time_Table[ ] = "2021 - 7 - 27 2";   //显示年、月、日、星期
uchar num, t, KEY1_num = 0;             //取值范围 0～255,KEY1_num 表示第一个按键按动的次数
sbit lcdrs = P1^0;                //定义液晶控制引脚,注意 RW 已接 GND,只写,无须控制
sbit lcden = P1^1;                //定义液晶控制引脚
sbit wela = P1^6;                 //开发板实物效果演示用,防止数码管亮
sbit KEY1 = P2^4;
sbit KEY2 = P2^5;
sbit KEY3 = P2^6;
sbit KEY4 = P2^7;
sbit beep = P3^5;
void KEY_scan();
void delay(uint z)              //延时函数
{
    uint x, y;
    for(x = z;x > 0;x -- )
    for(y = 110;y > 0;y -- );
}
void di()                    //蜂鸣器设置
{
    beep = 0;
    delay(100);
    beep = 1;
}
void write_com(uchar com)            //写命令函数,按照图 9.4 时序图写
{
    lcden = 0;
    lcdrs = 0;
    P0 = com;
    delay(5);
    lcden = 1;
    delay(5);
    lcden = 0;
}
void write_date(uchar date)          //写数据函数
{
    lcden = 0;
    lcdrs = 1;
    P0 = date;
    delay(5);
    lcden = 1;
    delay(5);
    lcden = 0;
```

LCD 液晶案例
实物演示与程
序思路讲解

```
    }
    void Display(uchar add,uchar date)        //显示函数
    {
        uchar shi,ge;
        shi = date/10;                        //因液晶需要一位一位显示,所以将两位数据分离为十位
        ge = date % 10;                       //将两位数据分离为个位
        write_com(0x80 + 0x40 + add);
        write_date(0x30 + shi);               //液晶显示的是字符,字符'0'对应的 ASCII 码十六进制是 0x30
        write_date(0x30 + ge);                //字符'0'对应的 ASCII 码十进制是 48,见附录 A 和附录 B
    }
    void lcdinit()
    {
        wela = 0;
        write_com(0x38);                      //见表 9.3,将十六进制数转换为二进制数后对比
        write_com(0x0c);
        write_com(0x06);
        write_com(0x01);
        write_com(0x80 + 3);
        for(num = 0;Time_Table[num]!= '\0'; num++)   //字符串定义自动加'\0'
        {
            write_date(Time_Table[num]);
            delay(5);
        }
        write_com(0x80 + 0x40 + 6);           //在 shi 的个位后显示':'
        write_date(':');
        delay(5);
        write_com(0x80 + 0x40 + 9);           //在 fen 的个位后显示':'
        write_date(':');
        delay(5);
        Display(4,shi);
        Display(7,fen);
        Display(10,miao);
    }
    void Time0_Init()
    {
        TMOD = 0x01;                          //定时器 T0 使用工作方式 1
        TH0 = (65536 - 45872)/256;            //基本定时 50ms,装初值,TH0 看成右侧连接 TL0,TL0
                                              //加到 256 时进位,TH0 加 1,所以 256 整数倍放到 TH0
        TL0 = (65536 - 45872) % 256;          //装初值,TL0 是 8 位的,所以最大数 11111111,十进制
                                              //2^8 - 1 = 255,加 1 进位,不足 256 放到 TL0
        EA = 1;                               //总闸,开总中断
        ET0 = 1;                              //开定时器 0
        TR0 = 1;                              //定时器 0 运行控制位
    }
    void main()
    {
        lcdinit();                            //液晶初始化
        Time0_Init();
        while(1)                              //程序待在这里,上面内容只需运行 1 次
        {
        KEY_scan();                           //不断扫描,看是否有调节时间按键按下
```

```
    }
}
void timer0() interrupt 1                    //进入定时器 0 中断
{
    TH0 = (65536 - 50000)/256;
    //进到中断后重新赋初值,以便从这个初值计数,保证每次 50ms 中断 1 次
    TL0 = (65536 - 50000) % 256;
    t++;
    if(t == 20)                              //如果 t == 20 成立,正好 50×20ms,即 1s
    {
        t = 0;                               //清零
        miao++;                              //每到 1s,miao 加 1
        if(miao == 60)
        {
            miao = 0;
            fen++;                           //如果 miao 为 60,fen 加 1
            if(fen == 60)
            {
                fen = 0;
                shi++;                       //如果 fen 为 60,shi 加 1
                if(shi == 24)
                {
                    shi = 0;
                }
                Display(4,shi);              //在第 4 个位置显示 shi
            }
            Display(7,fen);                  //在第 7 个位置显示 fen
        }
        Display(10,miao);                    //在第 10 个位置显示 miao
    }
}
void KEY_scan()                              //键盘扫描,修改 shi、fen、miao 的值
{
    if(KEY1 == 0)
    {
        delay(5);
        if(KEY1 == 0)
        {
            KEY1_num++;
//根据 KEY1 按下的次数,即 KEY1_num 的值判断是对 shi、fen、miao 哪个位置调节
            while(!KEY1);                    //松手检测
            di();
            if(KEY1_num == 1)
            {
                TR0 = 0;                     //要调试时,关闭定时器
                write_com(0x80 + 0x40 + 11); //显示在 miao 处
                write_com(0x0f);             //显示闪烁光标在 miao 处
            }
            if(KEY1_num == 2)
            {
                write_com(0x80 + 0x40 + 8);  //显示闪烁光标在 fen 处
```

```
            }
            if(KEY1_num == 3)
            {
                write_com(0x80 + 0x40 + 5);        //显示闪烁光标在 shi 处
            }
            if(KEY1_num == 4)
            {
                KEY1_num = 0;
                write_com(0x0c);                   //开显示,不显示光标且不闪烁
                TR0 = 1;                           //KEY1 键同时也作为确认键
            }
        }
    }
    if(KEY1_num!= 0)
    {
        if(KEY2 == 0)                              //KEY2 键进行加 1 运算
        {
            delay(5);
            if(KEY2 == 0)
            {
                while(!KEY2);
                di();                              //蜂鸣器"嘀"一声
                if(KEY1_num == 1)
                {
                    miao++;
                    if(miao == 60)
                    miao = 0;
                    Display(10,miao);
                    write_com(0x80 + 0x40 + 10);
                }
                if(KEY1_num == 2)
                {
                    fen++;
                    if(fen == 60)
                    fen = 0;
                    Display(7,fen);
                    write_com(0x80 + 0x40 + 7);
                }
                if(KEY1_num == 3)
                {
                    shi++;
                    if(shi == 24)
                    shi = 0;
                    Display(4,shi);
                    write_com(0x80 + 0x40 + 4);
                }
            }
        }
    }
    if(KEY3 == 0)                                  //S3 键作为减 1 运算
    {
```

```
        delay(5);
        if(KEY3 == 0)
        {
            while(!KEY3);
            di();
            if(KEY1_num == 1)
            {
                miao -- ;
                if(miao == - 1)
                miao = 59;
                Display(10,miao);
                write_com(0x80 + 0x40 + 10);
            }
            if(KEY1_num == 2)
            {
                fen -- ;
                if(fen == - 1)
                fen = 59;
                Display(7,fen);
                write_com(0x80 + 0x40 + 7);
            }
            if(KEY1_num == 3)
            {
                shi -- ;
                if(shi == - 1)
                shi = 23;
                Display(4,shi);
                write_com(0x80 + 0x40 + 4);
            }
        }
    }
}
```

5. 实物效果图

LCD 液晶案例实物效果图如图 9.17 所示。

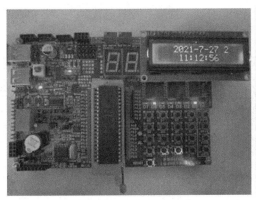

(a) 显示时间,"秒"1s加1　　　　　　(b) 按KEY1键显示调节秒

图 9.17 LCD 液晶案例实物效果图

6. 仿真效果图

LCD 液晶案例仿真效果图如图 9.18 所示。

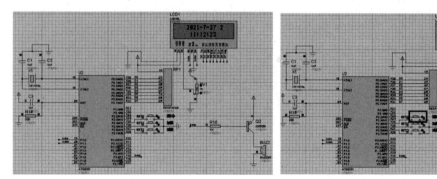

(a) 显示时间,"秒"1s加1　　　　　　　(b) 按KEY1键显示调节秒

图 9.18　LCD 液晶案例仿真效果图

7. 程序分析

(1) 本程序是在 LCD1602 应用实例 2 的基础上增加调节时间的功能,程序是在后者的基础上完善的,体现了知识的一致性和连续性,便于大家掌握。

(2) 本程序定时器的目的是实现 50ms 基础定时,20 次为 1s,KEY_scan() 函数是调节 shi、fen、miao,由于这 3 个量是全局变量,所以在程序定义处以下所有函数都承认,哪个位置改变它们的值都会更新。注意在调节时间时关闭定时器,以免造成干扰。

(3) 下面介绍液晶常显示的方法。

```c
void lcdwriteonenumber(uchar x,uchar y,uchar z)  //表示 y 行,x 列,显示数字 z
{
    if(y == 1)
    write_com(0x80 + x);
    if(y == 2)
    write_com(0x80 + 0x40 + x);
    write_date(z + 0x30);
}
void write_word1(uchar x,uchar y,uchar * s)
{   if(y == 1)
    write_com(0x80 + x);
    if(y == 2)
    write_com(0x80 + 0x40 + x);
  while( * s > 0)                              //或 * s!= '\0'
  {
        write_date( * s);
      //显示字符串,这里指针变量 s 开始指向字符串首地址,s++ 是先执行 s
        s++;
      //再执行 s + 1,注意 s + 1 指向下一个元素的首地址,而不是地址加 1
  }
}
void main()
{
    init();
    while(1)
```

```
        {
            lcdwriteonenumber(0,0,2);
            write_word1(0,1,"dongfangxueyuan");
        }
    }
```

也可以用下面的方法。

```
void write_word2(uchar x,uchar y,uchar  * p)        //定义指针变量 p
{
 uchar i;
    if(y == 1)
 write_com(0x80 + x);
 if(y == 2)
 write_com(0x80 + 0x40 + x);
 for(i = 0;p[i]!= '\0';i++)                         //p[i]可写成 * (&p[0] + i)或 * (p + i)
 {
        write_date(p[i]);
 }
}
 void main()
 {
   char a[20] = "dongfangxueyuan";
   init();
   while(1)
     {
   write_word2(1,2,&a[0]);
        //自动把 a[0]的地址赋给了指针变量 p,&a[0]可写成 a,a[i] = * [a + i] = * (&a[0] + i) =
        //p[i] = * (&p[0] + i) = * (p + i),但 a 和 p 都是局部变量,只在定义的函数内起作用,但
        //大家要知道对 a[i]操作就是对 p[i]操作。有关指针的知识见第 3.4.1 小节。
     }
 }
```

液晶的应用十分广泛,凡是需要显示信息的都可以在液晶上显示。比如,测量小车速度时使用液晶显示速度值;PID 调速时显示 K_p、K_i、K_d 的参数;设计密码锁时显示输入密码状态。再如,开发板出厂程序利用液晶显示各个功能的提醒和测量的数据。发光二极管、数码管、液晶是显示的主要手段。二极管可以显示一些简单的数据信息,数码管需要不断地循环调用显示程序才能正常显示,而液晶只需要调用 1 次程序即可。更多关于液晶的应用案例见本书配套的开发板全程教学及视频资源。

9.2 案例目标 15 基于单总线技术的 DS18B20 数字温度计设计

随着单片机芯片集成度和结构的发展,单片机的并行总线扩展(利用三总线 AB、DB、CB 进行的系统扩展)已不再是单片机系统唯一的扩展结构。除并行总线扩展技术之外,串行总线接口技术是近几年非常流行的接口技术。采用串行总线扩展技术,可以使系统的硬件设计简化,系统的体积减小,同时,系统的更改和扩充更容易。目前主流的串行总线扩展

技术包括 Dallas 公司的单总(1-Wire)接口、Philips 公司的 I^2C(Inter IC BUS)串行总线接口、Motorola 公司的 SPI(Serial Peripheral Interface)串行外设接口等技术。同样,各公司设计、开发了许多支持串行总线扩展技术的硬件设备。我们学习串行总线接口技术,能够使单片机的开发更加方便、快捷。本节将详细介绍上述 3 种串行总线扩展技术,并配有详细的应用案例。

　　DS18B20 是 Dallas 公司生产的数字式温度传感器,以单总线接口技术与单片机进行数据通信,即只需要一个 I/O 接口,并不需要其他任何外部元器件。在传统的模拟信号远距离温度测量系统中,要很好地解决引线误差补偿、多点测量切换误差和放大电路零点漂移误差等技术问题,才能够达到较高的测量精度。另外,一般情况下,监控现场的电磁环境非常恶劣,各种干扰信号较强,模拟温度信号容易受到干扰而产生测量误差,影响测量精度。因此,在温度测量系统中,采用抗干扰能力强的新型数字温度传感器是解决这些问题的最有效方案。新型数字温度传感器 DS18B20 具有体积更小、精度更高、适用电压更宽、采用一线总线、可组网等优点,在实际应用中取得了良好的测温效果。也有防水的 DS18B20,使用方法和普通的一样。本节的重点内容是单总线的通信协议,以及基于此协议的 DS18B20 芯片的应用。

9.2.1　串行单总线扩展技术

1. 单总线接口概述

　　单总线(1-Wire)技术是美国 Dallas 半导体公司推出的新技术。它将地址线、数据线、控制线合为一根信号线,设备(主机或从机)通过一个漏极开路或三态端口连至该数据线,以允许设备在不发送数据时能够释放总线,而让其他设备使用总线。其内部等效电路如图 9.19 所示。

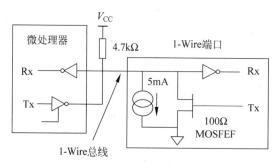

图 9.19　单总线芯片内部等效电路

　　单总线上可以挂接数百个测控对象,形成多点单总线测控系统,如图 9.20 所示。测控对象所用器件芯片均有生产商用激光刻录的一个 64 位二进制 ROM 代码。代码从最低位开始,前 8 位是族码,表示产品的分类编号;接着的 48 位是唯一的序列号;最后 8 位是前 56 位的 CRC 校验码。在使用时,总线命令读入 ROM 中 64 位二进制码后,将前 56 位按 CRC 多项式计算出 CRC 值,然后与 ROM 中高 8 位的 CRC 值相比较。若相同,表明数据传送正确,否则要求重新传送。48 位序列号是一个 15 位的十进制编码,这么长的编码完全可为每个芯片编制一个全世界唯一的号码,也称为身份证号,可以被寻址识别出来。

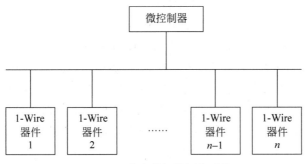

图 9.20 多点单行线测控系统

2. 单总线通信接口协议

所有的单总线器件都要遵循严格的通信协议,以保证数据的完整性。1-Wire 协议定义了复位脉冲、应答脉冲、写"0"、写"1"、读"0"和读"1"时序等几种信号类型。所有的单总线命令序列(初始化、ROM 命令,功能命令)都是由这些基本的信号类型组成的。在这些信号中,除了应答脉冲外,其他均由主机发出同步信号,并且发送的所有命令和数据都是字节的低位在前。图 9.21 所示是这些信号的时序图。

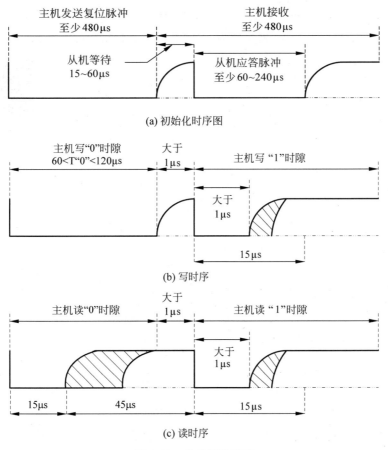

图 9.21 单总线时序图

初始化时序包括主机发出的复位脉冲和从机发出的应答脉冲。在每一个时序中,总线只能传输1位数据。所有的读、写时序至少需要$60\mu s$,且每两个独立的时序之间至少需要$1\mu s$的恢复时间。单总线器件仅在主机发出读时序时才向主机传输数据,所以,当主机向单总线器件发出读数据命令后,必须马上产生读时序,以便单总线器件能传输数据。在主机发出读时序之后,单总线器件才开始在总线上发送"0"或"1"。若单总线器件发送"1",则总线保持高电平;若发送"0",则拉低总线。由于单总线器件发送数据后可保持$15\mu s$有效时间,因此,主机在读时序期间必须释放总线,并且须在$15\mu s$的采样总线状态,以便接收从机发送的数据。

单总线通常要求外接一个约为$4.7k\Omega$的上拉电阻。这样,当总线闲置时,其状态为高电平。主机和从机之间的通信通过以下3个步骤完成。

(1) 初始化1-Wire器件。

(2) 传送ROM命令,主要识别1-Wire器件。

(3) 传送RAM命令,完成交换数据。由于它们是主从结构,只有主机呼叫从机时,从机才能应答。因此,主机访问1-Wire器件都必须严格遵循单总线命令序列。如果出现序列混乱,1-Wire器件将不响应主机(搜索ROM命令,报警搜索命令除外)。

3. DS18B20温度传感器简介

DS18B20是Dallas公司生产的1-Wire数字温度传感器,温度测量范围为$-55\sim+125℃$,可编程的$9\sim12$位A/D转换精度,增量值为$±0.5℃$。其引脚排列如图9.22所示。

(1) GND:电源地。

(2) DQ:数字输入/输出接口。

(3) V_{DD}:电源正极。

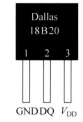

图9.22　DS18B20引脚排列图

每一个DS18B20包括唯一的64位序列号。该序列号存放在DS18B20内部的ROM中,开始8位是产品类型编码(DS18B20编码均为10H),接着的48位是每个器件唯一的序列号,最后8位是前面56位的CRC码。若单片机只对一个DS18B20操作,不需要读取ROM编码,以及匹配ROM编码,只要跳过ROM(CCH)命令就可以执行温度转换和读取操作。

DS18B20中的温度传感器可完成对温度的测量,温度数据存储在高速暂存器RAM的第0个和第1个字节中。以12位转化为例:用16位符号扩展的二进制补码读数形式提供,以$0.0625℃/LSB$形式表达,其中s为符号位,如表9.13所示。

表9.13　DS18B20 12位数据格式

	bit7	bit6	bit5	bit4	bit3	bit2	bit1	bit0
LS Byte	2^3	2^2	2^1	2^0	2^{-1}	2^{-2}	2^{-3}	2^{-4}
	bit15	bit14	bit13	bit12	bit11	bit10	bit9	bit8
MS Byte	s	s	s	s	s	2^6	2^5	2^4

在DS18B20转化后得到的12位数据中,bit0~bit10为温度值,bit11是符号位,二进制数据中的前面5位是符号位。如果测得的温度大于0,这5位为0,也就是这5位同时变化。只要将测到的数值乘以0.0625,即可得到实际温度。如果温度小于0,这5位为1,测到的

数值需要取反加 1 再乘以 0.0625,即可得到实际温度。例如:

+125℃的数字输出为 07D0H,因为十六进制 07D0H＝二进制 0000011111010000＝十进制 2000,2000×0.0625＝+125。

+25.0625℃的数字输出为 0191H,因为十六进制 0191H＝二进制 0000000110010001＝十进制 401,401×0.0625＝+25.0625。

-55℃的数字输出为 FC90H。因为十六进制 FC90H＝二进制 1111110010010000,取反 0000001101101111,加 1 后为 0000001101110000,二进制 0000001101110000＝十进制 880,880×0.0625＝55。

4. DS18B20 温度传感器工作过程

DS18B20 工作过程一般遵循如图 9.23 所示协议。

图 9.23 DS18B20 工作过程

1) 初始化

单总线上的所有处理均从初始化序列开始。初始化序列是指总线主机发出一个复位脉冲,接着由从属器件送出存在脉冲。存在脉冲让总线控制器知道 DS1820 在总线上,且已准备好操作。

2) ROM 操作命令

总线主机检测到从属器件的存在,便可以发出器件 ROM 操作命令。所有 ROM 操作命令均为 8 位长,如表 9.14 所示。

表 9.14 DS18B20 传送 ROM 命令

指　　令	代　　码	说　　明
读 ROM	33H	读总线上 DS18B20 的序列号
匹配 ROM	55H	对总线上 DS18B20 寻址
跳过 ROM	CCH	该命令执行后,将省去每次与 ROM 有关的操作
搜索 ROM	F0H	控制机识别总线上多个器件的 ROM 编码
报警搜索	ECH	控制机搜索有报警的器件

3) 存储器操作命令

存储器的操作命令如表 9.15 所示。

表 9.15 DS18B20 传送 RAM 命令

指　　令	代码	说　　明	发送命令后,单总线的响应信息
温度变换	44H	启动温度转换	无
读存储器	BEH	从 DS18B20 读出 9 字节数据(其中有温度值、报警值等)	传输多达 9 字节至主机
写存储器	4EH	写上、下限值到 DS18B20 中的 E^2PROM	主机传输 3 字节数据至 DS18B20
复制存储器	48H	将 DS18B20 存储器中的值写入 E^2PROM	无

续表

指　令	代码	说　明	发送命令后,单总线的响应信息
读 E^2PROM	B8H	将 E^2PROM 中的值写入存储器	传送回读状态至主机
读供电方式	B4H	检测 DS18B20 的供电方式 0:寄生供电;1:外接电源供电	无

4）数据处理

实际温度值与读出的数据值具有以下关系。

（1）9 位数据：实际温度值＝读出的数据值×0.5。

（2）10 位数据：实际温度值＝读出的数据值×0.25。

（3）11 位数据：实际温度值＝读出的数据值×0.125。

（4）12 位数据：实际温度值＝读出的数据值×0.0625。

5. DS18B20 的初始化、数据读/写操作时序

1）初始化

DS18B20 初始化时序如图 9.24 所示,可以看到:初始化的目的是使 DS18B20 发出存在脉冲,以通知主机它在总线上,并且准备好操作了。在初始化时序中,先将数据线置高电平“1”,延时;再将数据线拉至低电平“0”。总线上的主机通过拉低单总线至少 $480\mu s$ 来发送复位脉冲,一般取 $750\mu s$。然后,总线主机拉高释放总线并进入接收模式。总线释放后, $4.7k\Omega$ 的上拉电阻把单总线上的电平拉回高电平。当 DS18B20 检测到上升沿后,等待 $15\sim60\mu s$,然后以拉低总线 $60\sim240\mu s$ 的方式发出存在脉冲。至此,初始化和存在时序完毕。

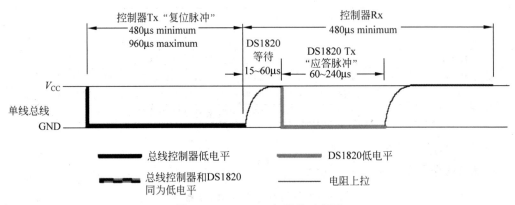

图 9.24　DS18B20 初始化时序图

具体操作过程如下。

（1）先将数据线置“1”高电平。

（2）尽可能短一点地延时。

（3）数据线置“0”低电平。

（4）延时约 $750\mu s$。

（5）数据线再次置“1”高电平。

（6）延时等待。如果初始化成功，在 $15\sim60\mu s$ 内产生一个由 DS18B20 返回的低电平"0"，表示它初步可用。若 CPU 读到数据线上的低电平"0"后，还要延时，使得从第（5）步发出高电平算起的时间至少要 $480\mu s$。

（7）将数据线再次拉到高电平"1"后结束。

2）写时序图

图 9.25 所示为 DS18B20 写时序图。由此可见，为了产生写"1"时隙，在拉低总线后，主机必须在 $15\mu s$ 内释放总线。在总线被释放后，由于 $4.7k\Omega$ 上拉电阻将总线恢复为高电平，为了产生写"0"时隙，在拉低总线后，主机必须继续拉低总线，以满足时隙持续时间的要求（至少 $60\mu s$）。

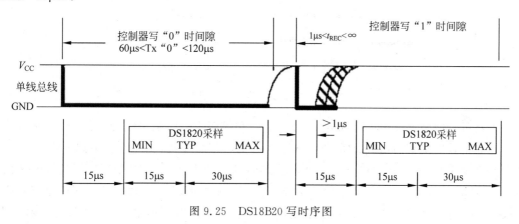

图 9.25 DS18B20 写时序图

在主机产生写时隙后，DS18B20 会在其后的 $15\sim60\mu s$ 的时间窗口内采样单总线。在采样时间窗口内，如果总线为高电平，主机向 DS18B20 写入"1"；如果总线为低电平，主机向 DS18B20 写入"0"。

如上所述，所有的写时隙必须至少有 $60\mu s$ 持续时间。相邻两个写时隙必须要有最少 $1\mu s$ 恢复时间。所有的写时隙（写"0"和写"1"）都由拉低总线产生。

具体操作过程如下。

（1）数据线先置"0"低电平。

（2）延时 $15\mu s$。

（3）发送数据（从低位到高位，1 次只发 1 位）。

（4）延时 $45\mu s$。

（5）将数据线置"1"高电平。

（6）重复（1）～（5）步。

（7）整个字节发送完后，将数据线置"1"高电平。

3）读时序

DS18B20 读时序图如图 9.26 所示，由图中可以看出，DS18B20 只有在主机发出读时隙后，才向主机发送数据。因此，在发出读暂存器命令[BEh]或读电源命令[B4h]后，主机必须立即产生读时隙，以便 DS18B20 提供所需数据。另外，主机可在发出温度转换命令[44h]或 Recall 命令[B8h]后产生读时隙，以便了解操作的状态。

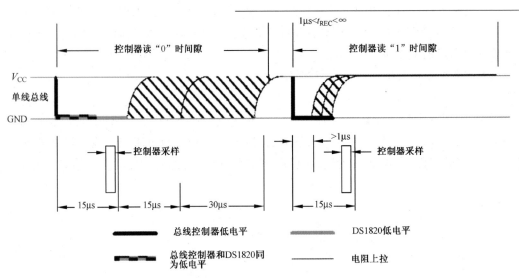

图 9.26   DS18B20 读时序图

所有的读时隙必须至少有 $60\mu s$ 持续时间。相邻两个读时隙必须要有最少 $1\mu s$ 恢复时间。所有的读时隙都由拉低总线,持续至少 $1\mu s$ 后再释放总线(由于上拉电阻的作用,总线恢复为高电平)产生。在主机产生读时隙后,DS18B20 开始发送"0"或"1"到总线。DS18B20 让总线保持高电平的方式发送"1",以拉低总线的方式表示发送"0"。当发送"0"时,DS18B20 在读时隙的末期将释放总线,总线将被上拉电阻拉回高电平(也是总线空闲的状态)。DS18B20 输出的数据在下降沿(下降沿产生读时隙)产生后 $15\mu s$ 后有效。因此,主机释放总线和采样总线等动作要在 $15\mu s$ 内完成。

具体操作过程如下。

(1) 将数据线置"1"高电平。

(2) 延时 $2\mu s$。

(3) 将数据线置"0"低电平。

(4) 延时 $6\mu s$。

(5) 将数据线置"1"高电平。

(6) 延时 $4\mu s$。

(7) 读数据线的状态,得到一个状态位"1"或"0",并进行数据处理,也就是想办法留住这个位信息。

(8) 延时 $30\mu s$。

(9) 重复(1)~(7)步,直到读取完一个字节,然后把这个字节整理出来。

9.2.2   单总线技术案例目标的实现

案例目标描述:利用开发板和仿真,读取 DS18B20 的温度值,并在 LCD1602 液晶上显示出来。

1. 思路分析

由开发板原理图可知,由于单片机的 I/O 引脚数量有限,所以单片机的 P1.7 控制

DS18B20 和 DHT11，用 J15 跳线帽来选择，当跳线帽连接上面两个引脚，选择的是
DS18B20，当跳线帽连接下面两个引脚选择的是 DHT11。具体通信遵循单总线通信协议，
严格按照时序图进行操作。有关 DHT11 温湿度传感器的学习内容见本书配套开发板教学
及视频资源。

2．原理图

单总线技术案例原理图如图 9.27 所示。

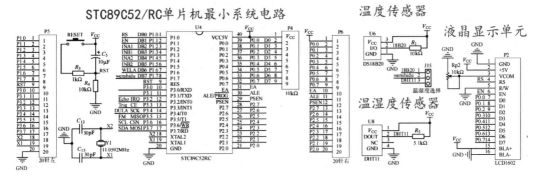

图 9.27　单总线技术案例原理图

3．程序

```
/ **********************************************************
功能：实现对 DS18B20 的读取
注意：单总线协议对延时要求比较严格，此程序中采用的是 11.0592MHz 晶振，如果使用其他晶振
　　　请根据 DS18B20 的资料修改延时参数
/ ********************************************************** /
# include < reg52. h >
# include < intrins. h >
# define uint unsigned int
# define uchar unsigned char
sbit lcden = P1^1;                          //液晶控制端口,RW 硬件直接地,一直是写操作
sbit lcdrs = P1^0;                          //液晶控制端口
sbit wela = P1^6;                           //作用为关闭数码管显示
sbit DQ = P1^7;                             //定义温度传感数据端口
uchar code table1[] = "J15 Choose 18B20";  //第 1 行提示语,跳线帽连接 18B20 排针
uchar code table2[] = {0xdf,0x43,'\0'};
//0xdf、0x43 表示摄氏度单位和 ASCII 码十六进制,见附录 A 和附录 B
uchar wendu[4];                             //存储温度数值
int Temp = 0;
uchar num = 0;
//延时函数
```

单总线技术案例
实物演示讲解

单总线技术案例
程序思路讲解

```c
    void delay(unsigned int i)
{
    while(i--);
}
//初始化函数
void Init_DS18B20(void)
{
    unsigned char x = 0;
    DQ = 1;                          //DQ 复位
    delay(8);                        //稍作延时
    DQ = 0;                          //单片机将 DQ 拉低
    delay(80);                       //精确延时大于 480μs
    DQ = 1;                          //拉高总线
    delay(14);
    x = DQ;                          //稍作延时后,如果 x = 0,则初始化成功;如果
                                     //x = 1,则初始化失败
    delay(20);                       //本例中默认初始化成功,没有等待,请读者
                                     //根据实际需要修改
}
//读一个字节
unsigned char ReadOneChar(void)
{
    unsigned char i = 0;
    unsigned char dat = 0;
    for (i = 8;i > 0;i--)
    {
        DQ = 0;                      //数据线拉低
        dat >>= 1;                   //等价于 dat = dat >> 1,dat 由移 1 位,先读低位
        DQ = 1;                      //数据线拉高
        if(DQ) dat| = 0x80;          //等价于 dat = dat|0x80,0x80 = 10000000
        delay(4);
    //比如要收的数据 11001011,通过>>和|循环 8 次,最终 dat 的值正是 11001011
    }
    return(dat);
}
//写一个字节
void WriteOneChar(unsigned char dat)
{
    unsigned char i = 0;
    for (i = 8; i > 0; i--)
    {
        DQ = 0;                      //数据线拉低
        DQ = dat&0x01;               //注意 dat&0x01 关键看最低位 1,写数据先发最低位
        delay(5);
        DQ = 1;                      //数据线拉高
        dat >>= 1;
    //右移 1 位,比如写 11001011,通过 & 和>>循环 8 次,正好写完 1 个字节
    }
}
//读取温度
unsigned int ReadTemperature(void)
```

```
{
    unsigned char a = 0;
    unsigned char b = 0;
    unsigned int t = 0;
    float tt = 0;
    Init_DS18B20();
    WriteOneChar(0xCC);          //跳过读序号列号的操作
    WriteOneChar(0x44);          //启动温度转换
    Init_DS18B20();
    WriteOneChar(0xCC);          //跳过读序号列号的操作
    WriteOneChar(0xBE);          //读取温度寄存器等(共可读9个寄存器),前两个就是温度
    a = ReadOneChar();           //读低8位(第0个寄存器)
    b = ReadOneChar();           //读高8位(第1个寄存器)
    t = b;
    t <<= 8;                     //两个字节组合为1个字
    t = t|a;                     //将温度的高位与低位合并,注意变量t占两个字节空间
    tt = t * 0.0625;             //将寄存器值转化为温度值
    t = tt * 10 + 0.5;           //放大10倍,对结果进行4舍5入,显示时加小数点
    return(t);
}
void delaylcd(uint z)
{
    uint x, y;
    for(x = z; x > 0; x -- )
    for(y = 110; y > 0; y -- );
}
void write_com(uchar com)
{
    lcden = 0;
    lcdrs = 0;
    P0 = com;
    delaylcd(5);
    lcden = 1;
    delaylcd(5);
    lcden = 0;
}
void write_date(uchar date)
{
    lcden = 0;
    lcdrs = 1;
    P0 = date;
    delaylcd(5);
    lcden = 1;
    delaylcd(5);
    lcden = 0;
}
void init_LCD()
{
    wela = 0;
    write_com(0x38);
    write_com(0x0c);
```

```
        write_com(0x06);
        write_com(0x01);
        write_com(0x80);                      //显示位置,第1行第0个位置
        for(num = 0;table1[num]!= '\0';num++)
    //让 table1[num]与'\0'比较,因字符串最后一位自动加'\0'字符
        {
            write_date(table1[num]);
            delay(5);
        }
        write_com(0x80 + 0x40 + 4);            //显示位置,第2行第4个位置
        for(num = 0;table2[num]!= '\0';num++)
    //让 table2[num]与'\0'比较,数组中已经加'\0'字符
        {
            write_date(table2[num]);
            delay(5);
        }
}
void DS18B20_Display()
{
        wendu[0] = Temp/100;                   //分离得到百位
        wendu[1] = Temp/10 % 10;               //分离得到十位
        wendu[2] = '.';                        //字符小数点
        wendu[3] = Temp % 10;                  //分离得到个位
        write_com(0x80 + 0x40);                //第二行第一个位置显示
        write_date(wendu[0] + 0x30);
    //送入数据的 ASCII 码,因为字符"0"的 ASCII 码是十进制48
        write_date(wendu[1] + 0x30);           //十进制 48 = 十六进制 0x30
        write_date(wendu[2]);
        write_date(wendu[3] + 0x30);           //最后一位是小数点后的数据
}
void main()
{
        init_LCD();                            //液晶初始化配置
        delay(500);                            //延时的目的是等硬件稳定
        while(1)
        {
            Temp = ReadTemperature();          //读取温度
            DS18B20_Display();                 //显示
        }
}
```

4. 程序分析

DS18B20 的操作过程中对延时要求非常严格。同一延时函数在不同单片机、不同晶振下是不相同的,所以要掌握设定精确延时的方法。一种是累加法,执行同一个延时函数,通过多个循环后,取平均值进行测试;另一种是最常见的,使用 STC 下载软件,方法如图 9.28 所示。注意,根据不同种类的单片机,选取 STC-Yx,x=1,3,5。

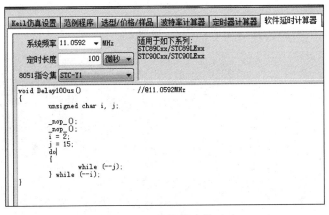

图 9.28 下载软件计算延时

本程序编写思路如下。

(1) 书写头文件,定义引脚。

(2) 初始化 DS18B20。首先将数据线置高电平"1",然后延时,再将数据线置低电平"0";延时后,将数据线拉到高电平"1";稍作延时后,如果初始化成功,产生一个由 DS18B20 返回的低电平"0";读到"0"后还要延时,将数据线再次拉到高电平"1"结束。

(3) 书写读字节函数,将数据线置低电平给脉冲信号,然后向右移位,再将数据线置高电平给脉冲信号,进行或运算,得到数据线的一个状态位并进行数据处理。重复 8 次,得到所有状态位即读得 1 字节的数据。

(4) 书写写字节函数,将数据线置低电平给脉冲信号,进行或运算给予数据发送;稍作延时后,将数据线置高电平,并向右移位。重复该过程 8 次,发送完整个字节。

(5) 书写读取温度函数。先初始化 DS18B20,然后跳过读序列号的操作,启动温度转换;再次启动初始化,跳过读序列号的操作,并读取温度寄存器等,得到温度值。

(6) 书写液晶初始化和读数据、写数据的函数。

(7) 书写主函数。运行读取温度函数和液晶的初始化,然后在 while 循环中对温度赋值;将其按位写入数组,然后在液晶上输出。

5. 实物效果图

DS18B20 芯片的测温实物效果图如图 9.29 所示。

图 9.29 DS18B20 芯片的测温实物效果图

6. 仿真效果图

DS18B20 芯片的测温仿真效果图如图 9.30 所示。

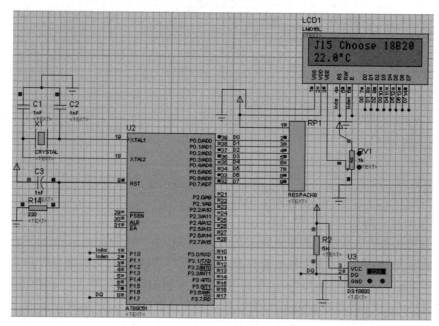

图 9.30　DS18B20 芯片的测温仿真效果图

9.3　案例目标 16　基于 I²C 总线技术的 AT24C02 数据读/写系统设计

基于 I²C 的串行总线扩展技术的单片机应用系统具有硬件简单,更改和扩展灵活,软件编写方便等特点。51 单片机内没有集成 I²C 总线接口模块,但并不意味着 51 单片机不能与 I²C 总线接口器件或设备进行通信,只要用软件正确地模拟出 I²C 总线的工作时序,就可以通信,最终使单片机应用系统的功能更加强大。AT24C02 芯片是典型的 I²C 总线接口器件,本节将以此为研究对象,介绍 I²C 总线的通信协议,并将其运用到单片机的 AT24C02 芯片扩展实例中。

9.3.1　I²C 串行总线技术

1. I²C 串行总线技术概述

I²C 是 Inter-Integrated Circuit 的缩写。I²C 总线是一种由 Philips 公司开发的串行总线,用于连接微控制器及其外围设备。具有 I²C 接口的设备有微控制器、ADC、DAC、存储器、LCD 控制器、LCD 驱动器以及实时时钟等。

采用 I²C 总线标准的器件,其内部不仅有 I²C 接口电路,而且将内部各单元电路按功能划分为若干相对独立的模块,通过软件寻址实现片选,减少了器件片选线的连接。CPU 不仅能通过指令将某个功能单元挂靠或脱离总线,还可对该单元的工作状况进行检测,实现对硬件系统简单而灵活的扩展和控制。I²C 只有两条物理线路:一条串行数据线(SDA),一条串行时钟线(SCL),基本结构如图 9.31 所示。

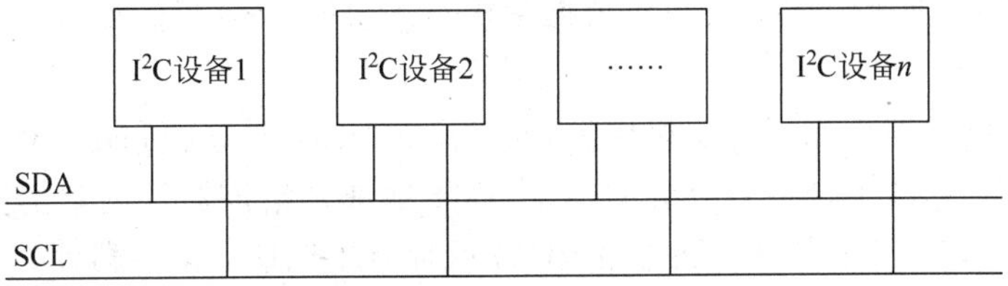

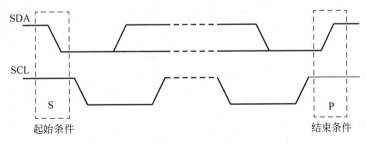

图 9.31 I²C 串行总线系统的基本结构

连接到 I²C 总线上的设备分为两类：主控设备和从控设备。它们都可以是数据的发送器和接收器，但是数据接收和发送的发起者只能是主控设备。正常情况下，I²C 总线上的所有从控设备被设置为高阻状态，而主控设备保持高电平，表示空闲状态。

I²C 具有如下特点。

(1) 只有两条物理线路：一条串行数据线(SDA)，一条串行时钟线(SCL)。

(2) 每个连接到总线的器件都可以使用软件根据其唯一的地址来识别。

(3) 传输数据的设备间是简单的主从关系。

(4) 主机可以用作主机发送器或主机接收器。

(5) 它是一个真正的多主机总线，两个或多个主机同时发起数据传输时，可以通过冲突检测和仲裁来防止数据被损坏。

(6) 串行的 8 位双向数据传输，位速率在标准模式下可达 100Kb/s，在快速模式下可达 400Kb/s，在高速模式下可达 3.4Mb/s。

2．I²C 串行总线通信协议

1) 起始条件和停止条件

I²C 总线的操作模式为主从模式，即主发送模式、主接收模式、从发送模式和从接收模式。当 I²C 处于从模式时，若要传输数据，必须检测 SDA 线上的起始条件。起始条件由主控设备产生。起始条件在 SCL 保持高电平期间，SDA 由高电平向低电平变化。当 I²C 总线上产生了一个起始条件，这条总线就被发出起始条件的主控器占用，变成"忙"状态；当 SCL 保持高电平期间，将 SDA 由低电平向高电平状态变化规定为停止条件，如图 9.32 所示。停止条件也由主控设备产生。当主控器产生一个停止条件时，停止数据传输，总线被释放，I²C 总线变成"闲"状态。

图 9.32 I²C 起始条件和停止条件示意图

2) 从机地址

当主控器发出一个起始条件后，它立即送出一个从机地址，通知与之通信的从器件。一般情况下，从机地址由 7 位地址位和 1 位读/写标志 R/W 组成，7 位地址占据高 7 位，读/写位在最后。读/写位是"0",表示主机将要向从机写入数据;读/写位是"1",表示主机将要从从机读取数据。

带有 I²C 总线的器件除了有从机地址(Slave Address)外,还可能有子地址。从机地址是指该器件在 I²C 总线上被主机寻址的地址,而子地址是指该器件内部不同部件或存储单元的编址。例如,带 I²C 总线接口的 E²PROM 就拥有子地址。某些器件(只占少数)的内部结构比较简单,可能没有子地址,只有必需的从机地址。与从机地址一样,子地址实际上也像普通数据那样传输,传输格式与数据统一。区分传输的到底是地址还是数据,靠收、发双方具体的逻辑约定。子地址的长度必须由整数个字节组成,可能是单字节(8 位子地址),也可能是双字节(16 位子地址),还可能是 3 字节以上,这要看器件的规定。

3) 数据传输控制

I²C 总线总是以字节(Byte)为单位收发数据,每个字节的长度都是 8 位,每次传送字节的数量没有限制。I²C 总线首先传输的是数据的最高位(MSB),最后传输的是最低位(LSB)。另外,每个字节之后跟一个响应位,称为应答。接收器接收数据的情况可以通过应答位来告知发送器。应答位的时钟脉冲仍由主机产生,而应答位的数据状态遵循"谁接收,谁产生"的原则,即总是由接收器产生应答位。主机向从机发送数据时,应答位由从机产生;主机从从机接收数据时,应答位由主机产生。I²C 总线标准规定:应答位为"0",表示接收器应答(ACK),简记为 A;为"1",表示非应答(NACK),简记为 Ā。发送器发送完 LSB 之后,应当释放 SDA 线,以等待接收器产生应答位。如果接收器在接收完最后一个字节的数据,或者不能再接收更多的数据时,应当产生非应答来通知发送器。发送器如果发现接收器产生了非应答状态,应当终止发送。

I²C 总线基本数据传输格式根据从机地址,分为 7 位寻址和 10 位寻址两种。无子地址的从机地址由 7 位地址位和 1 位读/写位构成,称为 7 位寻址方式,其数据格式如图 9.33(a)和图 9.34(a)所示;有子地址的从机地址为 10 位寻址方式,分别由 7 位地址位和 1 位读/写位,以及 2 位子地址构成,其数据格式如图 9.33(b)和图 9.34(b)所示。

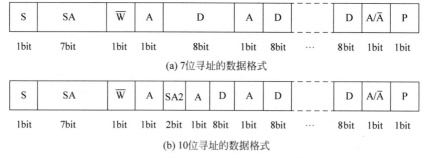

(a) 7位寻址的数据格式

(b) 10位寻址的数据格式

图 9.33　主机向从机发送数据的基本格式

其中,

(1) S:起始位(START),1 位。

(2) RS:重复起始条件,1 位。

(3) SA:从机地址(Slave Address),7 位。

(4) SA2:从机子地址,2 位。

(5) W̄:写标志位(Write),1 位。

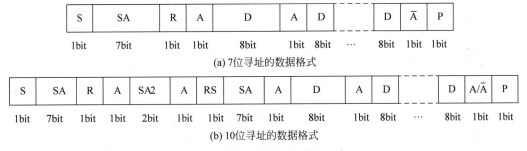

图 9.34 主机从从机接收数据的基本格式

（6）R：读标志位（Read），1 位。

（7）A：应答位（Acknowledge），1 位。

（8）$\bar{A}$：非应答位（Not Acknowledge），1 位。

（9）D：数据（Data），每个数据都必须是 8 位。

（10）P：停止位（STOP），1 位。

4）数据传输时序图

I^2C 总线主机向从机发送 1 字节数据的时序如图 9.35 所示，主机从从机接收 1 字节数据的时序如图 9.36 所示。

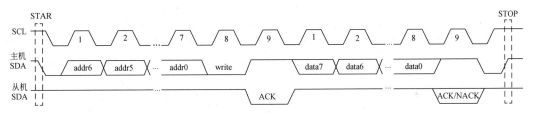

图 9.35 主机向从机发送 1 字节数据的时序图

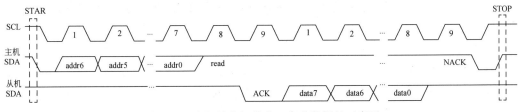

图 9.36 主机从从机接收 1 字节数据的时序图

在图 9.35 和图 9.36 中，SDA 信号线被画成了两条，一条由主机产生，另一条由从机产生。实际上，主机和从机的 SDA 信号线总是连接在一起的，是同一根 SDA。画成两个 SDA，表示在 I^2C 总线上，主机和从机的不同行为。

3. I^2C 串行总线 E^2PROM 芯片 AT24C02

1）AT24C02 引脚分配

AT24C02 是一个 2K 位串行 CMOS E^2PROM，内部含有 256 个 8 位字节。AT24C02 支持 I^2C 总线数据传送协议。数据传送由产生串行时钟和所有起始停止信号的主器件控制。主器件和从器件都可以作为发送器或接收器，但由主器件控制传送数据（发送或接收）

的模式,通过器件地址输入端 A0、A1 和 A2 将最多 8 个 AT24C02 器件连接到总线上。其引脚分配如图 9.37 所示。

（1）SCL：串行时钟输入引脚,用于产生器件所有数据发送或接收的时钟。

（2）SDA：串行数据/地址引脚,用于器件所有数据的发送或接收。SDA 是一个开漏输出引脚,可与其他开漏输出或集电极开路输出进行线或。

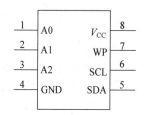

图 9.37　AT24C02 引脚分配图

（3）A0、A1、A2：器件地址输入端,用于多个器件级联时设置器件地址。当这些脚悬空时,默认值为 0。AT24C02 最大可级联 8 个器件。如果只有 1 个 AT24C02 被总线寻址,这 3 个地址输入脚（A0、A1、A2）必须连接到 GND。

（4）WP：写保护。如果 WP 引脚连接到 V_{CC},所有的内容都被写保护,只能读;当 WP 引脚连接到 GND 或悬空,允许器件进行正常的读/写操作。

2）AT24C02 的存储结构和寻址方式

AT24C02 的存储容量为 2Kb,内容分成 32 页,每页 8B,共 256B。操作时有两种寻址方式：芯片寻址和片内子地址寻址。

（1）芯片寻址：AT24C02 的芯片地址为 1010,其地址控制字格式如表 9.16 所示。

表 9.16　AT24C02 地址控制字格式

1010	A2	A1	A0	R/W

其中,A2、A1、A0 为可编程地址选择位。A2、A1、A0 引脚接高、低电平后,得到确定的 3 位编码,与 1010 形成 7 位编码,即为该器件的地址码。R/W 为芯片读/写控制位,该位为 "0",表示芯片进行写操作。

（2）片内子地址寻址：芯片寻址可对内部 256B 中的任一个进行读/写操作,其寻址范围为 00～FF,共 256 个寻址单位。

3）AT24C02 与单片机的接口

AT24C02 的 SCL 和 SDA 分别与开发板单片机的 P3.6 和 P3.7 引脚相连接,AT24C02 的 A2、A1、A0、WP 分别接低电平,则 AT24C02 的地址为 0xA0。

9.3.2　I²C 串行总线案例目标的实现

案例目标的描述：I²C 总线（Inter IC Bus）由 Philips 公司推出,是近年来微电子通信控制领域广泛采用的一种新型的总线标准。它是同步通信的一种特殊形式,具有接口线少,控制简单,器件封装形式小,通信速率较高等优点。在主从通信中,可以有多个 I²C 总线器件同时接到 I²C 总线上,所有与 I²C 兼容的器件都具有标准的接口,通过地址来识别通信对象,使它们可以经由 I²C 总线直接通信。STC89C52 单片机本身不能存储数据,单片机关电后数据就消失了,所以需要借助外围存储芯片来存取数据。通过此程序实现数据的断电保护,以便更好地了解、学习 AT24C02 芯片,具体功能为：向芯片某个地址写数据,然后将该数据读出来,并用 P1 口连接的 8 个小灯显示出来。

1. 思路分析

由开发板原理图可知,J10 需要连接跳线帽才能给 AT24C02 供电。A0、A1、A2 接 GND 了,见 AT24C02 地址控制字格式表格,所以器件地址为 1010000X,X＝0 表示写,X＝1 表示读。编程时要注意时序。

I²C 串行总线案例
实物演示讲解

2. 原理图

AT24C02 案例开发板原理图如图 9.38 所示。

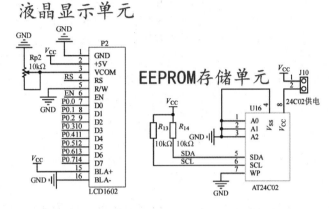

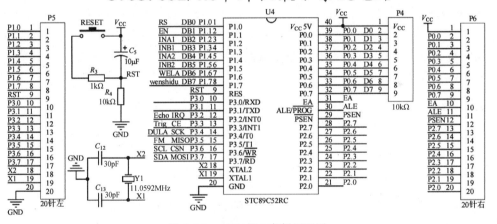

图 9.38　AT24C02 案例原理图

3. 单片机模拟 I²C 总线通信原理

单片机模拟 I²C 总线通信时,需要写出如下几个关键程序:总线初始化、启动信号、应答信号、停止信号、写 1 字节、读 1 字节。

1) 总线初始化

```
void init()                          //总线初始化
{
    sda = 1;
    delay();
    scl = 1;
    delay();
}
```

将总线都拉高,以释放总线。

2) 启动信号

```
void start()                          //开始信号
{
    sda = 1;                          //SDA 高电平
    delay();                          //延时
    scl = 1;                          //SCL 低电平
    delay();                          //延时
    sda = 0;                          //SDA 是一个下降沿信号
    delay();                          //延时
}
```

SCL 在高电平期间,SDA 是一个下降沿启动信号。

3) 应答信号

```
void respons()                        //应答
{
    uchar i;                          //无符号字符型 i
    scl = 1;
    delay();
    while((sda == 1)&&(i < 250))i++;   //SDA 有应答或 i 自加超过 250,则退出循环
    scl = 0;
    delay();
}
```

SCL 在高电平期间,SDA 被从设备拉为低电平,表示应答。

4) 停止信号

```
void stop()                           //停止
{
    sda = 0;                          //SDA 低电平
    delay();                          //延时
    scl = 1;                          //SCL 高电平
    delay();                          //延时
    sda = 1;                          //SDA 是一个上升沿停止信号
    delay();                          //延时
}
```

SCL 在高电平期间,SDA 是一个上升沿停止信号。

5) 写 1 字节

```
void write_add(uchar address,uchar date)   //写字节
{
    start();
    write_byte(0xa0);
    respons();
    write_byte(address);
    respons();
    write_byte(date);
    respons();
```

```
        stop();
}
```

串行发送 1 字节时,需要把该字节中的 8 位一位一位地发送出去。

6）读 1 字节

```
uchar read_add(uchar address)           //读字节
{
    uchar date;
    start();
    write_byte(0xa0);                   //主机对从机进行写操作
    respons();
    write_byte(address);
    respons();
    start();
    write_byte(0xa1);                   //主机对从机进行读操作
    respons();
    date = read_byte();
    stop();
    return date;
}
```

同样地,串行接收 1 字节,需要将 8 位一位一位地接收,然后组成 1 字节。

4．程序

```
# include < reg52.h >
# define uchar unsigned char
# define uint unsigned int
uchar code table[ ] = "J10 24C02 PWR";  //提示语
sbit lcden = P1^1;                      //液晶使能
sbit lcdrs = P1^0;                      //液晶写
sbit sda = P3^7;                        //定义 sda 引脚
sbit scl = P3^6;                        //定义 scl 引脚
sbit wela = P1^6;                       //关闭数码管
uchar writevalue = 11,readvalue;        //定义写数据变量初值 11,读数据变量
uchar address = 23;                     //定义器件地址取 23
void delay()                            //短延时
{ ;; }
void start()                            //开始信号
{
    sda = 1;                            //数据总线拉高
    delay();
    scl = 1;                            //时钟信号为高电平期间
    delay();
    sda = 0;                            //数据总线产生下降沿
    delay();
}
void stop()                             //停止信号
{
    sda = 0;                            //sda = 0 表示工作状态,这时才能释放总线
    delay();
```

```
    scl = 1;                          //时钟信号为高电平期间
    delay();
    sda = 1;                          //拉高释放数据总线
    delay();
}
void respons()                        //应答信号
{
    uchar i = 0;                      //无符号字符型,取值范围 0～255
    scl = 1;                          //每个字节发送完后的第 9 个时钟信号的开始,
                                      //scl 为高,数据可以有变化
    delay();
    while((sda == 1)&&(i < 255))      //等待从机把数据线拉低,若 i 超过 255,不再等待
    i++;                              //此处的 sda 是从机的
    scl = 0;                          //scl 拉低,数据线不通信
}
void AT24C02_Init()                   //初始化总线拉高释放
{
    scl = 1;
    delay();                          //延时约 5μs
    sda = 1;
    delay();
}
void write_byte(uchar date)           //写一个字节
{
    uchar i,temp;
    temp = date;
    for(i = 0;i < 8;i++)
    {
        temp = temp << 1;             //将 temp 左移一位,移到 CY 位
        scl = 0;
        delay();
        sda = CY;                     //把 CY 位的数据发送出去
        delay();
        scl = 1;                      //scl 高电平期间,sda 数据保持稳定,从机识别数据
        delay();
    }
    scl = 0;                          //scl 拉低,数据不再传输有效
    delay();
    sda = 1;                          //释放总线
    delay();
}
uchar read_byte()
{
    uchar i,k;
    scl = 0;                          //时钟线拉低,确保数据不通信,通信时再拉高
    delay();
    sda = 1;                          //数据线拉高释放总线,一般先写后读
    delay();
    for(i = 0;i < 8;i++)
    {
        scl = 1;                      //时钟线拉高,马上数据通信
        delay();
        k = (k << 1)|sda;             //先收从机的最高位,下次是次高位,依次往下排
        scl = 0;                      //一个时钟信号结束
```

I²C 串行总线案例
程序思路讲解

```
            delay();
    }
    return k;                              //8 个循环正好返回一个字节数据 k
}
void delay1(uchar x)                       //延时
{
    uchar a,b;
    for(a = x;a > 0;a -- )
    for(b = 100;b > 0;b -- );
}
void write_add(uchar address,uchar date)   //写字节
{
    start();
    write_byte(0xa0);
    respons();
    write_byte(address);
    respons();
    write_byte(date);
    respons();
    stop();
}
uchar read_add(uchar address)              //读字节
{
    uchar date;
    start();
    write_byte(0xa0);                      //主机对从器件进行写操作,选择从机地址器件
    respons();
    write_byte(address);                   //选择要操作的从机内部地址
    respons();
    start();
    write_byte(0xa1);                      //主机对从器件进行读操作
    respons();
    date = read_byte();                    //读取数据给 date
    stop();
    return date;
}
void Delay5ms()                            //@11.0592MHz
{
    unsigned char i, j;

    i = 9;
    j = 244;
    do
    {
        while ( -- j);
    } while ( -- i);
}
/ * * * * * * * * * * LCD1602 * * * * * * * * * * * * * /
void write_com(uchar com)                  //写命令
{
    lcdrs = 0;
    P0 = com;
    Delay5ms();
    lcden = 1;
```

```c
        Delay5ms();
        lcden = 0;
}
void write_data(uchar date)                  //写数据
{
        lcdrs = 1;
        P0 = date;
        Delay5ms();
        lcden = 1;
        Delay5ms();
        lcden = 0;
}
void LCD1602_Init()
{
        write_com(0x38);
        write_com(0x0c);
        write_com(0x06);
        write_com(0x01);
}
void AT24C02_Write_Display(uchar add)
{
        uchar i;
        write_com(0x80);
        for(i = 0;table[i]!= '\0';i++)
        write_data(table[i]);
        write_add(add,writevalue);               //向地址 23 写入值
        write_com(0x80 + 0x40);                   //在液晶第 2 行显示 WRITE 和"数据"
        write_data('W');
        write_data('R');
        write_data('I');
        write_data('T');
        write_data('E');
        write_data(writevalue/10 + 0x30);
        write_data(writevalue % 10 + 0x30);
}
void AT24C02_Read_Display(uchar add)
{
        readvalue = read_add(add);
        write_com(0x80 + 0x40 + 8);               //在液晶第 2 行显示 READ 和"数据"
        write_data('R');
        write_data('E');
        write_data('A');
        write_data('D');
        write_data(readvalue/10 + 0x30);
        write_data(readvalue % 10 + 0x30);
}
void main()
{
        wela = 0;                                 //禁止数码管显示
        AT24C02_Init();                           //AT24C02 初始化,释放总线
        LCD1602_Init();                           //液晶初始化,设置显示方式、清屏等
```

```
AT24C02_Write_Display(address);      //将 address 变量的值作为地址单元写数据并显示
delay1(100);
while(1)
{
    AT24C02_Read_Display(address);
    //读 address 变量的值作为地址单元的数据并显示
}
}
```

5. 实物效果图

AT24C02 案例实物效果图如图 9.39 所示。

图 9.39　AT24C02 案例实物效果图

6. 仿真效果图

AT24C02 案例仿真效果图如图 9.40 所示。

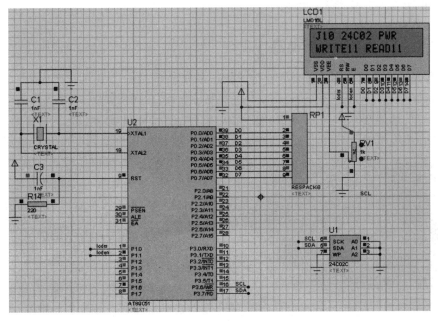

图 9.40　AT24C02 案例仿真效果图

7.程序分析

本程序已经详细注释程序功能,编写时参考时序图。

在编写程序时,应该逐步合程序。

(1)液晶基本显示功能正常。

(2)AT24C02读的数据能够用小灯显示出来。

(3)将两个基本程序合到一起,多编译,一步一步调试,不能将所有的程序都整合到一起,那样出错率极高。

程序流程为:主函数初始化部分主要是对液晶和AT24C02进行配置,包括写一次数据、延时一会儿、待系统稳定后运行到while(1)不断进行读取。将若干个功能写成子函数的形式逻辑性非常强,大家在写的时候多运用。

高级单片机自带 I^2C 功能,比如 ARM32 位单片机 STM32F103ZET6,但是由于其精确度不高,普遍都使用本节讲解的模拟 I^2C。 I^2C 技术应用非常普遍,如图9.41(a)所示的加速度陀螺仪传感器MPU6050,普遍用模拟 I^2C 方式进行通信,该传感器的功能是将测得的数据进行数据融合得到姿态角,广泛应用在平衡车、无人机、老人摔倒系统等。再如图9.41(b)所示的OLED屏应用在各种机器

(a) MPU6050实物图   (b) 0.96寸OLED显示屏

图9.41 I^2C 技术的应用

人控制系统中,也可以采用 I^2C 通信方式,有关 I^2C 技术的更多应用实例见本书配套开发板全程教学及视频资源。

9.4 案例目标17 基于 I^2C 总线技术的 AD/DA 芯片 PCF8591 光强采集显示系统设计

9.4.1 A/D和D/A转换器

1.案例目标背景介绍

随着数字技术,特别是信息技术的飞速发展与普及,在现代控制、通信及检测等领域,为了提高系统的性能指标,对信号的处理广泛采用了数字计算机技术。由于系统的实际对象往往都是一些模拟量(如温度、压力、位移、图像等),要使计算机或数字仪表能识别、处理这些信号,必须先将这些模拟信号转换成数字信号;而经计算机分析、处理后输出的数字量也往往需要将其转换为相应模拟信号才能被执行机构所接受。这样,就产生了A/D和D/A转换器。D/A转换器在实际电路中应用很广,它不仅常作为接口电路用于微机系统,而且可利用其电路结构特征和输入、输出电量之间的关系构成数控电流源、电压源、数字式可编程增益控制电路和波形产生电路等。

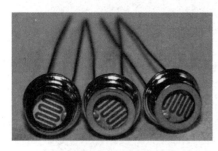

图9.42   光敏电阻实物图

光敏电阻实物图如图9.42所示,常用的制作材

料为硫化镉,另外还有硒、硫化铝、硫化铅和硫化铋等材料。这些制作材料具有在特定波长的光照射下,其阻值迅速减小的特性。

2.相关知识

模拟量和数字量;A/D 转换原理;A/D 转换参数指标;DA 转换原理;A/D 转换参数指标;A/D 与 D/A 转化器 PCF8591。

PCF8591 A/D 功能应用
举例实物演示讲解

PCF8591 A/D 功能应用
举例程序思路讲解

9.4.2　PCF8591 转换器 A/D 功能应用举例

1.模拟量和数字量

模拟量:在时间上或数值上都是连续的物理量称为模拟量,如温度、压力、流量、速度等都是模拟量。数字量:在时间上和数量上都是离散的物理量称为数字量。单片机内部运算时全部用的是数字量,即 0 和 1。使用单片机时如何识别模拟量呢? 需要将模拟量转化为数字量。一般说来,模拟量也可以是压力、温度、湿度、位移、声音等非电信号。在 A/D 转换前,输入到 A/D 转换器的输入信号必须经各种传感器把各种物理量转换成电压信号或电流信号,再转换成数字量,才能在单片机中处理。对单片机而言,可以用 0 和 1 组成二进制代码近似表示信号的大小。如我们可以用 5 位二进制数字量(取值范围为 00000～11111)来表示一个模拟量,可以组合成 $2^5 = 32$ 种不同的数,那么分度值就相当于这个模拟量/32,但是最小分度之间的数无法表示,所以二进制位数越多,用数字量表示模拟量就越精确。单片机采集模拟信号时,通常在前端加上 A/D 转换器。单片机在输出模拟信号时,通常在后端加 D/A 转换器。简单地说:

A/D 转换器(ADC):模拟量→数字量的器件。

D/A 转换器(DAC):数字量→模拟量的器件。

目前性能高级的单片机自带 A/D 和 D/A 功能,如 STC15 系列单片机。

2.A/D 转换器分类

根据转换原理可将 A/D 转换器分成两大类,具体分类如图 9.43 所示。

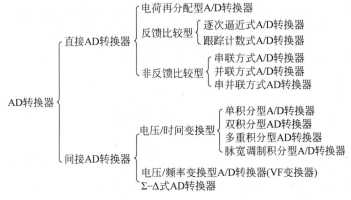

图 9.43　A/D 转换器分类

3. 逐次比较型 A/D 转化器工作原理(如 PCF8591、ADC0804)

逐次比较型 A/D 由一个比较器和 D/A 转换器通过逐次比较逻辑构成,从 MSB(最高位)开始,顺序地对每一位将输入电压与内置 D/A 转换器输出进行比较,经 n 次比较而输出数字值,其电路规模属于中等;其优点是速度较高、功耗低,在低分辨率(<12 位)时价格便宜,但高精度(>12 位)时价格很高,是较常用的 A/D 转换器件。本案例使用 PCF8591 作为A/D 芯片,属于逐次比较型。现对逐次比较式 ADC 的转换原理做进一步介绍。逐次比较式 ADC 的转换原理如图 9.44 所示。

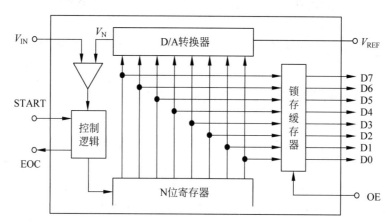

图 9.44　逐次比较式 ADC 的转换原理图

逐次逼近法转换过程是:初始化时将逐次逼近寄存器各位清零;转换开始时,先将逐次逼近寄存器最高位置 1,送入 D/A 转换器,经 D/A 转换后生成的模拟量送入比较器,称为 V_N,与送入比较器的待转换的模拟量 V_{IN} 进行比较,若 $V_N < V_{IN}$,该位 1 被保留,否则被清除。然后再置逐次逼近寄存器次高位为 1,将寄存器中新的数字量送 D/A 转换器,输出的 V_N 再与 V_{IN} 比较,若 $V_N < V_{IN}$,该位 1 被保留,否则被清除。重复此过程,直至逼近寄存器最低位。转换结束后,将逐次逼近寄存器中的数字量送入缓冲寄存器,得到数字量的输出。逐次逼近的操作过程是在一个控制电路的控制下进行的。

4. 模/数转换器(ADC)的主要性能参数

1) 分辨率

ADC 的分辨率是指使输出数字量变化一个相邻数码所需输入模拟电压的变化量。常用二进制的位数表示。例如,12 位 ADC 的分辨率就是 12 位,或者说分辨率为满刻度的 $1/(2^{12})$。一个 10V 满刻度的 12 位 ADC 能分辨输入电压变化最小值为

$$10 \times \frac{1}{2^{12}} = 10 \times \frac{1}{4096} = 2.4\,\mathrm{mV}$$

一般来说,A/D 转换器的位数越多,其分辨率则越高。

2) 量化误差

ADC 把模拟量变为数字量,用数字量近似表示模拟量,这个过程称为量化。量化误差是 ADC 的有限位数对模拟量进行量化而引起的误差。实际上,要准确表示模拟量,ADC 的位数需很大甚至无穷大。在 A/D 转换中,由于量化会产生固有误差,量化误差在 ±1/2LSB

(最低有效位)之间。

例如:一个8位的A/D转换器,它把输入电压信号分成$2^8 = 256$层,若它的量程为0～5V,那么,量化单位q为

$$q = \frac{5}{256} \approx 0.0195V = 19.5mV$$

q正好是A/D输出的数字量中最低位LSB=1时所对应的电压值。因而,这个量化误差的绝对值是转换器的分辨率和满量程范围的函数。

3) 转换速率

转换速率是指完成一次从模拟转换到数字的A/D转换所需的时间的倒数。逐次比较型A/D的转换率是微秒级的,属中速A/D。采样时间则是另外一个概念,是指两次转换的间隔。为了保证转换的正确完成,采样速率必须小于或等于转换速率。因此,有人习惯上将转换速率在数值上等同于采样速率也是可以接受的。常用单位是ksps和Msps,表示每秒采样千/百万次(kilo/million samples per second)。

4) 绝对精度

在一个转换器中,任何数码所对应的实际模拟量输入与理论模拟输入之差的最大值,称为绝对精度。对于ADC而言,可以在每一个阶梯的水平中点进行测量,它包括了所有的误差。

5. 工作电压和基准电压

一般情况,选择使用单一＋5V工作电压的芯片,与单片机系统共用一个电源比较方便。基准电压源是提供给A/D转换器在转换时所需要的参考电压,在要求较高精度时,基准电压要单独用高精度稳压电源供给。

6. PCF8591 简介

PCF8591是单电源低功耗8位CMOS数据采集器件,电源供电典型值为5V,具有I^2C接口的8位A/D和D/A转换芯片,具有4路模拟输入,属逐次比较型,一路DAC输出和一个I^2C总线接口。AD/DA转换的最大速率约为11kHz。其主要的功能特性如下。

- 单电源供电,典型值为5V。
- 通过3个硬件地址引脚编址。
- 8位逐次逼近式A/D转换。
- 片上跟踪与保持电路,采样速率取决于I^2C总线速度。
- 4路模拟输入可编程为单端输入或差输入。
- 自动增量通道选择。
- 带一个模拟输出的乘法DAC。

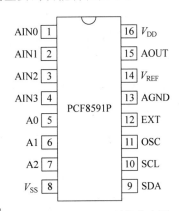

图9.45 PCF8591引脚分布图

1) 引脚功能

PCF8591引脚分布图如图9.45所示。PCF8591引脚功能描述如表9.17所示。

表 9.17　PCF8591 引脚功能描述

引脚序号	引脚名称	功 能 描 述
1～4	AIN0～AIN3	模拟信号输入端 0～5V
5～7	A0～A2	器件硬件地址输入端,由硬件电路决定
16、8	V_{DD}、V_{SS}	电源、地
9、10	SDA、SCL	I^2C 总线的数据线、时钟线
11	OSC	外部时钟输入端,内部时钟输出端
12	EXT	时钟选择:EXT=0,使用内部时钟,EXT=1,使用外部时钟
13	AGND	模拟信号地
14	V_{REF}	基准电源(0.6～5V),取值大小影响 A/D 读取电压和 D/A 转换输出电压。当取值等于 V_{DD} 时,输出电压 0～5V
15	AOUT	D/A 转换输出端

2) 设备地址

PCF8591 的设备地址包括固定部分和可编程部分。可编程部分需要根据硬件引脚 A0、A1 和 A2 来设置。设备地址的最后一位用于设置数据传输的方向,即读/写位。PCF8591 的设备地址格式如图 9.46 所示。

图 9.46　PCF8591 的设备地址格式

Philips 规定 A/D 器件高四位地址为 1001,低三位地址为引脚地址 A0、A1、A2,由硬件电路决定。在 I^2C 总线协议中,设备地址是起始信号后第一个发送的字节。如果硬件地址引脚 A0、A1、A2 均接地,那么,PCF8591 的设备的读操作地址为 0x91;而写操作地址为 0x90。

3) 控制寄存器

在设备地址之后,发送到 PCF8591 的第二个字节将被存储在控制寄存器中,用于控制器件功能。该寄存器的具体定义如表 9.18 所示。

表 9.18　PCF8591 控制寄存器

位	值	复位值	描　　　述	
7	0	特征位	固定值:0	
6	×	模拟输出控制	0:A/D 转换	1:D/A 转换
5	×	模拟量	00:四路单端输入	01:三路差分输入
4	×	输入方式选择	10:两路单端,一路差分	11:两路差分输入
3	0	特征位	固定值为:0	
2	×	自动增量控制	0:禁止自动增量	1:允许自动增量
1	×	A/D 通道选择	00:AIN0,通道 0	01:AIN1,通道 1
0	×		10:AIN2,通道 2	01:AIN3,通道 3

控制字节的第 2 位是自动增量控制位,所谓自动增量的意思就是:读完了一个通道的数据,下次再读,自动读取下一个通道的数据,但是要注意每次读到的数据都是上一次的转换结果。

开发板 PCF8591 的三个硬件引脚地址均接地,两路模拟信号均为单端输入,分别如下。

电位器接到 AIN0,通道 0；控制寄存器应写入 0x00。

光敏传感器接到 AIN1,通道 1；控制寄存器应写入 0x01。

4) A/D 转换应用开发流程

一个 A/D 转换周期的开始,总是在发送有效的读设备地址给 PCF8591 之后,A/D 转换在应答时钟脉冲的后沿被触发。PCF8591 的 A/D 转换程序设计流程,可以分为以下 4 个步骤。

(1) 发送写设备地址,选择 I^2C 总线上的 PCF8591 器件。

(2) 发送控制字节,选择模拟量输入模式和通道。

(3) 发送读设备地址,选择 I^2C 总线上的 PCF8591 器件。

(4) 读取 PCF8591 中目标通道的数据。

7. PCF8591 的 A/D 转换时序图

PCF8591 的 A/D 转换时序图如图 9.47 所示。

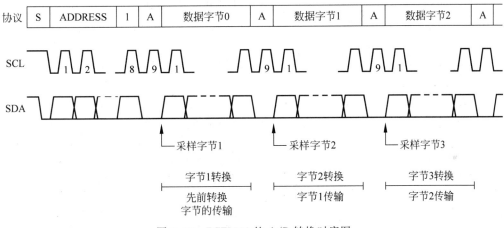

图 9.47　PCF8591 的 A/D 转换时序图

A/D 转换器采用逐次逼近转换技术。一旦一个转换周期被触发,所选通道的输入电压采样将保存到芯片并被转换为对应的 8 位二进制码。

8. PCF8591AD 功能应用举例

举例描述：研究开发板上 PCF8591AD/DA 采集部分原理图,并设计 Proteus 仿真电路图,编写实物和仿真对应程序,采集滑动变阻器电压,并在数码管上显示出来。

1) 思路分析

由原理图可知,PCF8591 的参考电压 V_{REF} 选用了 TL431 输出的稳定电压 2.5V,而输入电压是 5V,所以 8 位 A/D 测量范围 0~255 对应的是 0~2.5V,当滑动变阻器电压大于 2.5V 时显示的数 255 不变。PCF8591 的 AIN0 通道连接了滑动变阻器,AIN1 通道连接了光敏电阻。

2) 原理图

PCF8591AD 功能应用举例原理图如图 9.48 所示。

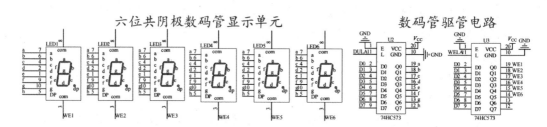

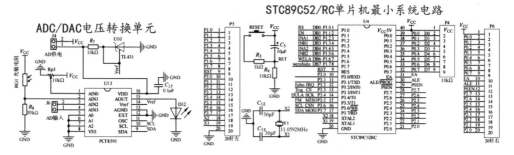

图 9.48　PCF8591AD 功能应用举例原理图

3) 程序

```c
#include <reg52.h>
#define uint unsigned int
#define uchar unsigned char
sbit sda = P3^7;                    //自定义普通I/O口模拟I²C
sbit scl = P3^6;
sbit dula = P3^4;                   //数码管段选锁存端
sbit wela = P1^6;                   //数码管位选锁存端
uchar code tabledula[] = {0x3f,0x06,0x5b,0x4f,0x66,0x6d,0x7d,0x07,0x7f,0x6f};
                                    //数码管显示编码(0-9)
uchar code tablewela[] = {0xfe,0xfd,0xfb,0xf7,0xef,0xdf};  //数码管显示位码(对应第0到第5个)
void Delay(uint n)
{
    uint i,j;
    for(i = n;i > 0;i -- )
        for(j = 110;j > 0;j -- );
}
void delay()                        //延时5μs左右
{;;}
void init()                         //初始化数据总线拉高释放
{
    scl = 1;
    delay();                        //延时5μs左右
    sda = 1;
    delay();
}
void start()                        //启始信号
```

PCF8591AD 功能举例
与实物演示讲解

PCF8591AD 功能举例
程序思路讲解

```
{
    sda = 1;                              //数据总线拉高
    delay();
    scl = 1;                              //时钟信号为高电平期间
    delay();
    sda = 0;                              //数据总线产生下降沿
    delay();
}
void stop()                               //停止信号
{
    sda = 0;                              //sda = 0 表示工作状态,这时才能释放总线
    delay();
    scl = 1;                              //时钟信号为高电平期间
    delay();
    sda = 1;                              //拉高释放数据总线
    delay();
}
void respons()                            //应答函数
{
    uchar i = 0;
    scl = 1;                              //每个字节发送完后的第九个时钟信号的开始,
                                          //scl 为高,数据可以有变化
    delay();
    while((sda == 1)&&(i < 255))          //等待从机把数据线拉低,若 i 超过 255 不再等待
    i++;                                  //此处的 sda 是从机的
    scl = 0;                              //scl 拉低,数据线不通信
}
void writebyte(uchar d)                   //写一字节,先发最高位,每次左移一位
{
    uchar i,temp;
    bit value;
    temp = d;
    for(i = 0;i < 8;i++)
    {
        value = temp&0x80;                //得到 temp 的最高位
        scl = 0;                          //时钟拉低总线数据 sda 更新变化时才能被
                                          //从机识别
        delay();
        sda = value;                      //给数据总线赋值
        delay();
        scl = 1;                          //scl 高电平期间,sda 数据保持稳定,从机识别数据
        delay();
        temp = temp << 1;                 //左移 1 位得到次高位
    }
    scl = 0;                              //scl 拉低,数据不再传输有效
    delay();
    sda = 1;                              //释放总线
    delay();
```

```c
    }
uchar readbyte()
{
    uchar i,k;
    scl = 0;                              //时钟线拉低,确保数据不通信,通信时再拉高
    delay();
    sda = 1;                              //数据线拉高释放总线,一般先写后读
    delay();
    for(i = 0;i < 8;i++)
    {
        scl = 1;                          //时钟线拉高,马上数据通信
        delay();
        k = (k << 1)|sda;                 //先收从机的最高位,下次是次高位,依次往下排
        scl = 0;                          //一个时钟信号结束
        delay();
    }
    return k;                             //8 个循环正好返回一个字节数据 k
}
void display(uchar bai,uchar shi,uchar ge)
{
        wela = 0;
        dula - 0;
    /* 第 0 个数码管显示 bai */
    P0 = tablewela[0];
        wela = 1;
        wela = 0;
    P0 = tabledula[bai];
        dula = 1;
        dula = 0;
    Delay(1);
    /* 第 1 个数码管显示 shi */
        P0 = tablewela[1];
        wela = 1;
        wela = 0;
    P0 = tabledula[shi];
        dula = 1;
        dula = 0;
    Delay(1);
    /* 第 2 个数码管显示 ge */
    wela = 0;
        dula = 0;
    P0 = tablewela[2];
        wela = 1;
        wela = 0;
    P0 = tabledula[ge];
        dula = 1;
        dula = 0;
    Delay(1);
    }
uchar read(uchar addr)
```

```
{
    uchar dat;
    start();                          //开始信号
    writebyte(0x90);                  //原理图 A0、A1、A2 都为 0,发送从机地址和方向位 0,写数据
    respons();                        //等待应答
    writebyte(addr);                  //写控制寄存器地址
    respons();                        //等待应答
    start();                          //开始信号
    writebyte(0x91);                  //主机读数据,从机向主机写数据,方向位为 1
    respons();                        //应答
    dat = readbyte();                 //读数据给 dat
    stop();                           //发送停止信号
    return dat;                       //返回读的数据
}
void main()
{
    uchar ge,shi,bai,n;               //定义变量,取值范围 0~255
    init();                           //初始化 PCF8591
    while(1)
    {
    n = read(0x00);                   //见 PCF8591 控制寄存器表 9.22,A/D 读第 0 通道
    ge = n % 10;                      //位分离
    shi = n % 100/10;
    bai = n/100;
    display(bai,shi,ge);              //循环显示
    }
}
```

4) 实物效果图

ADC 应用举例实物效果图如图 9.49 所示。

图 9.49 ADC 应用举例实物效果图

5）仿真效果图

ADC 应用举例仿真效果图如图 9.50 所示。

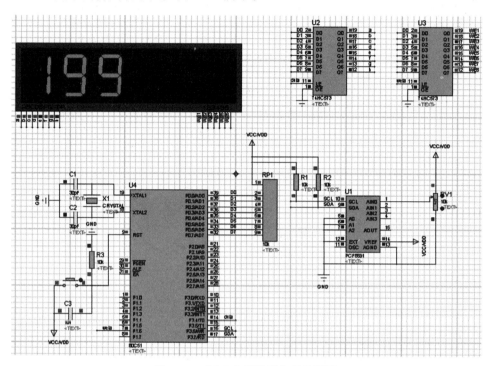

图 9.50　ADC 应用举例仿真效果图

6）程序分析

程序中每一行的功能已经注释。I^2C 通信过程见 A/D 转换时序图 9.47,主函数程序流程如下。

（1）初始化 PCF8591,释放数据总线。

（2）进入 whie(1),读第 0 通道的数据,仿真和开发板第 0 通道连接的都是滑动变阻器。

（3）分离数据。

（4）数码管显示。

（5）循环,进入步骤(2)。

注意：实物的 V_{REF} 参考电压是经过 TL431 稳压后的 2.5V,显示数据 0～255 对应 0～2.5V,成比例计算即可。而仿真中的参考电压 V_{CC} 为 5V,所以 255 代表 5V。这里是为了让大家看到效果,需要学生灵活运用。

9.4.3　PCF8591 转换器 D/A 功能应用举例

D/A 转换器是将数字量转换为模拟量的电路,主要用于数据传输系统、自动测试设备、医疗信息处理、电视信号的数字化、图像信号的处理和识别、数字通信和语音信息处理等。

1. 数/模转换器(DAC)的主要性能参数

1）分辨率

分辨率表明 DAC 对模拟量的分辨能力,它是最低有效位(LSB)所对应的模拟量,它确定了能由 D/A 产生的最小模拟量的变化。分辨率与输入数字量的位数有确定的关系,可以表示成 $FS/2^n$。FS 表示满量程输入值,n 为二进制位数。对于 5V 的满量程,采用 8 位的 DAC 时,分辨率为 5V/256＝19.5mV;当采用 12 位的 DAC 时,分辨率则为 5V/4096＝1.22mV。显然,位数越多,分辨率就越高。

2) 线性误差

D/A 的实际转换值偏离理想转换特性的最大偏差与满量程之间的百分比称为线性误差。

3) 建立时间

建立时间指输入数字量变化时,输出电压变化到相应稳定电压值所需的时间,也可以指当输入的数字量发生满刻度变化时,输出电压达到满刻度值的误差范围 $\pm\frac{1}{2}$LSB 所需的时间。建立时间是描述 D/A 转换速率的一个动态指标。电流输出型 DAC 的建立时间短。电压输出型 DAC 的建立时间主要决定于运算放大器的响应时间。根据建立时间的长短,可以将 DAC 分成超高速($<1\mu$S)、高速($10\sim1\mu$S)、中速($100\sim10\mu$S)、低速($\geqslant100\mu$S)4 挡。

4) 绝对精度和相对精度

绝对精度(简称精度)是指在整个刻度范围内,任一输入数码所对应的模拟量实际输出值与理论值之间的最大误差。绝对精度是由 DAC 的增益误差(当输入数码为全 1 时,实际输出值与理想输出值之差)、零点误差(数码输入为全 0 时,DAC 的非零输出值)、非线性误差和噪声等引起的。绝对精度(即最大误差)应小于 1 个 LSB。相对精度与绝对精度表示同一含义,用最大误差相对于满刻度的百分比表示。

5) 输出电平

不同型号的 D/A 转换器的输出电平相差较大,一般为 5～10V,有的高压输出型的输出电平高达 24～30V。

2. PCF8591 转换器 D/A 功能介绍

发送给 PCF8591 的第三个字节 D/A 数据寄存器,表示 D/A 模拟输出的电压值,并使用片上 D/A 转换器转换成对应的模拟电压。D/A 是数字量转为模拟量,A/D 是模拟量转化为数字量,正好相反。PCF8591 的 D/A 是 8 位的,二进制 8 个 1 对应十进制 255,所以取值范围为 0～255,如果代表电压 0～5V,每增加 1 代表 5V/255＝19.6mV,用示波器或者万用表可以测量 AOUT 点的输出电压,连接 LED 发光二极管可以看到灯的亮暗变化。

3. PCF8591 的 D/A 转换时序图

PCF8591 的 D/A 转换时序图如图 9.51 所示。

4. PCF8591 的 DAC 功能应用实例

实例功能描述:研究开发板原理图,PCF8591 的 D/A 输出端连接了一个 LED 发光二极管,编写程序,控制小灯渐亮渐灭。

1) 原理图

PCF8591 的 DAC 功能应用实例原理图如图 9.52 所示。

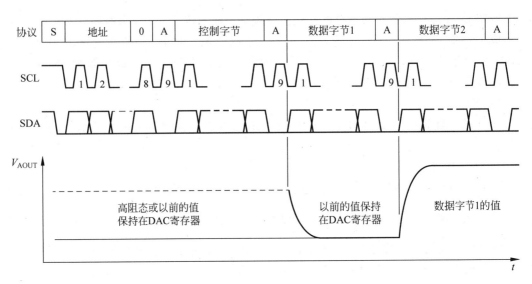

图 9.51　PCF8591 的 D/A 转换时序图

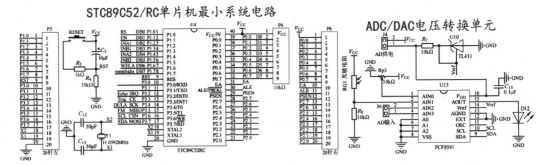

图 9.52　PCF8591 的 DAC 功能应用实例原理图

2) 程序

```
# include "reg52.h"
# define uchar unsigned char
# define uint unsigned int
uchar value = 150;
sbit sda = P3^7;                //自定义由普通 I/O 口模拟 I²C
sbit scl = P3^6;
sbit wela = P1^6;               //准备禁止数码管显示,防止数码管显示干扰
uchar keynum;                   //D/A 亮度调节值,注意小灯不宜长时间太亮,防止烧坏
void delay()                    //延时 5μs 左右
{;;}
void init()                     //初始化总线拉高释放
{
    scl = 1;
    delay();                    //延时 5μs 左右
    sda = 1;
    delay();
```

```
}
void start()                              //启始信号
{
    sda = 1;                              //数据总线拉高
    delay();
    scl = 1;                              //时钟信号为高电平期间
    delay();
    sda = 0;                              //数据总线产生下降沿
    delay();
}
void stop()                               //停止信号
{
    sda = 0;                  //sda = 0 表示工作状态,这时才能释放总线
    delay();
    scl = 1;                              //时钟信号为高电平期间
    delay();
    sda = 1;                              //拉高释放数据总线
    delay();
}

void respons()                            //应答函数
{
    uchar i = 0;
    scl = 1;            //每个字节发送完后的第九个时钟信号的开始,scl 为高,数据可以有变化
    delay();
    while((sda == 1)&&(i < 255))          //等待从机把数据线拉低,若 i 超过 255 不再等待
    i++;                                  //此处的 sda 是从机的
    scl = 0;                              //scl 拉低,数据线不通信
}
void writebyte(uchar d)                   //写一字节,先发最高位,每次左移一位
{
    uchar i,temp;
    bit value;
    temp = d;
    for(i = 0;i < 8;i++)
    {
        value = temp&0x80;                //得到 temp 的最高位
        scl = 0;                          //时钟拉低总线数据 sda 更新变化时才能被
                                          //从机识别
        delay();
        sda = value;                      //给数据总线赋值
        delay();
        scl = 1;                          //scl 高电平期间,sda 数据保持稳定,从机识别数据
        delay();
        temp = temp << 1;                 //左移 1 位得到次高位
    }
    scl = 0;                              //scl 拉低,数据不再传输有效
    delay();
    sda = 1;                              //释放总线
    delay();
}
```

PCF8591DA 功能应用
举例实物演示讲解

PCF8591DA 功能应用
举例程序思路讲解

```
void write(uchar addr,uchar dat)
{
    start();                          //开始信号
    writebyte(0x90);                  //原理图A0、A1、A2都为0,发送从机地址和方向位0,写数据
    respons();                        //等待应答
    writebyte(addr);                  //写控制寄存器地址
    respons();                        //等待应答
    writebyte(dat);                   //写数据
    respons();                        //等待应答
    stop();                           //停止
}
void Delay(uchar x)
{
    uchar a,b;
    for(a = x;a > 0;a --)
     for(b = 110;b > 0;b --);
}
unsigned char KEYSCAN()
{
        unsigned char num = 20;       //定义一个不为0,1的数即可
        P2 = 0xfe;
        if(P2!= 0xfe)
         {
            Delay(50);
            if(P2!= 0xfe)
             {
                switch(P2)
                {
                    case 0xee: num = 0;  //矩阵按键第1行第1个按键按下
                        break;
                    case 0xde: num = 1;  //矩阵按键第1行第2个按键按下
                        break;
                }
                while(P2!= 0xfe);
             }
         }
     return num;
}
void main()
{
    wela = 1;                         //数码管不显示
    P0 = 0xff;
    wela = 0;
     init();
     while(1)
    {
        keynum = KEYSCAN();
        if(keynum == 0)
        {
            keynum = 20;
            value = value + 5;
```

```
                  if (value == 250)
                  {
                    value = 245;
                  }
             }
             if(keynum == 1)
             {
                keynum = 20;
                value = value − 5;
                if (value == 10)
                {
                  value = 15;
                }
             }
             write(0x40,value);                //转换为 D/A 输出值
        }
}
```

5. 实物效果图

PCF8591 的 DAC 功能应用实例实物效果图如图 9.53 所示。

    (a) 按加数键小灯发光不明显效果图   (b) 再一次按加数键小灯发光明显效果图

图 9.53 PCF8591 的 DAC 功能应用实例实物效果图

6. 程序分析

(1) 键盘扫描,两个按键进行加数和减数,这里没有用独立按键,增加了难度,使用独立按键只需参考第 5 章内容即可。

(2) 判断 keynum==0,成立说明第一个按键被按下,进行加数;判断 keynum==1,成立说明第二个按键被按下,进行减数。

(3) 写 D/A 输出值。

注意:A/D 的 void read( ) 和 D/A 的 void write( ) 函数的相同和不同点。D/A 功能仿真小灯变化效果不明显,因此舍去仿真功能。

9.4.4 A/D 案例目标的实现

案例目标的描述:根据开发板的原理图研究光敏电阻测量光强的硬件电路,编写程序,采集光敏电阻的电压,通过 LCD1602 显示所测得的数据和电压值。

1. 思路分析

由原理图可知,光敏电阻连接到了 PCF8591 的第 1 通道,前面 A/D 实例是把滑动变阻器分压数值显示到数码管上,本案例是将数值显示到液晶上。本案例与生活实际结合,应用价值比较强。

2. 原理图

A/D 案例目标原理图如图 9.54 所示。

PCF8591AD 案例
实物演示讲解

PCF8591AD 案例
程序思路讲解

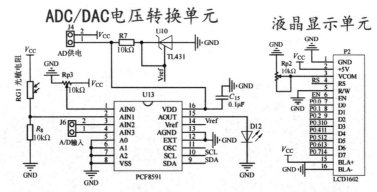

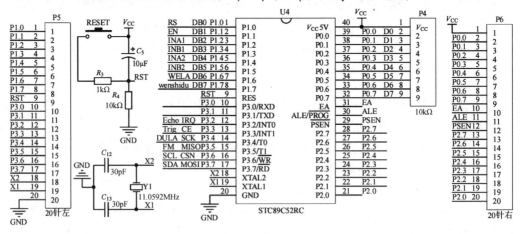

图 9.54　A/D 案例目标原理图

3. 程序

```
#include<reg52.h>
#define uint unsigned int
#define uchar unsigned char
```

```
sbit lcdrs = P1^0;
sbit lcden = P1^1;
uchar code table1[] = "J4 ADPWR num:";
uchar code table2[] = "Voltage: mV";
uchar code tablenum[] = "0123456789";
uchar num;                      //用在 for 循环,显示提醒语
uchar qian;                     //变成电压 mV 单位时需要小时千位
uchar bai,shi,ge,n;             //定义测得的数据 n,分离为 bai、shi、ge
sbit sda = P3^7;                //自定义由普通 I/O 口模拟 I²C
sbit scl = P3^6;
sbit wela = P1^6;
void delay()                    //延时 5μs 左右
{;;}
void AD_Init()                  //初始化总线拉高释放
{
    scl = 1;
    delay();                    //延时 5μs 左右
    sda = 1;
    delay();
}
void start()                    //启始信号
{
    sda = 1;                    //数据总线拉高
    delay();
    scl = 1;                    //时钟信号为高电平期间
    delay();
    sda = 0;                    //数据总线产生下降沿
    delay();
}
void stop()                     //停止信号
{
    sda = 0;                    //sda = 0 表示工作状态,这时才能释放总线
    delay();
    scl = 1;                    //时钟信号为高电平期间
    delay();
    sda = 1;                    //拉高释放数据总线
    delay();
}
void respons()                  //应答函数
{
    uchar i = 0;
    scl = 1;            //每个字节发送完后的第九个时钟信号的开始,SCL 为高,数据可以有变化
    delay();
    while((sda == 1)&&(i < 255))  //等待从机把数据线拉低,若 i 超过 255 不再等待
    i++;                        //此处的 sda 是从机的
    scl = 0;                    //scl 拉低,数据线不通信
}
void writebyte(uchar d)         //写一字节,先发最高位,每次左移一位
{
    uchar i,temp;
    bit value;
```

```
        temp = d;
        for(i = 0;i < 8;i++)
        {
            value = temp&0x80;           //得到 temp 的最高位
            scl = 0;                     //时钟拉低总线数据 sda 更新变化时才能被从机识别
            delay();
            sda = value;                 //给数据总线赋值
            delay();
            scl = 1;                     //scl 高电平期间,sda 数据保持稳定,从机识别数据
            delay();
            temp = temp << 1;            //左移 1 位得到次高位
        }
        scl = 0;                         //scl 拉低,数据不再传输有效
        delay();
        sda = 1;                         //释放总线
        delay();
    }
    uchar readbyte()
    {
        uchar i,k;
        scl = 0;                         //时钟线拉低,确保数据不通信,通信时再拉高
        delay();
        sda = 1;                         //数据线拉高释放总线,一般先写后读
        delay();
        for(i = 0;i < 8;i++)
        {
            scl = 1;                     //时钟线拉高,马上数据通信
            delay();
            k = (k << 1)|sda;            //先收从机的最高位,下次是次高位,依次往下排
            scl = 0;                     //一个时钟信号结束
            delay();
        }
        return k;                        //8 个循环正好返回一个字节数据 k
    }
    uchar read(uchar addr)
    {
        uchar dat;
        start();                         //开始信号
        writebyte(0x90);                 //原理图 A0、A1、A2 都为 0,发送从机地址和方向位 0,写数据
        respons();                       //等待应答
        writebyte(addr);                 //写控制寄存器地址
        respons();                       //等待应答
        start();                         //开始信号
        writebyte(0x91);                 //主机读数据,从机向主机写数据,方向位为 1
        respons();                       //应答
        dat = readbyte();                //读数给 dat
        stop();                          //发送停止信号
        return dat;                      //返回读的数据
    }
    void delay1(uint x)
    {
```

```
    uint m,n;
    for(m = x;m > 0;m -- )
        for(n = 100;n > 0;n -- );
}
void write_com(uchar com)          //液晶写命令
{
    lcden = 0;
    lcdrs = 0;
    P0 = com;
    delay1(5);
    lcden = 1;
    delay1(5);
    lcden = 0;
}
void write_date(uchar date)        //液晶写数据
{
    lcden = 0;
    lcdrs = 1;
    P0 = date;
    delay1(5);
    lcden = 1;
    delay1(5);
    lcden = 0;
}
void LCD_Init()                    //液晶初始化
{
    wela = 1;                      //禁止数码管显示
    P0 = 0xff;
    wela = 0;
    write_com(0x38);
    write_com(0x0c);
    write_com(0x06);
    write_com(0x01);
    write_com(0x80);               //显示提示语
    for(num = 0;table1[num]!= '\0';num++)
    {
     write_date(table1[num]);
     delay1(5);
    }
    write_com(0x80 + 0x40);        //显示提示语
    for(num = 0;table2[num]!= '\0';num++)
    {
     write_date(table2[num]);
     delay1(5);
    }
}
void PC8591AD_LCD_Display(uchar date)
{
    uint vol;
    ge = date % 10;                //数据分离
    shi = date % 100/10;
```

```
    bai = date/100;
    write_com(0x80 + 13);
    write_date(tablenum[bai]);
    write_date(tablenum[shi]);
    write_date(tablenum[ge]);
    vol = date/0.102;              //把 A/D 转化后的数值转化为电压值,单位为 mV;2500mV 对应 255
    qian = vol/1000;
    bai = vol % 1000/100;          //分离变量
    shi = vol % 1000 % 100/10;
    ge = vol % 1000 % 100 % 10;
    write_com(0x80 + 0x40 + 9);
    write_date(tablenum[qian]);
    write_date(tablenum[bai]);
    write_date(tablenum[shi]);
    write_date(tablenum[ge]);
}
void main()
{
    AD_Init();
    LCD_Init();
    while(1)
    {
        n = read(0x01);            //读取第 1 通道的光敏电阻分压,注意第 0 通道连接滑动变阻器
        PC8591AD_LCD_Display(n);   //显示测量值
        delay1(100);
    }
}
```

4．实物效果图

A/D 案例目标实物效果图如图 9.55 所示。

(a) 开机采集电压2500mV　　　　　　　　　(b) 挡上光敏电阻后采集电压1960mV

图 9.55　A/D 案例目标实物效果图

5．仿真效果图

A/D 案例目标仿真效果图如图 9.56 所示。

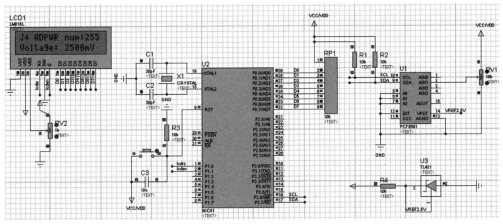

(a) 开机采集电压2500mV

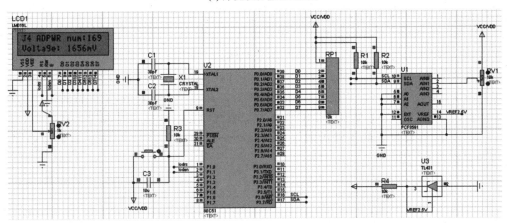

(b) 挡上光敏电阻后采集电压1656mV

图 9.56　A/D 案例目标仿真效果图

6. 程序分析

注意 writebyte()函数和 9.3.2 小节 I²C 串行总线案例目标的实现 write_byte()函数功能相同,写法有所不同,请大家自行分析。

主程序主要进行了 A/D 和液晶初始化,然后进入大循环读数据,显示数据,循环。程序名称表达意思清楚,层次清晰,同学们在写程序时主函数尽量简洁,善于调用子函数,逻辑性强。显示数据分两部分,初始化时显示固定部分,while(1)里显示数据变化部分。

注意:仿真中用滑动变组器代替光敏电阻部分,其原理是相似的。和 A/D 应用举例不同,这里实物和仿真参考电压都是接 2.5V,由于 TL431 提供的稳压源是 2.5V,所以 num 值 255 对应电压 2500mV。另外,这里读的是第 1 通道,而 A/D 应用举例读的是第 0 通道。

高级单片机自带 A/D 功能,比如 STC15F2K60S2、ARM32 位单片机 STM32F103ZET6 等,无须额外的 A/D 芯片,只需要按照芯片手册配置相关寄存器即可。AD/DA 功能与实际项目应用关系密切。比如根据分压原理用 A/D 设计多个按键的输入功能,设计四个方向的太阳能逐光控制系统等;利用 D/A 功能设计信号发生器,发出正弦波、方波、三角波、锯齿波等。有关 AD/DA 的更多应用实例见本书配套开发板全程教学及视频资源。

9.5   案例目标18   基于SPI总线技术的TLC549模拟信号检测系统设计

9.5.1   SPI串行总线技术

1. SPI总线概述

串行外设接口(Serial Peripheral Interface,SPI)是Mortorola公司推出的一种同步串行通信接口,用于微处理器和外围扩展芯片之间的串行连接,现已发展成为一种工业标准。目前,各半导体公司推出了大量带有SPI接口的具有各种功能的芯片,如RAM、E^2PROM、Flash ROM、A/D转换器、D/A转换器、LED/OLED显示驱动器、I/O接口芯片、实时时钟、UART收发器等,为用户的外围扩展提供了极其灵活而价廉的选择。SPI总线接口只占用微处理器的4个I/O接口地址,因此采用它可以简化电路设计,节省很多常规电路中的接口器件和I/O口,提高设计的可靠性。

SPI总线结构由一个主设备和一个或多个从设备组成,主设备启动一个与从设备的同步通信,完成数据交换。SPI接口由MISO(主机输入/从机输出数据线)、MOSI(主机输出/从机输入数据线),SCK(串行移位时钟)和CS(从机使能信号)4种信号构成。CS决定了唯一与主设备通信的从设备。若没有CS信号,则只能存在一个从设备,主设备通过产生移位时钟来发起通信。通信时,数据由MOSI输出,MISO输入,数据在时钟的上升沿或下降沿由MOSI输出,在紧接着的下降沿或上升沿由MISO读入。经过8/16次时钟改变,完成8/16位数据传输,其典型系统框图如图9.57所示。

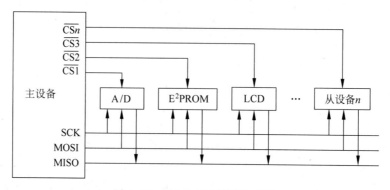

图9.57   SPI总线典型系统框图

在SPI传输中,数据是同步发送和接收的。由于数据传输的时钟基于来自主处理器的时钟脉冲,因此SPI传输速度大小取决于SPI硬件,其波特率最高可以达到5Mb/s。

SPI总线主要特点如下。

(1) SPI是全双工通信方式,即主机在发送的同时接收数据。

(2) SPI设备既可以当作主机使用,也可以作为从机工作。

(3) SPI的通信频率可编程,即传送的速率由主机编程决定。

(4) 发送结束中断标志。

(5) 数据具有写冲突保护功能。

(6) 总线竞争保护等。

1）SPI 总线的数据传输方式

SPI 是一种高速的、全双工同步通信总线。主机和从机都有一个串行移位寄存器,主机通过向它的 SPI 串行寄存器写入一个字节来发起一次传输。寄存器通过 MOSI 信号线将字节传送给从机,从机也将自己的移位寄存器中的内容通过 MISO 信号线返回给主机,如图 9.58 所示。两个移位寄存器形成一个内部芯片环形缓冲器。这样,两个移位寄存器中的内容被交换。外设的写操作和读操作同步完成。如果只执行写操作,主机只需忽略接收到的字节;反之,若主机要读取从机的一个字节,就必须发送一个空字节来引发从机的传输。

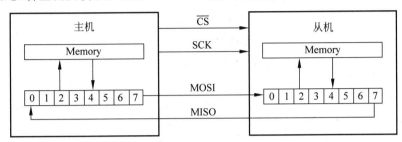

图 9.58　SPI 移位寄存器的工作过程

2）SPI 接口时序

SPI 模块为了和外设进行数据交换,根据外设工作要求,可以配置输出串行同步时钟的极性和相位。时钟极性(CPOL)对传输协议没有重大的影响。如果 CPOL＝0,串行同步时钟的空闲状态为低电平;如果 CPOL＝1,串行同步时钟的空闲状态为高电平。时钟相位(CPHA)能够配置用于选择两种不同的传输协议之一进行数据传输。如果 CPHA＝0,在串行同步时钟的第一个跳变沿(上升或下降)数据被采样,SPI 接口时序如图 9.59 所示;如果 CPHA＝1,在串行同步时钟的第二个跳变沿(上升或下降)数据被采样,SPI 接口时序如图 9.60 所示。SPI 主模块和与之通信的外设时钟相位和极性应该一致。

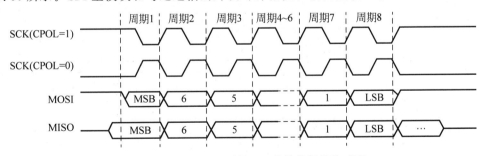

图 9.59　CPHA＝0 时的 SPI 总线数据传输时序

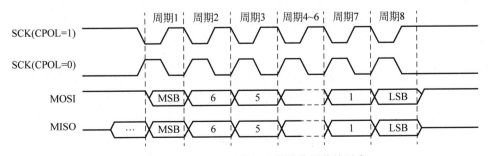

图 9.60　CPHA＝1 时的 SPI 总线数据传输时序

2．串行输入 A/D 芯片 TLC549 接口技术

1）TLC549 引脚分配

如图 9.61 所示，TLC549 是美国德州仪器公司生产的 8 位串行 A/D 转换器芯片，通过 SPI 接口与单片机连接，从 CLK 输入的频率最高可达 1.1MHz。TLC549 具有 4MHz 的片内系统时钟，片内具有采样保持电路，A/D 转换时间最长 $17\mu s$，

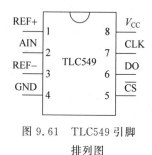

图 9.61　TLC549 引脚
排列图

最高转换速率 40 000 次/s。TLC549 的电源范围为 +3～+6V，功耗小于 15mW，总失调误差最大 ±0.5LSB，适用于电池供电的便携式仪表及低成本、高性能的系统。

各引脚功能如下。

（1）REF+：正基准电压输入端，$2.5V \leqslant REF+ \leqslant V_{cc}+0.1V$。

（2）AIN：模拟信号输入端，$0 \leqslant AIN \leqslant V_{cc}$。当 $AIN \geqslant REF+$ 时，转换结果为全"1"（FFH）；$AIN \leqslant REF-$ 时，转换结果为全"0"（00H）。

（3）REF−：负基准电压输入端，$-0.1V \leqslant REF- \leqslant 2.5V$，且要求（REF+）−（REF−）$\geqslant 1V$。

（4）GND：系统电源地。

（5）$\overline{CS}$：芯片选择输入端，低电平有效。

（6）DO：数据串行输出端。输出时，高位在前，低位在后。

（7）CLK：外部时钟输入端，最高频率可达 1.1MHz。

（8）V_{cc}：系统电源正。

2）接口时序

如图 9.62 所示，当 $\overline{CS}$ 为高电平时，数据输出（DATA OUT）端处于高阻状态，此时 I/O CLOCK 不起作用。这种 $\overline{CS}$ 控制作用允许在同时使用多片 TLC549 时，共用 I/O CLOCK，以减少多路（片）A/D 并用时的 I/O 控制端口。

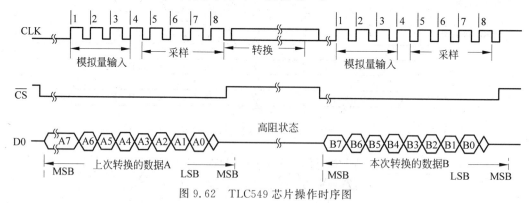

图 9.62　TLC549 芯片操作时序图

（1）将 $\overline{CS}$ 置低。内部电路在测得 $\overline{CS}$ 下降沿后，再等待 2 个内部时钟（固定 4MHz，250ns）上升沿和 1 个下降沿后，确认这一变化，最后自动将前一次转换结果的最高位（D7）输出到 DATA OUT 端。$2 \times 250ns = 0.5\mu s$。

（2）前 4 个 I/O CLOCK 周期的下降沿依次移出第 2、3、4 个和第 5 个位（D6、D5、D4、D3），片上采样保持电路在第 4 个 I/O CLOCK 下降沿开始采样模拟输入。

（3）接下来的 3 个 I/O CLOCK 周期的下降沿移出第 6、7、8（D2、D1、D0）个转换位。

（4）最后，片上采样保持电路在第 8 个 I/O CLOCK 周期的下降沿使片内采样/保持电路进入保持状态，并启动 A/D 开始转换。保持功能将持续 4 个内部时钟周期，然后开始进行 32 个内部时钟周期的 A/D 转换。第 8 个 I/O CLOCK 后，$\overline{CS}$ 必须为高，或 I/O CLOCK保持低电平，这种状态需要维持 36 个内部系统时钟周期，以等待保持和转换工作完成。如果 $\overline{CS}$ 为低时，I/O CLOCK 上出现一个有效干扰脉冲，则微处理器/控制器将与器件的 I/O时序失去同步；若 $\overline{CS}$ 为高时出现一次有效低电平，将使引脚重新初始化，从而脱离原转换过程。在 36 个内部系统时钟周期结束之前，实施步骤（1）～（4），可重新启动一次新的 A/D转换。与此同时，正在进行的转换终止，此时的输出是前一次的转换结果，而不是正在进行的转换结果。若要在特定的时刻采样模拟信号，应使第 8 个 I/O CLOCK 时钟的下降沿与该时刻对应，因为芯片虽在第 4 个 I/O CLOCK 时钟下降沿开始采样，却在第 8 个 I/OCLOCK 的下降沿开始保存。

9.5.2　SPI 串行总线案例目标的实现

1. 功能要求

TLC549 与单片机可以采用 SPI 接口方式连接，但是 51 单片机没有 SPI 接口，所以本案例采用 I/O 口模拟 SPI 通信的方法与 TLC549 通信。TLC549 的 SDO、$\overline{CS}$、SCLK 分别与单片机的 P1.2～P1.4 连接，AIN 连接滑动变阻器进行分压，滑动变阻器两个固定端分别连接电源的正负极，主要功能为检测滑动变阻器分压对应的数据并在液晶上显示出来，其硬件连接如图 9.63 所示。

2. 原理图

单片机与 TLC549 连接原理图如图 9.63 所示。

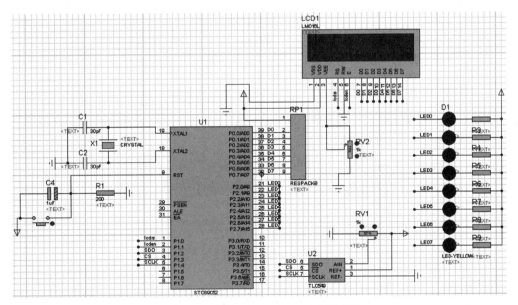

图 9.63　单片机与 TLC549 连接原理图

3. 程序

SPI 串行总线案例
仿真演示与程序
思路讲解

```c
#include<reg52.h>
#include<intrins.h>
#define uchar unsigned char
#define uint unsigned int
sbit AD_DOUT = P1^2;                //定义 3 个 TLC549 的控制引脚段
sbit AD_CS = P1^3;
sbit AD_CLK = P1^4;
sbit lcdrs = P1^0;                  //定义液晶控制引脚
sbit lcden = P1^1;
uchar code table1[] = "DREAM TECH"; //液晶第一行显示内容
uchar code table2[] = "SPI TLC549:";
uchar code tablenum[] = "0123456789";
int x,y;
char value,ConvertValue,i,a,b,c,d;
void delay(uint z)
{
    for(x = z;x > 0;x--)
    for(y = 110;y > 0;y--);
}
//从 TLC549 中读取一个字节
unsigned char TCL549_ReadByte()
{
    AD_CLK = 0;
    AD_DOUT = 1;
    AD_CS = 0;
    for(i = 0;i < 8;i++)            //注意 for 循环的执行过程,当 i = 8 时,程序跳出 for 循环
    {
        delay(5);
        value = (value << 1)|AD_DOUT;   //先输入最高位,左移 8 次最后就是完整的 1 个字节
        AD_CLK = 1;
        AD_CLK = 0;                 //下降沿
        delay(5);
    }
    return value;
}
//从 TLC549 中获取 A/D 值
unsigned char TLC549_GetValue()
{
    AD_CS = 0;                      //读取转换结果
    ConvertValue = TCL549_ReadByte();   //读取转换后 8 位 A/D 值
    AD_CS = 1;
    for(a = 0;a < 17;a++)           //等待转换结束,最长 17μs
    _nop_();
    delay(10);
    return ConvertValue;
}
void delay1(uint x)
{
    uint m,n;
```

```
        for(m = x;m > 0;m -- )
            for(n = 100;n > 0;n -- );
    }
    void write_com(uchar com)                   //液晶写命令
    {
        lcden = 0;
        lcdrs = 0;
        P0 = com;
        delay1(5);
        lcden = 1;
        delay1(5);
        lcden = 0;
    }
    void write_date(uchar date)                 //液晶写数据
    {
        lcden = 0;
        lcdrs = 1;
        P0 = date;
        delay1(5);
        lcden = 1;
        delay1(5);
        lcden = 0;
    }
    void LCD1602_Init()
    {
        uchar num;
        write_com(0x38);
        write_com(0x0c);
        write_com(0x06);
        write_com(0x01);
        write_com(0x80);                        //表示在第一行第一个位置准备写数据
        for(num = 0;table1[num]!= '\0';num++)    //num < 11
        {
            write_date(table1[num]);
            delay1(5);
        }
        write_com(0x80 + 0x40);                 //表示在第二行第一个位置准备写数据
        for(num = 0;table2[num]!= '\0';num++)
        {
            write_date(table2[num]);
            delay1(5);
        }
    }
    void main()
    {
        uchar readvalue;
        LCD1602_Init();                         //液晶初始化
        delay(100);                             //延时一小会儿等待硬件稳定
        readvalue = TLC549_GetValue();          //先读 1 次获得 A/D 值
        while(1)
        {
            readvalue = TLC549_GetValue();      //获得 A/D 值
            P2 = readvalue;                     //8 个小灯显示数据状态
```

```
        write_com(0x80 + 0x40 + 11);        //第二行显示读的数据
        write_date(readvalue/100 + 0x30);   //数据分离成百、十、个显示
        write_date(readvalue % 100/10 + 0x30);
        write_date(readvalue % 10 + 0x30);
    }
}
```

4. 仿真效果图

基于 SPI 总线技术的 TLC549 模拟信号检测系统设计案例仿真图如图 9.64 所示。

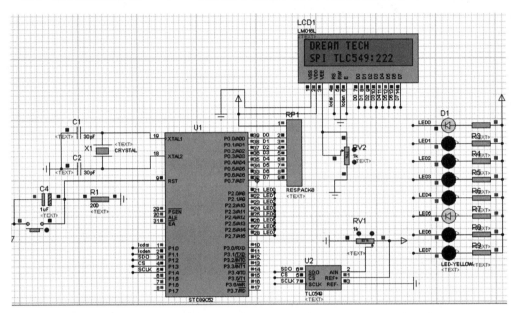

图 9.64　基于 SPI 总线技术的 TLC549 模拟信号检测系统设计案例仿真图

5. 程序分析

本程序主要是对 SPI 通信技术的学习研究,特别是对 TCL549_ReadByte()函数的理解要结合 SPI 通信时序图,掌握该技术对已具有 SPI 通信方式的设备的研究至关重要。高级单片机自带 SPI 功能,比如 STC15F2K60S2、ARM32 位单片机 STM32F103ZET6,只需要配置相关寄存器即可实现特定引脚的 SPI 通信功能。由于开发板单片机引脚有限,没有设计 TLC549 硬件电路,但是设计了应用 SPI 通信技术的 NRF24L01 无线通信电路,由于这部分内容的学习比较难,所以放到了第 11 章综合题目部分。NRF24L01 模块实物图如图 9.65 所示。

SPI 技术应用非常普遍,图 9.66 所示为一款利用 SPI 通信技术设计的 OLED 显示屏。另外开发板上的 DS1302 时钟芯片通信采用的是 SPI 的变异种类。DS1302 的 SPI 接口(比标准的 SPI 接口少了一根线),它包含 RST 线、SCLK 线、I/O 线(双向传送数据用,标准的 SPI 则将其分成两根 MISO 与 MOSI)3 条接线。它用了 SPI 的通信时序,但是通信时没有完全按照 SPI 的规则。有关这种芯片的用法和更多 SPI 应用实例见本书配套的开发板全程教学及视频资源。

图 9.65 NRF24L01 模块实物图

图 9.66 SPI 通信 OLED 显示屏

习题与思考题

1. 画出 LCD1602 内部 RAM 地址映射图,并说明在液晶不同位置显示函数的实现写法。

2. 列表画出 LCD1602 控制命令,结合列表每一位二进制数据代表的意义理解下列函数功能。

```
write_com(0x38);
write_com(0x0c);
write_com(0x06);
write_com(0x01);
```

3. 对 LCD1602 时序图总结操作液晶的方法。

4. 通过学习 9.1 节的知识发现控制 LCD1602 的程序可以移植到 LCD12864 上,即两者程序具有一定的通用性,请说明如何移植?

5. 对 9.1 节实例和案例目标的程序进行如下深入性的研究。

(1) 对原理图连线和程序引脚定义的一致性进行研究。

(2) 对实物和仿真现象进行研究。

(3) 对程序的执行过程进行研究,画出程序流程图。

(4) 对程序的每一行进行详细的注释。

(5) 对实例的功能进行改编,并对程序进行改动,达到学以致用的目的。

6. 总结 DS18B20 温度传感器具有的特点。

7. 总结 DS18B20 的编程要点。

8. 结合创新比赛和项目工程,上网搜索学习普通 DS18B20 和防水 DS18B20 的应用场合。

9. 对 9.2 节实例和案例目标的程序进行如下深入性的研究。

(1) 对原理图连线和程序引脚定义的一致性进行研究。

(2) 对实物和仿真现象进行研究。

(3) 对程序的执行过程进行研究,画出程序流程图。

(4) 对程序的每一行进行详细的注释。

(5) 对实例的功能进行改编,并对程序进行改动,达到学以致用的目的。

10. I^2C 总线具有哪些特点?

11. 下图为 I²C 总线起始和结束条件时序图,请编写启动程序和停止程序。

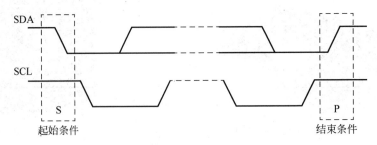

12. I²C 总线通信时,需要编写哪些关键程序?

13. 结合创新比赛和项目工程,上网搜索学习 AT24C02 存取功能的应用场合。

14. 对 9.3 节实例和案例目标的程序进行如下深入性的研究。

(1) 对原理图连线和程序引脚定义的一致性进行研究。

(2) 对实物和仿真现象进行研究。

(3) 对程序的执行过程进行研究,画出程序流程图。

(4) 对程序的每一行进行详细的注释。

(5) 对实例的功能进行改编,并对程序进行改动,达到学以致用的目的。

15. 写出模拟量和数字量的定义。

16. 写出模/数转换器(ADC)的主要性能参数。

17. 总结 AD/DA 转换芯片 PCF8591 特点。

18. 写出 PCF8591 的 A/D 转换程序设计流程。

19. 结合创新比赛和项目工程,上网搜索学习 ADC 和 DAC 的应用场合。

20. 对 9.4 节实例和案例目标的程序进行如下深入性的研究。

(1) 对原理图连线和程序引脚定义的一致性进行研究。

(2) 对实物和仿真现象进行研究。

(3) 对程序的执行过程进行研究,画出程序流程图。

(4) 对程序的每一行进行详细的注释。

(5) 对实例的功能进行改编,并对程序进行改动,达到学以致用的目的。

21. 简述 SPI 总线的技术特点。

22. 画出 SPI 移位寄存器的工作过程思路图。

23. 图 9.59 和图 9.60 为 SPI 总线模式的接口时序,请说明主要思路。

24. 对 9.5 节实例和案例目标的程序进行如下深入性的研究。

(1) 对原理图连线和程序引脚定义的一致性进行研究。

(2) 对实物和仿真现象进行研究。

(3) 对程序的执行过程进行研究,画出程序流程图。

(4) 对程序的每一行进行详细的注释。

(5) 对实例的功能进行改编,并对程序进行改动,达到学以致用的目的。

实践应用题

1. 结合附录 B,自行设计程序,在开发板和仿真软件上实现 LCD1602 液晶任意位置显示不同字符的功能。

2. 在开发板和仿真软件上实现 LCD1602 液晶显示翻页功能。即刚上电液晶上默认显示一些数据,当按一个按键后液晶清屏后重新显示其他数据,再按一次又返回显示默认数据。

3. 在开发板和仿真软件上实现 LCD1602 液晶显示 unsigned char 型变量值 12 和 float 型变量值 1.2 的功能。

4. 在开发板和仿真软件上实现 1 位加法器的功能,要求:只使用矩阵按键,S0～S8 表示数据 0～9,S9 表示'+',S10 表示"确认"键,两位显示,输入数据时液晶上显示输入的数字,最后结果在 LCD1602 液晶显示出来。

5. 在开发板和仿真软件中编写程序,采用定时器,实现 0～60s 循环 1s 加 1 正计时和 60～0s 循环 1s 减 1 倒计时的功能,并在 LCD1602 液晶上显示出来。

6. 上位机"STC 下载软件"向开发板单片机发送十六进制数据 FA1234FB,即第 1 个字节是 0xFA,第 2 个字节是 0x12,第 3 个字节是 0x34,第 4 个字节是 0xFB。下位机单片机收到 0xFA 开始标志、0xFB 结束标志位后,再把后两个数据在 LCD1602 液晶上显示出来。请根据开发板原理图编写程序。

7. (工程师思想实践能力提高题)在开发板和仿真软件上实现如下功能。设计一个两位密码锁,每按一次密码,LCD1602 液晶显示输入的数字,密码正确小灯一直点亮,密码错误小灯闪烁并且蜂鸣器报警几次,然后小灯熄灭,蜂鸣器不响,并具有修改密码的功能,其他细节自行设计。具体要求和调试过程如下。

(1) 先测试矩阵按键是否好使。矩阵按键 S0～S9 作为数字键 0～9、S10、S11 作为"修改"和"确定"键。每按一个按键的键值给 P1,根据小灯点亮情况将二进制转化为十进制看是否正确。

(2) 测试不带修改功能的两位密码锁是否好使。在程序(1)的基础上添加决定按键次数的变量 count,每按一次按键 count++,然后进行密码合成和验证。

(3) 加入 LCD1602 液晶显示子函数,使每次按键按下 LCD1602 液晶显示数字范围 0～9。

(4) 加入修改密码子函数,改变初始密码变量的值。

8. (工程师思想创新实践应用提高题)设计一个可带调整时间和设定闹钟功能的时钟。在开发板和仿真软件上实现 LCD1602 液晶显示,使用和开发板对应的 4 个独立按键分别表示修改密码并确认键、加数、减数、设定闹钟键。使用矩阵按键 S0 表示设定闹钟功能。具体要求和调试过程如下。

(1) 单独调试液晶显示"时分秒"。

(2) 单独调试定时器,1s 让小灯取反。

(3) 将两个程序进行合成,显示"时分秒",并且 1 秒加 1,加到 60,分加 1,加到 60,时加 1。

(4) 加入独立按键,KEY1 按 1 次,表示修改"秒",再按 1 次,表示修改"分",再按 1 次表示修改"时",再按 1 次表示"确认"键并正常走时。KEY2 键表示加数,KEY3 键表示减数。

(5) 加入独立按键 KEY4 键,表示设定闹钟键,接着按步骤(4)内容进行,表示闹钟定时时间的修改及确认。

9. (工程师思想创新实践应用提高题)在开发板中实现双机通信功能,设A机主要为发送单片机,B机主要为接收单片机。B机给A机发送指令数据,然后A机向B机发送两个unsigned char型变量数据。B机需要判断选择第几个变量,收到数据后显示到LCD1602液晶上。需要设定标志位,即"通信协议",请编写程序,具体内容自行设计。

10. (工程师思想创新实践应用提高题)确定一款蓝牙模块,查找其资料,完成蓝牙串口通信的设计。目标:手机通过APP蓝牙软件与开发板单片机通信,并把APP发来的数据在LCD1602液晶上显示出来。

调试过程如下。

(1) 调试蓝牙模块是否好使。连接硬件,将开发板上的单片机拔掉,用蓝牙模块代替,开发板上的TXD/P3.1连接蓝牙模块的TXD,RXD/P3.0连接蓝牙模块的RXD,V_{CC}和GND分别供电。参见蓝牙模块使用说明书,上位机"STC下载软件"一般选择波特率9600b/s,配置好并打开串口,向开发板连接的蓝牙模块发送文本"AT＋回车",如果返回OK,说明模块好使,可继续按说明书配置。然后下载一款手机蓝牙串口软件APP,将单片机上电,上位机配置方式不变,蓝牙配对成功后,用APP发送数据,观察上位机接收端接收数据是否成功。注意连线时,电源要关闭,APP写数据时要注意是字符还是十六进制形式。

(2) 调试开发板单片机是否好使。去掉蓝牙模块,插入单片机,连接硬件,编写程序,波特率和步骤(1)相同。上位机"STC下载软件"向开发板单片机发送数据,如果通信成功,小灯点亮情况是预期,说明单片机串口通信功能好使。

(3) 综合测试。在前两步的基础上,将蓝牙插入开发板上的"蓝牙通信"排母,使用APP软件,发送数据,直到单片机小灯的响应符合预期,说明控制成功。

(4) 调试下位机的LCD1602液晶显示是否好使。在液晶上显示一个字符数据,显示成功,说明液晶控制好使。

(5) 将步骤(3)接收的数据显示到液晶上,直到内容符合预期说明控制成功。

说明:以上10个实践应用习题也可改为LCD12864显示。程序只需改动初始化和显示位置函数,参见案例目标,其他部分通用。

11. 开发板单片机和仿真软件上测得DS18B20的温度数据,然后显示到数码管上。

12. 开发板单片机测得DS18B20的温度数据,利用延时和定时器两种方法间隔1s向上位机"STC下载软件"发送1次数据。

13. 在第12题的基础上,要求有数据起始0xFA和数据结束0xFB标志字节,温度数据放到中间。

14. 在"STC下载软件"上的串口通信单元,发送一个字节数据作为指令,开发板单片机收到数据指令后间隔1s向上位机软件发送5次DS18B20测得的数据。要求有数据起始0xFA和数据结束0xFB标志字节,温度数据放到中间。

15. (工程师思想创新实践应用提高题)在开发板中实现DS18B20数据双机通信功能,设A机主要为发送单片机,B机主要为接收单片机。B机给A机发送指令数据,然后A机间隔1s测量DS18B20的温度数据并发送给B机,B机收到数据后在LCD1602液晶上显示出来。请编写程序,具体内容自行设计。调试过程如下。

(1) B机测试LCD1602液晶显示好使。在液晶上显示任意固定的字符数据。

(2) 测试通信好使。连接硬件,注意两个单片机的P3.0/RXD与对方单片机的P3.1/

TXD 互连,GND 直接互连,编写程序 A 机给 B 机发送一个数据用小灯显示出来。

(3) 将 A 机测得的 DS18B20 数据发送给 B 机,并用 LCD1602 显示出来。

(4) 加入定时器功能完成任务。

16. (工程师思想创新实践应用提高题)对 DS18B20 数据进行蓝牙串口通信的设计。目标:在第 15 题的基础上把接收机 B 机改为手机蓝牙 APP。手机通过 APP 蓝牙软件发送指令后,开发板单片机间隔 1s 采集 DS18B20 温度数据并发送到 APP 软件上。

工程师思想调试过程如下。

(1) 调试蓝牙模块是否好使。连接硬件,将开发板上的单片机拔掉,用蓝牙模块代替,开发板上的 TXD/P3.1 连接蓝牙模块的 TXD,RXD/P3.0 连接蓝牙模块的 RXD,V_{CC} 和 GND 分别供电。参见蓝牙模块使用说明书,上位机"STC 下载软件"一般选择波特率 9600b/s,配置好并打开串口,向开发板连接的蓝牙模块发送文本"AT+回车",如果返回 OK,说明模块好使,可继续按说明书配置。然后下载一款手机蓝牙串口软件 APP,将单片机上电,上位机配置方式不变,蓝牙配对成功后,用 APP 发送数据,观察上位机接收端接收数据是否成功。注意连线时,电源要关闭,APP 写数据时要注意是字符还是十六进制形式。

(2) 调试开发板单片机串口通信是否好使。去掉蓝牙模块,插入单片机,连接硬件,编写程序,波特率和步骤(1)相同。上位机"STC 下载软件"向开发板单片机发送数据,如果通信成功,小灯点亮情况是预期,说明单片机串口通信功能好使。

(3) 调试开发板 DS18B20 温度传感器是否好使。去掉蓝牙模块,插入单片机,连接硬件,编写程序,波特率和步骤(1)相同。上位机"STC 下载软件"向开发板单片机发送指令数据,单片机收到指令后测得 DS18B20 数据并返回到上位机,如果通信成功,说明 DS18B20 好使。

(4) 在步骤(3)的基础上加入定时器,间隔 1s 发送。

(5) 综合测试。在步骤(1)～(4)的基础上,将蓝牙插入开发板上的"蓝牙通信"排母,使用 APP 软件,发送指令数据,单片机间隔 1s 返回 DS18B20 数据给 APP 软件。

17. 研究 AT24C02 案例目标实现过程,在开发板和仿真软件上实现如下功能。

(1) 上位机"STC 下载软件"向开发板发送一个文本数据,存储到 AT24C02 中。

(2) 从 AT24C02 中读取数据,将数据在 LCD1602 液晶上显示出来,并返回给上位机。

18. 在开发板单片机和仿真软件上利用 PCF8591 的 ADC 功能测得滑动变阻器的分压值,然后把值赋给 P1 引脚,根据 8 个小灯亮灭情况分析测得的数据。当改变滑动变阻器阻值时可以改变数据显示状态。

19. 利用延时和定时器两种方法间隔 1s 将开发板单片机测得滑动变阻器的电压数据向上位机"STC 下载软件"发送 1 次数据。

20. 在第 19 题的基础上,要求有数据起始 0xFA 和数据结束 0xFB 标志字节,ADC 数据放到中间。

21. 在第 18、19 题的基础上,在"STC 下载软件"上的串口通信单元,发送一个字节数据作为指令,开发板单片机收到数据指令后间隔 1s 向上位机软件发送 1 次 ADC 测得的数据。

22. (工程师思想创新实践应用提高题)在开发板中实现 ADC 采集数据双机通信功能,设 A 机主要为发送单片机,B 机主要为接收单片机。B 机给 A 机发送指令数据,然后 A 机间隔1s测量滑动变阻器分压数据并发送给B机,B机收到数据后在LCD1602液晶上显示出来。请编写程序,具体内容自行设计。

工程师思想调试过程如下。

(1) B机测试LCD1602液晶显示好使。在液晶上显示任意固定的数据字符。

(2) 测试通信好使。连接硬件,注意两个单片机P3.0/RXD互相连接对方单片机P3.1/TXD,GND直接互连。编写程序,A机给B机发送一个数据,并将数据用小灯显示出来。

(3) 将A机测得的滑动变阻器分压数据发送给B机,并用LCD1602显示出来。

(4) B机给A机指令数据后再执行步骤(3)的功能。

23. (工程师思想创新实践应用提高题)确定一款蓝牙模块,查找其资料,对滑动变阻器分压数据进行蓝牙串口通信的设计。目标:在上题的基础上把接收机B机改为手机蓝牙APP。手机通过APP蓝牙软件发送指令后,开发板单片机间隔1s采集滑动变阻器分压数据并发送到APP软件上。

工程师思想调试过程如下。

(1) 调试蓝牙模块是否好使。连接硬件,将开发板上的单片机拔掉,用蓝牙模块代替,开发板上的TXD/P3.1连接蓝牙模块的TXD,RXD/P3.0连接蓝牙模块的RXD,V_{CC}和GND分别供电。参见蓝牙模块使用说明书,上位机"STC下载软件"一般选择波特率9600b/s,配置好并打开串口,向开发板连接的蓝牙模块发送文本"AT+回车",如果返回OK,说明模块好使,可继续按说明书配置。然后下载一款手机蓝牙串口软件APP,将单片机上电,上位机配置方式不变,蓝牙配对成功后,用APP发送数据,观察上位机接收端接收数据是否成功。注意连线时,电源要关闭,APP写数据时要注意是字符还是十六进制形式。

(2) 调试开发板单片机串口通信是否好使。去掉蓝牙模块,插入单片机,连接硬件,编写程序,波特率和步骤(1)的相同。上位机"STC下载软件"向开发板单片机发送数据,如果通信成功,小灯点亮情况是预期,说明单片机串口通信功能好使。

(3) 调试开发板使用PCF8591的ADC功能测量滑动变阻器分压是否好使。去掉蓝牙模块,插入单片机,连接硬件,编写程序,波特率和第(1)步相同。上位机"STC下载软件"向开发板单片机发送指令数据,单片机收到指令后测得滑动变阻器分压并返回到上位机,如果通信成功,说明PCF8591的ADC功能好使。

(4) 在步骤(3)的基础上加入定时器,间隔1s发送。

(5) 综合测试。在步骤(1)~(4)的基础上,将蓝牙插入开发板上的"蓝牙通信"排母,使用APP软件,发送指令数据,单片机间隔1s返回滑动变阻器分压数据给APP软件。

24. (工程师思想创新实践应用提高题)已知DS1302的SPI接口(比标准的SPI接口少了一根线),它包含RST线、SCLK线、I/O线(双向传送数据用,标准的SPI则将其分成两根MISO与MOSI)3条接线。它用了SPI的通信时序,但是通信时没有完全按照SPI的规则。研究开发板上的DS1302电路图,参考本书配套资料,编写程序,在液晶上显示时间。

25. (工程师思想创新实践应用提高题)选购两个NRF24L01模块,注意引脚顺序要与开发板对应。已知NRF24L01无线通信模块的通信方式是SPI,研究开发板上的NRF24L01电路,参考本书配套资料,编写程序,实现一个单片机采集DS18B20温度数据通过两个

NRF24L01传输给另一个单片机并显示到液晶上的功能。工程师思想调试过程如下。

(1) 单独测试主、从机液晶是否好使。

(2) 单独测试温度数据,并将其显示到采集数据的主机液晶上看是否好使。

(3) 测试NRF24L01通信是否好使。主机给从机发送固定的数据,小灯点亮表示。

(4) 在步骤(3)的基础上用从机液晶显示。

(5) 在步骤(1)~(4)的基础上,发送温度变量数据。

第 **10** 章

常用电机控制原理与应用

10.1 案例目标 19 开发板电机驱动单元介绍

电机控制对于机器人工程、自动化、电子信息等信息工程类专业至关重要。对于各类科技竞赛、实际项目往往都需要让硬件"动"起来,形成智能硬件,比如机器人、智能车、无人机等。在进行电机控制研究的过程中,由于单片机的输入、输出电流有限,常常不能直接控制电机,所以需要电机驱动器,这样就能用很小的电流控制大的电流,而且能够实现控制器和电机隔离。常用的小型电机驱动芯片有很多,比如 L298N、TC1508S、MX1508、L9110、ULN2003、DRV8833、A4988、TB6600 等。一般的驱动器可以驱动直流电机、步进电机、舵机。图 10.1 所示为一款自动巡线避障小车,这种小车在实验室很常见,其中,后轮动力由直流电机提供,驱动器常用 L298N;前轮转向由舵机提供,如果在车体上加步进电机,可以带动物体提供转向的作用。图 10.2 所示的平衡小车驱动直流减速电机使用的是 tb6612 驱动器。图 10.3 所示的四轴飞行器空心杯电机的驱动采用的是 MOS 场效应管 SI2302。

  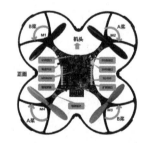

图 10.1 自动巡线避障小车实物图　　图 10.2 平衡小车实物图　　图 10.3 四轴飞行器实物图

综上可知,一般电机的驱动都需要驱动器。各种驱动器的使用方法大同小异,那么,能不能选择一款驱动器来作为学习的桥梁可以驱动直流电机、步进电机、舵机、继电器呢?经过大量的实验,发现 TC1508S 驱动芯片能实现上述所有功能,稳定且可以达到较好的效果。因此本书配套开发板驱动部分选用的是 TC1508S。

TC1508S 的引脚图及引脚功能说明如表 10.1 所示。

表 10.1　TC1508S 的引脚图及引脚功能说明

管　脚　图	序号	符号	功　能　说　明
NC 1 ● 16 OUTA INA 2 15 PGND INB 3 14 AGND V_{DD} 4 13 OUTB NC 5 12 OUTC INC 6 11 PGND IND 7 10 AGND V_{DD} 8 9 OUTD SOP-16	1	NC	悬空
	2	INA	接合 INB 决定状态
	3	INB	接合 INA 决定状态
	4	V_{DD}	电源正极
	5	NC	悬空
	6	INC	接合 IND 决定状态
	7	IND	接合 INC 决定状态
	8	V_{DD}	电源正极
	9	OUTD	全桥输出 D 端
	10	AGND	地
	11	PGND	地
	12	OUTC	全桥输出 C 端
	13	OUTB	全桥输出 B 端
	14	AGND	地
	15	PGND	地
	16	OUTA	全桥输出 A 端

TC1508S 输入/输出逻辑真值表如表 10.2 所示。

表 10.2　TC1508S 输入/输出逻辑真值表

行	输　　入				输　　出				电机	旋转方式
	INA	INB	INC	IND	OUTA	OUTB	OUTC	OUTD		
1	H/PWM	L			H/PWM	L			A	正转/调速
2	L	H/PWM			L	H/PWM				反转/调速
3	L	L			高阻态	高阻态				待机
4	H	H			L	L				刹车
5			H/PWM	L			H/PWM	L	B	正转/调速
6			L	H/PWM			L	H/PWM		反转/调速
7			L	L			高阻态	高阻态		待机
8			H	H			L	L		刹车

开发板电机驱动单元
介绍:原理图及连线

开发板电机驱动单元
介绍:控制原理

根据表10.1和表10.2以及实践稳定性测试,设计了开发板驱动电路。开发板驱动单元原理图如图10.4所示。

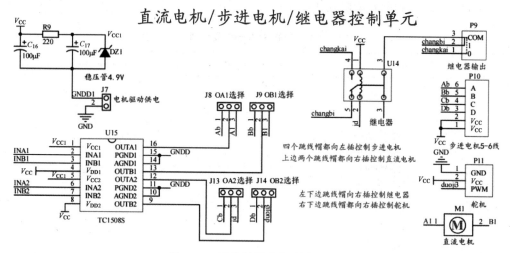

图10.4 开发板驱动单元原理图

由原理图可知开发板驱动单元功能如表10.3所示。

表10.3 开发板驱动单元功能

驱动设备	跳线帽连接说明	由表10-1得到的控制原理序号	注意事项
继电器	J13插针的右侧2、3脚	第5行、第7行	在使用TC1508S时必须严格按真值表编写程序,特别要注意两个引脚一起控制才会得到相应的输出,不能只控制一个输入引脚
直流电机	J8、J9插针的右侧2、3脚	第1行、第2行、第4行	
舵机	J14插针的右侧2、3脚	第6行	
步进电机	J8、J9、J13、J14 左侧两个插针	采用一相励磁, 第1行,第7行 第2行,第7行 第3行,第5行 第3行,第6行	

TC1508S电机驱动芯片特点如下。

(1)输入端有防共态导通功能,悬空时等效为低电平输入。双路H桥电机驱动,可以同时驱动两路直流电机或者1个4线两相式步进电机,另外经过笔者测试,可以驱动舵机和继电器。

(2)芯片内置低导通内阻MOS开关管,发热量极小,效率高,无须散热片,体积小,功耗低,质量轻,适合电池供电。而实验室经常使用的L298N内部为晶体管开关,效率低,发热高,需要用散热器散热,体积笨重,因此本书配套开发板没有使用。

(3)市面上的智能小车适合选TC1508S芯片,芯片供电电压2~10V,信号输入电压1.8~7V,双路1.5A,峰值电流可达2.5A,待机电流小于0.1μA,内置过热保护电路,防电机堵转烧坏,温度下降后自动恢复。

10.2 案例目标 20 直流电机调速控制系统的设计

1. 案例背景介绍

部分直流电机的实物图如图 10.5 所示。

图 10.5 直流电机实物图

近年来,随着科技的进步,直流电机得到了越来越广泛的应用,直流电机具有优良的调速特性,调速平滑、方便、调速范围广、过载能力强,能承受频繁的冲击负载,可实现频繁的无极快速起动、制动和反转。为了满足生产过程自动化系统各种不同的特殊要求,对直流电机提出了较高的要求,改变电枢回路电阻调速、改变电压调速等技术已远远不能满足现代科技的要求,于是通过 PWM 方式控制直流电机调速的方法应运而生。

实际中经常使用普通直流电机和直流减速电机。普通直流电机一般转速较高,力矩较小,适用于对力矩要求较小的场合。直流减速电机即齿轮减速电机,是在普通直流电机的基础上,加上配套的齿轮减速箱而构成的。齿轮减速箱的作用是:提供较低的转速,较大的力矩;同时,齿轮箱不同的减速比可以提供不同的转速和力矩,大大提高了直流电机在自动化行业中的使用率。

采取传统的调速系统主要有以下缺陷:模拟电路容易随时间飘移,产生不必要的热损耗,以及对噪声敏感等。而用 PWM 技术后,避免了上述缺点,实现了数字式控制模拟信号,大幅降低了成本和功耗;并且 PWM 调速系统开关频率较高,仅靠电枢电感的滤波作用就可以获得平滑的直流电流,低速特性好;同时,开关频率高,快响应特性好,动态抗干扰能力强,可获得很宽的频带;开关元件只需工作在开关状态,主电路损耗小,装置的效率高,具有节约空间、经济效益好等特点。

随着我国经济和文化事业的发展,在很多场合都要求由直流电机 PWM 调速系统来进行调速,如汽车行业中的各种风扇、刮水器、喷水泵、熄火器、反视镜;宾馆中的自动门、自动门锁、自动窗帘、自动给水系统、柔巾机,导弹、火炮、人造卫星、宇宙飞船、舰艇、飞机、坦克、火箭、雷达、战车等领域。

2. 案例目标的描述

利用开发板对 5V 小直流电机进行调速,具体功能为:开机后直流电机默认输出一种速度,一个按键作为加速按键,每按一下按键,电机增加一点速度;另一个按键作为减速按键,每按一下按键,电机减少一点速度,需要设定上限和下限值。

3. 思路分析

由开发板原理图可知,控制直流电机需要用跳线帽分别连接 J8、J9 右侧两个插针。电机直接用杜邦线连接到 M1 插针即可,可控制正反转,程序编写时可以参考表 10.3。

4. 硬件框图

直流电机案例硬件框图如图 10.6 所示。

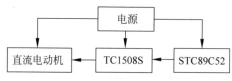

图 10.6　直流电机案例硬件框图

直流电机引入举例实物
演示与程序思路讲解

直流电机案例
实物演示讲解

直流电机案例
程序思路讲解

5. 原理图

直流电机应用实例原理图如图 10.7 所示。注意黑色方框跳线帽的选择。

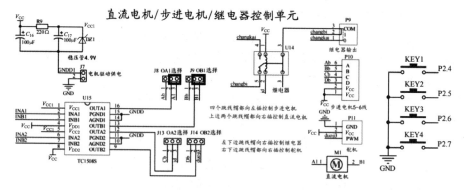

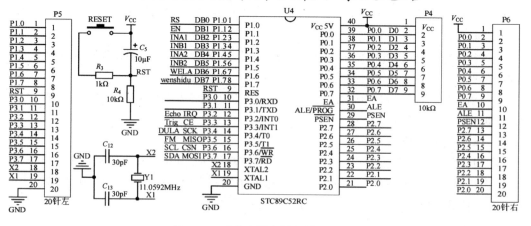

图 10.7　直流电机应用实例原理图

6. 程序

1) 入门引入程序

```
# include < reg52.h>                  //52 单片机头文件
sbit in1 = P1^2;                     //声明控制电机驱动的 IN1 口连接的是单片机的 P1.2 口
sbit in2 = P1^3;                     //声明控制电机驱动的 IN2 口连接的是单片机的 P1.3 口
int i,j;
void delay (int z)                   //延时函数(z = zms/10)
{
  for(i = z;i > 0;i -- )
    for(j = 11;j > 0;j -- ) ;
}
int main(void)
{
    in2 = 0;                         //参见表 10.1 TC1508S 输入/输出逻辑
    while(1)                         //大循环
    {
        in1 = 1 ;                    //与 IN2 一起让电机驱动形成闭合回路(in2 = 0 时成立)
        delay(10) ;                  //延时 10ms
        in1 = 0 ;                    //与 IN2 一起让电机驱动不能形成闭合回路(in2 = 0 时成立)
        delay(200 - 10) ;            //延时 200 - 10 份,200 决定周期,delay 函数决定 1 份的时间
    }
}
```

实践表明,经过多次调试,本程序可以让电机转动。同学们需要调试好 1 份的时间,即 delay()函数内部 j 的值和周期 200 份对应的时间。如果调节不好就会出现电机抖动或者"一咔一咔"的效果。实际上这种方法不建议使用,因为靠延时决定的 PWM 调速方法占用了大量的 CPU 运行时间。比如,单片机要点亮 1s 的 LED,软件延时的意思是,从点亮 LED 开始,单片机什么都不干,只能运行延时函数内部程序,等待 1s,到时关闭 LED。定时器延时意思就是,设置好定时器延时时间,从点亮 LED 开始,单片机运行主函数,等到定时器延时时间到了,来个中断,单片机放下当前工作,保存现场参数,响应中断并关闭 LED,单片机恢复现场,接着运行主函数的程序。所以,实际控制经常采用定时器的方式进行 PWM 调速。

2) 案例目标程序

```
/ * * * 晶振:11.0592MHz,机器周期 12/11059200,大约 1.09μs * * * /
# include < reg52.h>
/ * * * 电机驱动定义 * * * /
sbit Right_moto_pwm = P1^2;
sbit Left_moto_pwm = P1^3;
sbit FM = P3^5;                      //蜂鸣器引脚
sbit jiasu_key = P2^4;
sbit jiansu_key = P2^5;
/ * * * PWM 调速相关变量 * * * /
unsigned char pwm_val_right = 0;     //每进 1 次定时中断,加 1
unsigned char push_val_right = 12;   //右电机占空比 N/20
/ * * * 延时函数 * * * /
void delay(unsigned int k)
```

```
{
    unsigned int x,y;
    for(x = 0;x < k;x++)
      for(y = 0;y < 2000;y++);
}
/*** 定时器 0 初始化 ***/
void timer0_Init(void)
{
    TMOD = 0X01;                    //定时器 0 工作方式 1,16 位计数器
    TH0 = (65536 - 100)/256;        //设置定时初值,周期
    TL0 = (65536 - 100) % 256;      //设置定时初值
    TR0 = 1;                        //启动定时器 0
    ET0 = 1;                        //开启定时器 0 中断
    EA = 1;                         //开总中断
    Left_moto_pwm = 0;              //参见表 10.2 TC1508S 输入/输出逻辑第一行
}
/*** 定时器 0 中断服务子程序,确定定时周期 109 × 20,2180μs ***/
void timer0()interrupt 1 using 2
{
    TH0 = (65536 - 100)/256;        //设置定时初值高八位,加一个数大约 109μs
    TL0 = (65536 - 100) % 256;      //设置定时初值低八位
    pwm_val_right++;
    if(pwm_val_right < = push_val_right)
    {
        Right_moto_pwm = 1;
    }
    else
    {
        Right_moto_pwm = 0;
    }
    if(pwm_val_right > = 20)         //周期 2108μs,2.108ms,分成 20 份,每份 1.09μs
        pwm_val_right = 0;
}
/*** 按键子函数,调节占空比 ***/
void key ()
{
    if(jiasu_key == 0)
    {
      delay(5);
       if(jiasu_key == 0)            //去抖
        {
            FM = 0;                   //蜂鸣器"嘀"一声
            delay(5);
            FM = 1;
            push_val_right++;
            while(jiasu_key == 0);    //松手检测
            if( == 17)                //限制占空比 16/20
            push_val_right = 16;
        }
    }
    if(jiansu_key == 0)
```

```
    {
        delay(5);
        if(jiansu_key == 0)
        {
            FM = 0;
            delay(5);
            FM = 1;
            while(jiansu_key == 0);
            if(push_val_right!= 0)
            push_val_right--;        //每按一下减1份高电平时间1.09μs
            else
            push_val_right = 0;
        }
    }
}
void main(void)/*** 主函数 ***/
{
    timer0_Init();                   //定时器初始化,明确定时周期109μs,PWM周期2108μs
    delay(100);
    while(1)
    {
        key();                       //进行按键扫描,设置占空比及N/20的N值
    }
}
```

7. 实物效果图

直流电机应用实物效果图如图10.8所示。

图10.8 直流电机应用实物效果图

说明: 按 KEY1 键可以加速, 按 KEY2 键可以减速。

8. 程序分析

(1) 观察 main()函数,程序流程为: 主程序函数 timer0_Init(void)代表定时器初始化,目的是进行定时器0配置,明确定时基本周期1.09μs。delay(100)是为了等设备稳定后再往下运行程序。while(1)中的 key()函数目的是扫描没改变占空比。占空比控制 $N/20$,N 变化1个数相当于高电平时间改变1.09μs。

（2）本程序 PWM 调速波形示意图如图 10.9 所示。

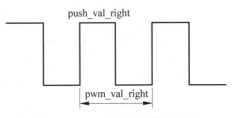

图 10.9　PWM 调速波形示意图

（3）注意 USB 线的长度影响直流电机电流的大小，经实践发现，1m 的线允许通过的电流较小，同样占空比转速较低；0.5m 的线通过的电流较大，同样占空比转速较高。如果程序下载后电机只是振动不转，个别小灯闪烁，说明电流较小，解决办法如下。

① 换个 USB 口调试。

② 等一会或者快速旋转电机转轴。

③ 将 1m USB 线换为 0.5m 的。

④ 开发板特意设计了两个 USB 口，使用两根 1m 长的线同时供电。

（4）电机 PWM 调速控制是控制电机的基础，实际中很多应用都需要此技术，比如设计四轴飞行器时，检测到姿态角后，采用 PID 控制算法进行 PWM 调速；再如，设计智能车时，通过摄像头或者电磁传感器电路检测赛道偏离程度，也是采用 PID 算法进行 PWM 调速。

（5）有的同学可能驱动 5V 小直流电机用 ULN2003 驱动芯片，这种芯片输出端为达林顿管，输出不能为高，即集电极开路，处于高阻态，如果想输出高电平在输出端，需要加一个上拉电阻。因此控制小直流电机不容易实现。经实验发现，芯片发热严重，且不能正常控制，因此直流电机的控制不用 ULN2003。10.1 节也分析了使用 L298N 作为电机驱动的缺点，因此直流电机驱动选择了 TC1508S。

（6）图 10.10 所示为一种直流电机测速模块，可以测量直流电机转动的速度，还可以采用 PID 控制算法进行调速，在设计各类智能车、飞行器都要用到 PID 技术，如何由理论公式到实践应用是难点，这部分内容将陆续以视频教学电子版方式呈现。图 10.11 所示为恩智浦智能车大赛全向行进组的小车，该车采用麦克纳姆轮结构，可以向多个方向行走，四个电机的驱动都要用到 PWM 调速。关于直流电机更多应用讲解见本书配套开发板全程教学及视频资源。

图 10.10　直流电机测速模块

图 10.11　采用麦克纳姆轮的全向行进小车

更高级的单片机具有 PWM 自输出功能,比如 STC12C5A60S2、STC15F2K60S2。不需要利用定时器实现,只需要配置相关寄存器,就会在特定的单片机引脚输出 PWM 波形,并可以进行占空比的改变。

10.3 案例目标 21 步进电机角度控制系统的设计

1. 案例背景介绍

步进电机是一种能将电脉冲信号转换成机械角位移或线位移的执行元件,它实际上是一种单相或多相同步电机。步进电机实物图如图 10.12 所示。步进电机必须加驱动才可以运转,驱动方式必须为脉冲信号。没有脉冲的时候,步进电机静止;如果加入适当的脉冲信号,电机会以一定的角度(称为步角)转动,转动的速度和脉冲的频率成正比。步进电机具有瞬间启动和急速停止的优越特性。改变脉冲的顺序,可以方便地改变转动的方向。因此,目前打印机、绘图仪、机器人等设备都以步进电机为动力核心。

图 10.12 步进电机实物图

步进电机有以下优点。

(1) 电机旋转的角度正比于脉冲数。

(2) 电机停转的时候具有最大的转矩(当绕组激磁时)。

(3) 由于每步的精度为 3%～5%,而且不会将一步的误差积累到下一步,因而有较好的位置精度和运动的重复性。

(4) 优秀的启停和反转响应。

(5) 由于没有电刷,可靠性较高,因此电机的寿命仅仅取决于轴承的寿命。

(6) 电机的响应仅由数字输入脉冲确定,因而可以采用开环控制,使得电机的结构比较简单,而且可控制成本。

(7) 仅仅将负载直接连接到电机的转轴上,可以极低速地同步旋转。

(8) 由于速度正比于脉冲频率,因而有比较宽的转速范围。

步进电机有以下缺点。

(1) 如果控制不当,容易产生共振。

(2) 难以运转到较高的转速。

2. 步进电机分类

步进电机分为以下三大类。

(1) 反应式(Variable Reluctance,VR)步进电机:其转子由软磁材料制成,转子中没有绕组。它的结构简单,成本距角可以做得很小,但动态性能较差。反应式步进电机有单段式和多段式两种类型。

(2) 永磁式(Permanent Magnet,PM)步进电机:其转子用永磁材料制成,转子本身就是一个磁源。转子的极数和定子的极数相同,所以一般步进角比较大,输出转矩大,动态性能好,消耗功率小(相比反应式),但启动运行频率较低,还需要正、负脉冲供电。

(3) 混合式(HyBrid,HB)步进电机:综合了反应式和永磁式两者的优点,一般分为二相和五相,其效率高,电流小,发热低,运转过程中比较平稳,噪声低,低频振动小。由于混合式步进电机能够开环运行,控制系统比较简单,因此在工业领域中应用广泛。

3. 技术指标

1) 步进电机的基本参数

(1) 空载启动频率:步进电机在空载情况下能够正常启动的脉冲频率。如果脉冲频率高于该值,电机不能正常启动,可能发生丢步或堵转。在有负载的情况下,启动频率更低。如果要使电机高速转动,脉冲频率应该有加速过程,即启动频率较低,然后通过一定的加速度,升到所希望的高频(电机转速从低速升到高速)。

(2) 电机固有步距角:控制系统每发出一个步进脉冲信号,电机转动的角度。电机出厂时给出了一个步距角的值,如 86BYG250A 型电机给出的值为 $0.9°/1.8°$(半步工作时为 $0.9°$,整步工作时为 $1.8°$),称为电机固有步距角。它不一定是电机实际工作时的真正步距角,真正的步距角和驱动器有关。

(3) 步进电机的相数:电机内部的线圈组数,目前常用的有二相、三相、四相、五相步进电机。电机相数不同,其步距角也不同。一般二相电机的步距角为 $0.9°/1.8°$,三相的为 $0.75°/1.5°$,五相的为 $0.36°/0.72°$。在没有细分驱动器时,用户主要靠选择不同相数的步进电机来满足步距角的要求。如果使用细分驱动器,相数将变得没有意义,用户只需在驱动器上改变细分数,就可以改变步距角。

(4) 拍数:完成一个磁场周期性变化所需的脉冲数或导电状态,或电机转过一个步距角所需的脉冲数。以四相电机为例,有四相四拍运行方式,即 AB-BC-CD-DA-AB;四相八拍运行方式,即 A-AB-B-BC-C-CD-D-DA-A。四相四拍,一拍就是一个步进角;四相八拍,就是一拍半个步进角。

(5) 保持转矩(Holding Torque):步进电机通电,但没有转动时,定子锁住转子的力矩。它是步进电机最重要的参数之一。通常步进电机在低速时的力矩接近保持转矩。由于步进电机的输出力矩随速度的增大而不断衰减,输出功率也随速度的增大而变化,所以保持转矩成为衡量步进电机最重要的参数之一。比如,当人们说 2N·m 的步进电机,在没有特殊说明的情况下,是指保持转矩为 2N·m 的步进电机。

2) 步进电机动态指标

(1) 步距角精度:步进电机每转过一个步距角的实际值与理论值的误差,用百分比表示为:误差/步距角×100%。对于不同的运行拍数,其值不同,四拍运行时应在 5% 之内,八拍运行时应在 15% 以内。

(2) 失步:电机运转时运转的步数,不等于理论上的步数称为失步。

（3）失调角：转子齿轴线偏移定子齿轴线的角度。电机运转必存在失调角。对于由失调角产生的误差,采用细分驱动是不能解决的。

（4）最大空载启动频率：电机在某种驱动形式、电压及额定电流下,在不加负载的情况下,能够直接启动的最大频率。

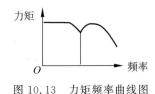

图10.13　力矩频率曲线图

（5）最大空载的运行频率：在某种驱动形式、电压及额定电流下,电机不带负载的最高转速频率。

（6）运行矩频特性：电机在某种测试条件下测得的运行中输出力矩与频率关系的曲线。它是电机诸多动态曲线中最重要的特性,也是电机选择的根本依据,如图10.13所示。

（7）电机的共振点：步进电机均有固定的共振区域,二、四相感应式步进电机的共振区一般为180～250pps(步距角1.8°)或在400pps左右(步距角为0.9°)。电机驱动电压越高,电机电流越大,负载越轻,电机体积越小,则共振区向上偏移;反之亦然。为使电机输出电矩大、不失步,并且整个系统的噪声降低,一般工作点均应偏移共振区较多。

其他特性还有惯频特性、启动频率特性等。电机一旦选定,电机的静力矩确定,而动态力矩不然。电机的动态力矩取决于电机运行时的平均电流(而非静态流)。平均电流越大,电机输出力矩越大,即电机的频率特性越硬,如图10.14所示。

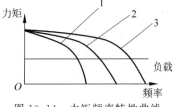

图10.14　力矩频率特性曲线

其中,曲线3电流最大,或电压最高;曲线1电流最小,或电压最低。曲线与负载的交点为负载的最大速度点。要使平均电流大,应尽可能提高驱动电压,采用小电感大电流的电机。

4. 步进电机工作原理

由于四相步进电机比较常见,下面以此为例来讲解。图10.15所示为一台四相步进电机,采用单极性直流电源供电。只要对步进电机的各相绕组按合适的时序通电,就能使步进电机步进转动。

开始时,开关SB接通电源,SA、SC、SD断开,B相磁极和转子0、3号齿对齐。此时中间的转子被磁化,磁极0、3的磁性最强,于是和B相定子磁极相吸引;同时,转子的1、4号齿和C、D相绕组磁极产生错齿,2、5号齿和D、A相绕组磁极产生错齿。当开关SC接通电源,SB、SA、SD断开时,中间的转子被磁化,离C相线圈最近的磁极1、4磁性最强,于是和C相定子磁极相吸引,使转子转动,最终1、4号齿和C相绕组的磁极对齐;而0、3号齿和A、B相绕组产生错齿,2、5号齿和A、D相绕组磁极产生错齿。依此类推,A、B、C、D四相绕组轮流供电,转子沿着A、B、C、D方向转动。四相步进电机按照通电顺序不同,分为单四拍、双四拍、八拍三种工作方式。单四拍与双四拍的步距角相等,但单四拍的转动力矩小;八拍工作方式的步距角是单四拍与双四拍的一半。因此,八拍工作方式既可以保持较高的转动力矩,又可以提高控制精度。

单四拍、双四拍与八拍工作方式的电源通电时序与波形分别如图10.16所示。

使用单片机连接步进电机的驱动器时需要4个I/O口,分别对应A、B、C、D四相。

通过图10.16,总结励磁方式如表10.4～表10.6所示。

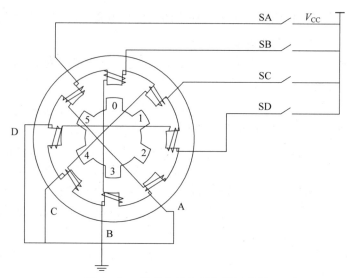

图 10.15　四相步进电机步进示意图

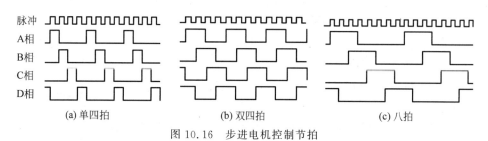

（a）单四拍　　　　　　（b）双四拍　　　　　　（c）八拍

图 10.16　步进电机控制节拍

（1）一相励磁：在每一瞬间，步进电机只有一个线圈导通（见表 10.4）。

表 10.4　一相励磁顺序表

STEP	A	B	C	D
1	1	0	0	0
2	0	1	0	0
3	0	0	1	0
4	0	0	0	1

励磁顺序说明：A-B-C-D-A。

（2）二相励磁：在每一瞬间，步进电机有两个线圈同时导通（见表 10.5）。

表 10.5　二相励磁顺序表

STEP	A	B	C	D
1	1	1	0	0
2	0	1	1	0
3	0	0	1	1
4	1	0	0	1

励磁顺序说明：AB-BC-CD-DA-AB。

特点：输出转矩大，振动小，成为目前使用最多的励磁方式。

（3）一相—两相励磁：一相励磁与两相励磁交替导通的方式（见表10.6）。

表 10.6 一相—两相励磁顺序表

STEP	A	B	C	D
1	1	0	0	0
2	1	1	0	0
3	0	1	0	0
4	0	1	1	0
5	0	0	1	0
6	0	0	1	1
7	0	0	0	1
8	1	0	0	1

5．步进电机调速原理

步进电机的调速一般是通过改变输入步进电机的脉冲频率来实现的。因为步进电机每给一个脉冲就转动一个固定的角度，于是通过控制步进电机的一个脉冲到下一个脉冲的时间间隔来改变脉冲的频率，通过延时的长短控制步进角来改变电机转速，实现步进电机调速。具体的延时时间通过软件设置。这就需要采用单片机对步进电机进行加、减速控制，实际上就是改变输出脉冲的时间间隔。

单片机控制步进电机加、减速运转的方法有软件和硬件两种。软件方法指的是依靠延时程序来改变脉冲输出的频率，延时的长短是动态的。采用软件法，在电机控制中要不停地产生控制脉冲，占用了大量 CPU 时间，使单片机无法同时进行其他工作。硬件方法是依靠单片机内部的定时器来实现。在每次进入定时中断后，改变定时常数，使得升速时脉冲频率逐渐增大，减速时脉冲频率逐渐减小。采用硬件方法占用 CPU 时间较少，在各种单片机中都能实现，是一种比较实用的调速方法。

6．步进电机选择

步进电机的输出功率与转速成反比，选型时主要考虑负载，其单位为 kg·cm 或 N·m，意思为：1cm 半径 1kg 力拉动时为 1kg·cm。

7．步进电机驱动

驱动步进电机常使用专用的电机驱动模块，如 L297/L298、MC33886、ML4428、FT5754等。这类驱动模块使用方便，既可以驱动直流电机，又可以驱动步进电机。小型步进电机和直流电机还经常选用 ULN2003。该芯片有 8 个输入/输出口，最多有 8 条线。购买时一般附有操作资料。

实验室经常使用一种 5V DC 步进电机——28BYJ48，其主要特性如下所示。

（1）转动的速度和脉冲的频率成正比。

（2）28BYJ48 5V 驱动的四相五线式步进电机，而且是减速步进电机，减速比为 1∶64，步距角为 5.625/64°。如果转动 1 圈，需要 360/5.625×64＝4096 个脉冲信号。

上述步距角是针对四相八拍而言，一拍半个步距角，如果是四相四拍，步距角为（2×5.625）/64°，变为原来的 2 倍，即一拍就是一个步距角。

（3）步进电机具有瞬间启动和急速停止的优越特性。

（4）改变脉冲的顺序，可以方便地改变转动方向。

5V 步进电机耗电流约为 200mA，经常采用 ULN2003 驱动。单片机与步进电机和驱动器 ULN2003 常见连线图如图 10.17 所示。

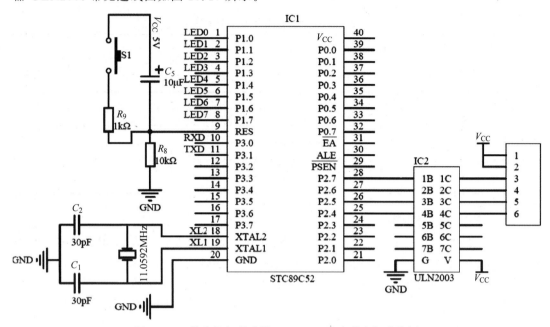

图 10.17　单片机与驱动器 ULN2003 及步进电机连接图

ULN2003 的驱动直接采用单片机系统的 5V 电压,可能力矩不是很大,可自行加大驱动电压到合适值。

目前有多种用于小功率步进电机的集成功率驱动接口电路可供选用,如 L298 芯片。该芯片是一种 H 桥式驱动器,它设计成接收标准 TTL 逻辑电平信号,用于驱动电感性负载。H 桥可承受 46V 电压,相电流高达 2.5A。L298(或 XQ298、SGS298)的逻辑电路使用 5V 电源,功放级使用 5～46V 电压,下桥发射极均单独引出,以便接入电流取样电阻。L298 采用 15 脚双列直插小瓦数式封装,工业品等级,其内部结构如图 10.18 所示。H 桥驱动的主要特点是能够对电机绕组进行正、反两个方向通电。L298 特别适用于对二相或四相步进电机的驱动。

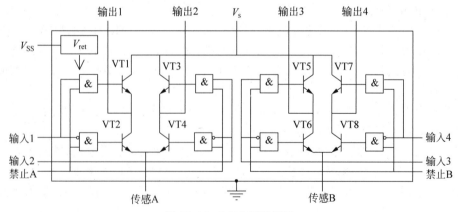

图 10.18　L298 原理框图

8．案例目标

使用 ULN2003 和 L298N 都能够很好地驱动小步进电机,由于开发板的设计需要有一款通用驱动芯片,可以驱动直流电机、步进电机、舵机、继电器,因此本书开发板采用的是TC1508S驱动芯片,详细使用方法见10.1节。

案例目标的描述:利用开发板对5V四相步进电机进行控制,具体功能为:开机后步进电机不转动,一个按键控制步进电机正转,另一个按键控制步进电机反转。

1)思路分析

由开发板原理图可知,控制步进电机需要用4个跳线帽分别连接J8、J9、J13、J14左侧两个插针。两相4线或5线5V步进电机直接连接到P10插针即可。开发板已经用"+"标注"正极",注意方向,可控制正反转,采用一相励磁顺序,程序编写需要参考表10.2。

2)硬件结构

步进电机案例硬件结构框图如图10.19所示。

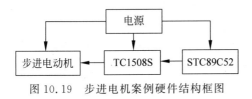

图10.19　步进电机案例硬件结构框图

步进电机案例原理图
与实物演示讲解

3)原理图

步进电机案例原理图如图10.20所示。与直流电机相同,但跳线帽选择不同。

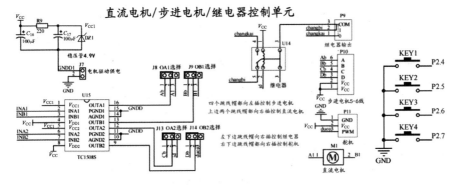

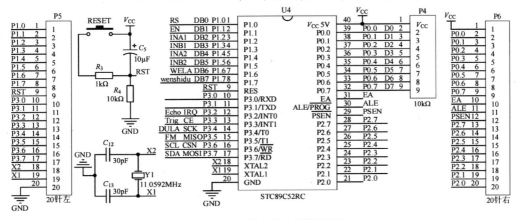

图10.20　步进电机案例原理图

步进电机案例控制
原理详解

步进电机案例程序
思路讲解

4）程序

```c
#include <reg52.h>                           //52 单片机头文件
#define uint unsigned int                    //宏定义 uint 代替 unsigned int
#define uchar unsigned char
uint code bujinz[] = {0x01,0x02,0x04,0x08};  //数组 1 0001 0010 0100 1000
uint code bujinf[] = {0x08,0x04,0x02,0x01};  //数组 2 1000 0100 0010 0001
sbit key1 = P2^4;                            //声明按键 1,作为正转控制
sbit key2 = P2^5;                            //声明按键 2,作为反转控制
void delay(uint z)                           //延时函数大约 zms
{
    int x,y;
    for(x = z;x > 0;x--)
    for(y = 110;y > 0;y--);
}
void qudong()                                //驱动函数
{
    int i;                                   //定义局部变量 i
    char j = 2;                              //定义局部变量 j,初值 j = 2
    while(1)                                 //循环体
    {
        if(key1 == 0)                        //判断按键 1 是否按下
          j = 1;                             //按键 1 按下变量 j = 1
        if(key2 == 0)                        //判断按键 2 是否按下
          j = 0;                             //按键 1 按下变量 j = 0
        if(j == 1)                           //判断变量 j 的值
        {
          for(i = 0;i < 4;i++)
            {
                P1 = bujinz[i]<< 2;          //电机顺时针转
                delay(2);                    //延时 2ms,注意 1ms 不好使
            }
        }
        if(j == 0)                           //判断变量 j 的值
        {
            for(i = 0;i < 4;i++)
            {
                P1 = bujinf[i]<< 2;          //电机逆时针转
                delay(2);                    //延时 2ms
            }
        }
    }
}
void main()                                  //主函数
{
    while(1)
```

```
    {
        qudong();                    //调用驱动函数,进行扫描,判断按键是否被按下
    }
}
```

5）实物效果图

步进电机案例实物效果图如图 10.21 所示。

图 10.21 步进电机案例目标按 KEY1 键正转效果图

6）程序分析

（1）本程序主要是通过两个按键分别控制步进电机正反转,通过改变 delay()函数内的数值可以改变电机的速度。

（2）本程序采用的是一相 4 拍励磁方法。根据表 10.1,注意使用 TC1508S 驱动步进电机不方便使用 8 拍控制。

（3）程序中 P1=bujinf[i]<<2,是因为输入引脚分别连接了 P1.2、P1.3、P1.4、P1.5,所以左移 2 位后才能对应上各引脚。

（4）下面的程序为此种型号单片机角度精确控制方法,关键步骤均已注释,请大家自行分析。

```
#include<reg52.h>                            //52 单片机头文件
#define uint unsigned int                    //宏定义 uint 代替 unsigned int
#define uchar unsigned char
uint code bujinz[]={0x01,0x02,0x04,0x08};     //数组 1 0001 0010 0100 1000
uint code bujinf[]={0x08,0x04,0x02,0x01};     //数组 2 1000 01000010 0001
sbit key1=P2^4;                              //声明按键 1,作为正转控制
sbit key2=P2^5;                              //声明按键 2,作为反转控制
void delay(uint z)                           //延时函数大约 zms
{
    int x,y;
    for(x=z;x>0;x--)
    for(y=110;y>0;y--);
}
void bujinzheng(uchar a,uint b)              //步进电机正转角度函数,a:速度,b:角度
{
```

步进电机角度控制
实例实物演示与
程序思路讲解

```
    uchar x;                              //变量 x
    double c;                             //变量 c
    for(c = 64/5.625/2 * b;c > 0;c -- )   //一个脉冲 2×5.625/64°,四拍,步距角全步
    {
        P1 = bujinz[x]<< 2;               //电机正转
        x++;
        if(x == 4)
        x = 0;
        delay(a);
    }
}
void bujinfan(uchar a,uint b)             //步进电机反转角度函数 a:速度,b:角度
{
    uchar x;                              //变量 x
    double c;                             //变量 c
    for(c = 64/5.625/2 * b;c > 0;c -- )   //一个脉冲 2×5.625/64°
    {
        P1 = bujinf[x]<< 2;               //电机反转
        x++;
        if(x == 4)
        x = 0;
        delay(a);
    }
}
void main()                               //主函数
{
    while(1)
    {
        bujinzheng(2,180);                //速度 2,正转角度 180°
        delay(500);
        bujinfan(2,180);                  //速度 2,反转角度 180°,速度数越大越慢
        delay(500);
        while(1);
    }
}
```

实物效果图如图 10.22 所示。

（5）设计工程项目时经常使用大步进电机,如图 10.23 所示的 57 步进电机需要专门的驱动器,这种驱动器使用方面,电流、细分可调。

图 10.22　步进电机角度精确旋转 180°效果图

图 10.23　常用工程步进电机
及驱动器

有关大步进电机的用法及更多步进电机实践项目的讲解请大家参考本书配套开发板全程教学及视频资源。

10.4 案例目标 22 舵机方向角度控制的设计

1. 案例背景介绍

图 10.24 所示为一款 9g 舵机实物图。在机器人或航模机电控制系统中，舵机控制效果是性能的重要影响因素。舵机可以在微机电系统和航模中作为基本的输出执行机构，其简单的控制和输出使得单片机系统非常容易与之接口。普通舵机的控制方式以 20ms 为一个周期，用一个 1.5ms±0.5ms 的脉冲来控制舵机的角度变化。随着以 CPU 为主的数字革命的兴起，已形成模拟舵机和数字舵机并存的局面，但即使是数字舵机，其控制接口还是传统的 1.5ms±0.5ms 模拟控制接口，只是控制芯片不再是普通的模拟芯片。为了保持产品的兼容性，不得不保留模拟接口；而在一些新兴的领域，完全可以采用新型的全数字接口的纯数字舵机。纯数字舵机采用全新的单线双工通信协议，不仅能执行普通舵机的全部功能，还可以作为一个角度传感器，监测舵机的实际位置，而且可以多个舵机并联，互不影

图 10.24 9g 舵机实物图

响。其应用在未来的自动化控制领域有着不可估量的优势。采用纯数字舵机构建的自动化控制系统，不仅可以大幅度提升系统性能，而且可以降低系统的生产、维护成本，提高产品性价比，增强市场竞争力。

厂商提供的舵机规格资料都包含外形尺寸(mm)、扭力(kg·cm)、速度(s/60°)、测试电压(V)及重量(g)等基本数据。扭力的单位是 kg·cm，意思是在摆臂长度 1cm 处，能吊起几千克重的物体。因此，摆臂长度越长，则扭力越小。速度的单位是 s/60°，意思是舵机转动 60° 所需要的时间。电压会直接影响舵机的性能，例如，Futaba S-9001 在 4.8V 时扭力为 3.9kg，速度为 0.22s；在 6.0V 时扭力为 5.2kg，速度为 0.18s。若无特别注明，JR 的舵机都是以 4.8V 为测试电压，Futaba 则是以 6.0V 作为测试电压。速度快、扭力大的舵机，除了价格贵，还有高耗电的特点。因此使用高级舵机时，务必搭配高品质、高容量的镍镉电池，提供稳定且充裕的电流，才可发挥舵机应有的性能。

2. 舵机的工作原理

标准的舵机有 3 条导线，分别是电源线、地线和控制线，如图 10.25 所示。

舵机是一种位置伺服的驱动器，适用于需要不断变化角度并可以保持的控制系统，其工作原理是：控制信号由接收机的通道进入信号调制芯片，获得直流偏置电压。它内部有一个基准电路，产生周期为 20ms，宽度为 1.5ms 的基准信号。将获得的直流偏置电压与电位器的电压相比较，获得电压差输出。最后，电压差的正、负输出到电机驱动芯片，决定电机的正、反转。

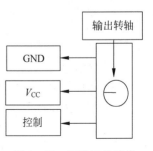

图 10.25 标准舵机接线

当电机转速一定时，通过级联减速齿轮带动电位器旋转，使得电压差为 0，电机停止转动。舵机的控制信号是 PWM 信号，利用占空比的变化改变舵机的位置。电源线和地线用于

提供舵机内部的直流电机和控制线路所需的能源。电压通常为 4～6V,一般取 5V。注意,给舵机供电的电源应能提供足够的功率。控制线的输入是一个宽度可调的周期性方波脉冲信号,方波脉冲信号的周期为 20ms(即频率为 50Hz)。当方波的脉冲宽度改变时,舵机转轴的角度发生改变,角度变化与脉冲宽度的变化成正比。某舵机的输出轴转角与输入信号脉冲宽度之间的关系如图 10.26 所示。

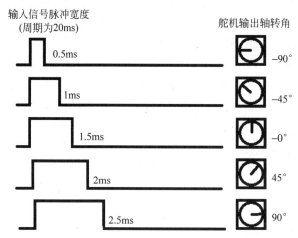

图 10.26　某舵机的输出轴转角与输入信号脉冲宽度之间的关系

从图 10.26 中可以看出,这是标准 180°舵机,PWM 控制信号周期 20ms,脉宽 0.5～2.5ms,对应的角度 −90°～90°,范围 180°(3°左右偏差)。当脉宽 1.5ms 时,舵机在中立点(0°)。另外,根据资料可知,该舵机堵转扭矩为 1.3kg·cm(4.8V)、1.5kg·cm(6.0V)。这也是比较重要的参数。

3.　单片机控制舵机的方法

单片机对舵机的控制方法不一,但是必须按照要求实施控制,主要完成两个任务:首先,产生 20ms 的周期信号,用定时器实现;其次,调节脉宽。针对 20ms 的周期以及基本时间 0.5ms,取定时器定时基础时间 0.5ms,如果想控制得更精准些,尝试使基础时间小一点,在周期不变时改变占空比。具体实现过程详见案例目标。

4.　案例目标的描述

利用开发板对 5V 9g 舵机 SG90 进行角度控制,具体功能为:开机后舵机默认转到 0°位置,一个按键作为角度增加功能,每按一下,按键增加 45°;另一个按键作为角度减少功能,每按一下,按键减少 45°,使舵机可以输出角度 0°、45°、90°、135°切换。

5.　思路分析

由开发板原理图可知,控制舵机需要用 1 个跳线帽分别连接 J14 右侧插针。舵机直接连接到 P11 插针即可。开发板已经用"棕"标注 GND,程序编写需要参考表 10.2。虽然舵机控制需要 P1.5 引脚,但是注意要同时控制 P1.4 为低电平,TC1508S 控制舵机的输出信号才能正常。

6.　硬件结构

舵机案例硬件结构框图如图 10.27 所示。

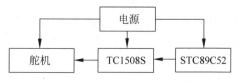

图 10.27　舵机案例硬件结构框图

7. 原理图

舵机案例原理图如图 10.28 所示。与直流电机相同,但跳线帽选择不同。

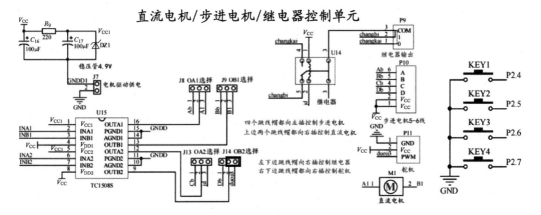

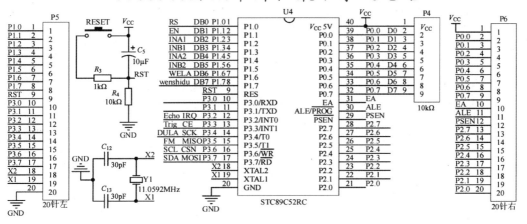

图 10.28 舵机案例原理图

舵机角度控制案例
实物演示讲解

舵机角度控制案例
程序思路讲解

8. 程序

```
#include"reg52.h"              //52 单片机头文件
#define uchar unsigned char    //宏定义 uchar 代替 unsigned char
#define uint unsigned int      //宏定义 uint 代替 unsigned int
sbit pwm = P1^5;               //声明模拟 pwm 的接口是 P2^0
sbit fuzhu = P1^4;
sbit key1 = P2^4;              //声明按键 1 的接口是 P3^4
sbit key2 = P2^5;              //声明按键 2 的接口是 P3^5
uchar count = 0;               //0.5ms 次数标识
```

```c
uchar jd = 1;                          //角度标识
uint time_t;
void delay(uchar x)                    //延时函数(x = xms)
{
    uchar i,j;
    for(i = x;i > 0;i -- )
        for(j = 110;j > 0;j -- );
}
void key()                             //按键函数
{
    if(key1 == 0)                      //判断按键 1 是否按下
    {
        delay(5);
        if(key1 == 0)
        {
            jd = jd + 1;               //舵机正转
            //舵机反转 默认 jd = 1 对应 0°,jd = 2 对应 45°
            //jd = 3 对应 90°,jd = 4 对应 135°
            //jd = 5 时由于采用的是 11.0592MHz 晶振误差较大不能正常输出 180°
            if(jd == 5)
            jd = 4;
        }
        while(!key1);
    }
    if(key2 == 0)                      //判断按键 2 是否按下
    {
        delay(5);
        if(key2 == 0)
        {
            jd -- ;                    //舵机反转
            if(jd == 0)
            jd = 1;
        }
        while(!key2);
    }
}
void Int_Time0()                       //定时器 0 初始化 0.5ms,11.0592MHz 晶振
{
    TMOD = 0x01;                       //定时器 0 工作方式 1
    TL0  = 0x33;                       //设置定时初值,注意定时 0.5ms 有误差
    TH0  = 0xfe;                       //设置定时初值,如果 12MHz 误差几乎为 0
    ET0 = 1;                           //开定时器 0 中断
    EA = 1;                            //开总中断
    TR0  = 1;                          //定时器 0 开始计时
}
void Time0() interrupt 1               //中断程序
{
    TL0  = 0x33;                       //设置定时初值
    TH0  = 0xfe;                       //设置定时初值
    if(count < jd)                     //判断 0.5ms 次数是否小于角度标识
        pwm = 1;
    else
        pwm = 0;                       //大于则输出低电平
    count++;                           //0.5ms 次数加 1
```

```
        count = count % 40;                      //取余,保持周期至 20ms
    }
void main()                                       //主函数
{
    Int_Time0();                                  //定时器 T0 初始化
    fuzhu = 0;
    while(1)                                       //循环体
    {
        key();                                     //按键检测函数,选择 jd 的值
    }
}
```

9. 实物效果图

舵机案例实物效果图如图 10.29 所示。

(a) 开机默认舵机转到0°　　　　　　　　　(b) 按一下KEY1键转45°

图 10.29　舵机案例实物效果图

10. 程序分析

(1) 程序执行过程如下。

① 定时器初始化主要是配置寄存器,基本定时时间约 0.5ms。

② while(1)里主要是进行按键检测,调整 jd 的值,注意程序在走主程序时,定时器一直在工作,基本定时时间到了就要进入定时器中断函数 void Time0() interrupt 1 里,定时器中断函数主要功能是形成 0.5ms×40,即 20ms 的周期,并且根据 jd 的值改变 P1.5 引脚 pwm 的高电平的时间。如果 jd=1,高电平时间 0.5ms,对应 0°;如果 jd=2,高电平时间 1ms,对应 45°;如果 jd=3,高电平时间 1.5ms,对应 90°;如果 jd=4,高电平时间 2ms,对应 135°;如果 jd=5,由于定时基准时间误差的存在高电平时间可能超过 2.5ms,不能正常输出 180°。若想要如视频演示的那样输出到 180°附近,请自行研究。

(2) 本案例的舵机是 180°舵机,是靠 PWM 控制它的旋转角度,500～2500μs 的 PWM 对应控制 180°舵机的 0～180°,一个 PWM 值对应舵机的一个角度。

(3) 程序思路和语句的解释已经进行了详细注释。该程序主要是控制 20ms 内的高低电平占空比。通过按键改变 jd 的值,从而决定 0.5ms 的倍数。关键是利用定时器定时 20ms 周期不变,改变 0.5ms 次数。定时基本时间 0.5ms 的方法也可参考 STC 下载软件,如图 10.30 所示。可以看出,初值 TH0 和 TL0 确实是程序中的 0xFE 和 0x33,但是误差达到 0.04%。如果用 12MHz 的晶振,误差为 0 时 180°的角度就容易输出。

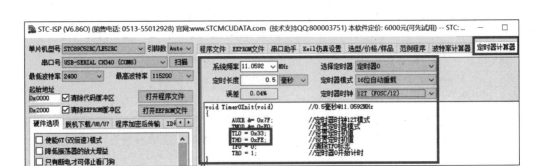

图 10.30　使用 STC 下载软件配合定时器的方法举例

　　舵机的应用非常广泛,如图 10.31 所示为一款带舵机转向的智能车,通过舵机转角的控制很容易改变运动方向。如图 10.32 所示为用多个舵机构造的人形机器人,可以通过上位机动作组的结合完成各种动作集成化编程操作。

图 10.31　带舵机转向的智能车

图 10.32　多自由度舵机
构成的机器人

习题与思考题

　　1. 画出 TC1508S 的逻辑真值表,并分析其输入条件和输出结果。

　　2. 根据开发板原理图总结电机驱动单元中直流电机、继电器、步进电机、舵机控制原理及跳线帽接线方法。

　　3. 总结 TC1508S 和 L298N 电机驱动芯片特点,并进行比较。

　　4. 直流电机控制需要几根线? 如何控制正反转? 如何控制速度?

　　5. 简述 PWM 调速原理。

　　6. 如何用单片机延时函数进行 PWM 调速? 如何用一个定时器进行 PWM 调速? 写出思路并总结两者有何区别。

　　7. 对 10.2 节直流电机控制案例目标的程序进行如下深入性的研究。

　　(1) 对原理图连线和程序引脚定义的一致性进行研究。

　　(2) 对实物现象进行研究。

　　(3) 对程序的执行过程进行研究,画出程序流程图。

（4）对程序的每一行进行详细的注释。

（5）对实例的功能进行改编，并对程序进行改动，达到学以致用的目的。

8. 根据下面的步进电机一相励磁顺序表，解释使用单片机控制步进电机的方法，包括引脚连接和程序编写。

步进电机一相励磁顺序表

步数	A	B	C	D
1	1	0	0	0
2	0	1	0	0
3	0	0	1	0
4	0	0	0	1

9. 如何理解 28BYJ48 步进电机减速比为 1∶64，步距角为 5.625/64°？实际控制时，怎样控制角度？写出子函数。

10. 对 10.3 节步进电机控制案例目标的程序进行如下深入性的研究。

（1）对原理图连线和程序引脚定义的一致性进行研究。

（2）对实物现象进行研究。

（3）对程序的执行过程进行研究，画出程序流程图。

（4）对程序的每一行进行详细的注释。

（5）对实例的功能进行改编，并对程序进行改动，达到学以致用的目的。

11. 下图为一款 9g 舵机的实物图，请到网上搜索相似实物，并研究舵机的参数及三条线与单片机开发板的连接方式。

12. 下图为舵机输出转角与输入信号脉冲宽度之间的关系图，请说明控制原理，并说明如何用单片机定时器控制周期和脉宽，写出关键函数。

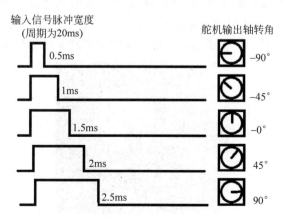

13. 调研模拟舵机和数字舵机的区别。

14. 对10.4节舵机控制案例目标的程序进行如下深入性的研究。

(1) 对原理图连线和程序引脚定义的一致性进行研究。

(2) 对实物现象进行研究。

(3) 对程序的执行过程进行研究,画出程序流程图。

(4) 对程序的每一行进行详细的注释。

(5) 对实例的功能进行改编,并对程序进行改动,达到学以致用的目的。

实践应用题

1. (工程师思想创新实践应用提高题)下图为笔者创新实验室的学生自行设计的红外循迹小车实物图,其中驱动部分和单片机主控以及红外传感器是自行设计加工的 PCB 板,已知驱动采用 L298N 模块,采用 STC89C52 贴片单片机作为控制器,研究设计过程,查找资料,调研下列问题。

(1) 总结设计过程,分点说明。

(2) 对需要的硬件进行总结,画出硬件框图。

(3) 说明进行转向、加速、减速、后退的原理。

(4) 编写主要控制函数。

(5) 总结编程调试要点。

(6) 若用开发板的 TC1508S 代替 L298N 作为驱动,在硬件方面和软件方面需要哪些改动?

2. (工程师思想创新实践应用提高题)在进行直流电机测速系统设计时,为了采集速度,可以用下图所示的光电传感器测速模块,图中 A、B 表示连接电机,SIG 表示电机转动时红外对管返回的脉冲信号。请说明测速系统的硬件构成和程序编写思路。

3. (工程师思想创新实践应用提高题)研究超声波避障小车的设计过程,查找资料,调研下列问题。

(1) 如何编程使用超声波。

(2) 总结设计过程,分点说明。

(3) 对需要的硬件进行总结,画出硬件框图。

(4) 总结编程调试要点。

4. (工程师思想创新实践应用提高题)研究蓝牙遥控小车的设计过程,查找资料,调研下列问题。

(1) 总结设计过程,分点说明。

(2) 对需要的硬件进行总结,画出硬件框图。

(3) 总结编程调试要点。

5. (工程师思想创新实践应用提高题)下图为智能风扇的设计仿真图,查找资料,调研下列问题。

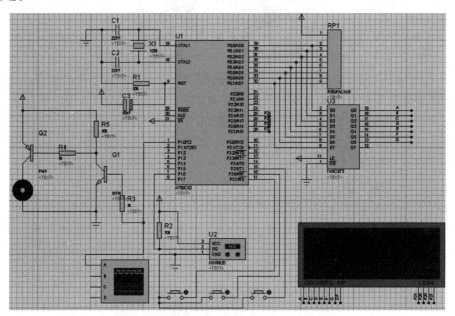

(1) 若要求温度小于 20℃,风扇不转;大于 20℃并且小于 25℃,风扇慢速转动;大于 25℃,风扇快速转动。总结设计过程,分点说明。

(2) 对需要的硬件进行总结,画出硬件框图。

(3) 总结编程调试要点。

6. (工程师思想创新实践应用提高题)下图为平衡车实物图,查找资料,调研下列问题。

（1）了解 MPU6050 加速度角速度传感器采集数据以及转为姿态角的过程。

（2）了解采用 PID 控制技术的速度闭环控制原理。

（3）总结设计过程，分点说明。

（4）对需要的硬件进行总结，画出硬件框图。

（5）总结编程调试要点。

7．（工程师思想创新实践应用提高题）下图为四轴飞行器实物图，查找资料，调研下列问题。

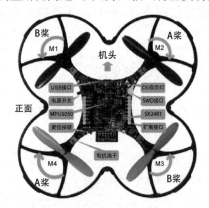

（1）了解 MPU6050 加速度角速度传感器采集数据以及转为姿态角过程。

（2）了解采用 PID 控制技术的速度闭环控制原理。

（3）了解四轴飞行器上浮、下降、前进、后退、左移、右移原理。

（4）了解四轴飞行器常用元器件和封装。

（5）了解原理图和 PCB 的绘制。

（6）总结设计过程，分点说明。

（7）对需要的硬件进行总结，画出硬件框图。

（8）总结编程调试要点。

8．（工程师思想创新实践应用提高题）下图为两方向逐光控制系统实物图，即光照向左、右照射两个光敏电阻，步进电机会向相应的方向移动。研究设计过程，查找资料，调研下列问题。

（1）设计硬件模型的安装过程，画图设计机械机构。

（2）总结设计过程，结合图分点说明。

（3）需要的硬件总结，画出硬件框图。

（4）总结编程调试要点。

9．（工程师思想创新实践应用提高题）下图为蓝牙模块和步进电机套件，研究蓝牙遥控门开关的设计过程，步进电机的转动直接带动门的开关。查找资料，自行设计，调研下列问题。

（1）设计硬件模型的安装过程，画图设计机械机构。

（2）总结设计过程，结合图分点说明。

（3）对需要的硬件进行总结，画出硬件框图。

（4）总结编程调试要点。

10. （工程师思想创新实践应用提高题）下图为宾馆感应门的实物图，假设门的顶部为红外热释电传感器。研究设计过程，查找资料，调研下列问题。

（1）设计硬件模型的安装过程，画图设计机械机构。

（2）总结设计过程，结合图分点说明。

（3）对需要的硬件进行总结，画出硬件框图。

（4）总结编程调试要点。

11. （工程师思想创新实践应用提高题）下图为实际项目经常使用的步进电机和驱动器实物图，型号为57步进电机，TB6600驱动器，根据驱动器的细分和电流选择研究控制方法，查找资料，调研下列问题。

（1）电源如何选购、供电，如何接线实现单片机控制？

（2）对需要的硬件进行总结，画出硬件框图。

（3）编写电机控制子函数，参数为方向和角度。

12. （工程师思想创新实践应用提高题）下图为智能循迹小车实物图，假设驱动采用TC1508S，前轮转向采用舵机，后轮驱动采用直流电机。研究设计过程，查找资料，调研下列问题。

（1）总结设计过程，分点说明。

（2）研究元器件的选型、功能、封装，对需要的硬件进行总结，画出硬件框图。

（3）说明进行转向、加速、减速、后退的原理。

（4）编写主要控制函数。

（5）总结编程调试要点。

13. （工程师思想创新实践应用提高题）下图为一款人工智能 AI 视觉识别机械手臂,可以实现识别、追踪、分拣、训练的功能。研究设计过程,查找资料,调研下列问题。

（1）该系统主要由哪些硬件组成? 每种硬件的功能是什么?

（2）简述图中有几个舵机自由度,分别控制哪个方向角度?

（3）了解主控、图像处理库、开发工具、编程语言并总结。

14. （工程师思想创新实践应用提高题）下图为一款具有智能语音识别功能的仿生人形机器人,可以实现超声避障、语音合成、语音识别、巡线、红外遥控的功能。研究设计过程,查找资料,调研下列问题。

（1）该系统主要由哪些硬件组成? 每种硬件的功能是什么?

（2）简述图中有几个舵机自由度,分别控制哪个方向角度?

（3）了解舵机控制器和核心控制器功能、通信方式,以及动作组的概念。

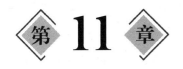

第 11 章

应用于期末作品答辩及实践
教学竞赛的电子版综合题目设计

学习单片机的目的在于研发实际的作品,积累项目经验。本章着重介绍综合题目的设计。由于篇幅有限,本章内容的详细介绍见本书配套的开发板全程教学及视频资源。这里主要以列表的形式进行介绍。

11.1 开发板其他综合设计题目介绍

开发板功能强大,除了前 10 章介绍的内容外还可以设计综合性较强的实践内容,如表 11.1 所示。

表 11.1 本书配套开发板其他综合题目参考

序号	综合题目名称	主要应用技术	资料提供方式
1	基于 DS1302 的时钟显示系统设计	SPI 通信、液晶显示、按键操作、程序调试	例程、实物、视频讲解、调试过程
2	基于 DHT11 的温湿度采集显示系统设计	单总线技术、液晶显示、程序调试	例程、实物、视频讲解、调试过程
3	基于 MPU6050 的老人摔倒提醒系统设计	I^2C、串口通信、GSM 手机通信、程序调试	例程、实物、视频讲解、调试过程
4	基于 PID 技术的直流电机调速系统设计	电机调速、PID 算法、红外测速、程序调试	例程、实物、视频讲解、调试过程
5	基于超声波技术的测距系统设计	超声波技术、外部中断、程序调试	例程、实物、视频讲解、调试过程
6	基于蓝牙技术的手机遥控系统设计	蓝牙技术、串口通信、软件使用、程序调试	例程、实物、视频讲解、调试过程

序号	综合题目名称	主要应用技术	资料提供方式
7	基于 ESP8266 的数据通信控制系统设计	Wi-Fi 技术、串口通信、软件使用、程序调试	例程、实物、视频讲解、调试过程
8	基于 NRF24L01 的温度无线传输系统设计	SPI 技术、液晶显示、温度采集、程序调试	例程、实物、视频讲解、调试过程
9	多功能密码锁的设计	软件编程、按键操作、程序调试	例程、实物、视频讲解、调试过程
10	光敏电阻逐光随动系统的设计	AD 应用、步进电机、机械设计、程序调试	例程、实物、视频讲解、调试过程
11	基于 SIM900 手机通信模块的应用设计	串口通信、GSM、远程控制、程序调试	例程、实物、视频讲解、调试过程
12	应用于工程实践的 42 步进电机控制	驱动器使用、电压供电方式、程序调试	例程、实物、视频讲解、调试过程
13	应用于人形机器人的舵机控制	驱动器使用、电压供电方式、PWM 产生、程序调试	例程、实物、视频讲解、调试过程

11.2　创新实践-直达就业综合题目设计

　　笔者指导的 100 余名毕业从事研发技术工作的优秀学子普遍学习道路是：大学阶段不同年级设计不同层次的作品。通过作品的设计积累软硬件设计能力、提升分析和解决问题的能力,发挥潜能,具备工程师优良素质,就业时满足用人单位需求,脱颖而出。

　　下面列举信息工程类专业全面培养学生创新实践-直达就业的综合设计类题目参考。11.1 综合题目的设计侧重于模块级别,硬件只需简单的焊接、连线,软件在学习实验的基础上适当改编、调试。而本节题目的设计指的是芯片级别的设计。从原理图到 PCB,从工厂加工到硬件焊接,从软件编程到软硬件调试,再到外观设计,培养工程师思想。培养学生创新实践-直达就业的综合设计类题目参考如表 11.2 所示。

表 11.2　培养学生实践能力-直达就业的综合设计类题目参考

序号	综合题目名称	主要应用技术	资料提供方式
1	基于 STC89C52 单片机的自动巡线避障小车设计	PCB 设计、加工、焊接、编程调试、中断、定时器、显示、PWM 调速	例程、实物、视频讲解、调试过程
2	基于 STC12C5A60S2 单片机的自动巡线避障小车设计	PCB 设计、加工、焊接、编程调试、中断、定时器、显示、PWM 调速	例程、实物、视频讲解、调试过程
3	基于 PID 技术的巡线小车设计	PCB 设计、加工、焊接、编程调试、中断、定时器、显示、PWM 调速、PID 参数整定	例程、实物、视频讲解、调试过程
4	基于蓝牙技术的遥控小车设计	PCB 设计、加工、焊接、编程调试、中断、定时器、显示、PWM 调速、蓝牙通信	例程、实物、视频讲解、调试过程

续表

序号	综合题目名称	主要应用技术	资料提供方式
5	基于 51 单片机的平衡小车设计	PCB 设计、加工、焊接、编程调试,中断、定时器、显示、PWM 调速、MPU6050 姿态解算、PID 参数整定、调试软件的使用	例程、实物、视频讲解、调试过程
6	基于 51 单片机的四轴飞行器设计	PCB 设计、加工、焊接、编程调试,中断、定时器、显示、PWM 调速、MPU6050 姿态解算、PID 参数整定、调试软件的使用	例程、实物、视频讲解、调试过程
7	基于 STM32 单片机的平衡小车设计	PCB 设计、加工、焊接、编程调试,中断、定时器、显示、PWM 调速、MPU6050 姿态解算、PID 参数整定、调试软件的使用	例程、实物、视频讲解、调试过程
8	基于 STM32 单片机的四轴飞行器设计	PCB 设计、加工、焊接、编程调试,中断、定时器、显示、PWM 调速、MPU6050 姿态解算、PID 参数整定、调试软件的使用	例程、实物、视频讲解、调试过程
9	基于 STM32 的摄像头巡线小车设计	PCB 设计、加工、焊接、编程调试,中断、定时器、显示、PWM 调速、AD 采集、PID 参数整定、调试软件的使用	例程、实物、视频讲解、调试过程
10	基于 STM32 的电磁巡线小车设计	PCB 设计、加工、焊接、编程调试,中断、定时器、显示、PWM 调速、AD 采集、PID 参数整定、调试软件的使用	例程、实物、视频讲解、调试过程

11.3 科技竞赛获奖题目介绍

科技竞赛是培养大学生掌握实践技术的重要桥梁,作者长期指导学生,获得了各类科技竞赛奖项 100 余项。科技竞赛的题目注重创新性和实用性,一般设计题目原则是:发现社会痛点,相关产品或者没有或者有、功能不够完善,现列举一些典型获奖题目供大家参考,如表 11.3 所示。

表 11.3 科技竞赛获奖题目参考

序号	综合题目名称	主要应用技术	资料提供方式
1	多功能语音智能盲人拐杖设计	串口通信、超声波技术、PCB 设计与加工、硬件结构设计、编程调试	例程、文档实物视频
2	基于触摸屏的多功能水族箱设计	触摸屏操作、手机远程控制、PCB 设计与加工、硬件结构设计、编程调试	例程、文档实物视频
3	基于 GSM 手机户外点阵控制系统设计	点阵显示、手机远程控制、PCB 设计与加工、硬件结构设计、编程调试	例程、文档实物视频

序号	综合题目名称	主要应用技术	资料提供方式
4	实验室远程无线监管系统设计	VB界面设计、串口通信、NRF24L01无线通信、太阳能电池板供电、PCB设计与加工、硬件结构设计、编程调试	例程、文档实物视频
5	基于红外传感器的无弦奏乐电子琴设计	红外检测、定时器频率设计、PCB设计与加工、硬件结构设计、编程调试	例程、文档实物视频
6	婴儿发烧尿床呵护系统设计	液晶显示、手机远程控制、温湿度检测、电机应用、PCB设计与加工、硬件结构设计、编程调试	例程、文档实物视频
7	基于ARM的自动输液监管系统设计	步进电机、ARM控制器应用、红外检测、VB界面设计、触摸屏设计、PCB设计与加工、硬件结构设计、编程调试	例程、文档实物视频
8	病人指语系统开发与设计	按键、MPU6050姿态角获得、手机远程控制、温湿度检测、电机应用、PCB设计与加工、硬件结构设计、编程调试	例程、文档实物视频
9	智能语音垃圾分类系统设计	红外、语音识别、消毒、电机、PCB设计与加工、硬件结构设计、编程调试	例程、文档实物视频
10	老人智能陪伴机器人的设计	电机、红外通信协议破解、语音识别、语音播报、PCB设计与加工、硬件结构设计、编程调试	例程、文档实物视频
11	恩智浦智能车的设计	PCB设计、加工、焊接、编程调试,中断、定时器、PWM调速、A/D采集、PID参数整定、调试软件的使用	例程、文档、实物、视频讲解

以上所有资料都在陆续更新、完善中,敬请期待! 资料索取方式及王老师联系方式见附录C。

参 考 文 献

[1] 郭天祥.51 单片机 C 语言教程[M].北京：电子工业出版社,2009.

[2] 张毅刚.单片机原理及接口技术(C51 编程)[M].北京：人民邮电出版社,2011.

[3] 谭浩强.C 程序设计[M].4 版.北京：清华大学出版社,2010.

[4] 丁向荣.单片机微机原理与接口技术：基于 STC15 系列单片机[M].北京：电子工业出版社,2012.

[5] 宏晶科技.STC15F2K60S2 单片机技术手册[Z].2011.

[6] 丁向荣.增强型 8051 单片机原理与系统开发[M].北京：清华大学出版社,2013.

[7] 徐爱钧.增强型 8051 单片机 C 语言编程与应用[M].北京：电子工业出版社,2014.

[8] 高峰.单片微型计算机原理与接口技术[M].北京：科学出版社,2005.

[9] 徐爱钧,徐阳.Keil C51 单片机高级语言应用编程与实践[M].北京：电子工业出版社,2013.

[10] 王淑珍.单片机原理与接口技术[M].北京：科学出版社,2008.

[11] 陈海宴.51 单片机原理及应用[M].北京：北京航空航天大学出版社,2010.

[12] 李平.单片机入门与开发[M].北京：机械工业出版社,2008.

[13] 宋雪松.手把手教你学 51 单片机 C 语言版[M].北京：清华大学出版社,2020.

[14] 王云.51 单片机 C 语言程序设计教程[M].北京：人民邮电出版社,2018.

[15] 郭天祥.新概念 51 单片机 C 语言教程[M].2 版.北京：电子工业出版社,2018.

附录 A　常用字符与 ASCII 代码对照表

十六进制	十进制	字符	十六进制	十进制	字符	十六进制	十进制	字符	十六进制	十进制	字符
0	0	nul	20	32	sp	40	64	@	60	96	'
1	1	soh	21	33	!	41	65	A	61	97	a
2	2	stx	22	34	"	42	66	B	62	98	b
3	3	etx	23	35	#	43	67	C	63	99	c
4	4	eot	24	36	$	44	68	D	64	100	d
5	5	enq	25	37	%	45	69	E	65	101	e
6	6	ack	26	38	&	46	70	F	66	102	f
7	7	bel	27	39	`	47	71	G	67	103	g
8	8	bs	28	40	(	48	72	H	68	104	h
9	9	ht	29	41	)	49	73	I	69	105	i
0a	10	nl	2a	42	*	4a	74	J	6a	106	j
0b	11	vt	2b	43	+	4b	75	K	6b	107	k
0c	12	ff	2c	44	,	4c	76	L	6c	108	l
0d	13	er	2d	45	—	4d	77	M	6d	109	m
0e	14	so	2e	46	.	4e	78	N	6e	110	n
0f	15	si	2f	47	/	4f	79	O	6f	111	o
10	16	dle	30	48	0	50	80	P	70	112	p
11	17	dc1	31	49	1	51	81	Q	71	113	q
12	18	dc2	32	50	2	52	82	R	72	114	r
13	19	dc3	33	51	3	53	83	S	73	115	s
14	20	dc4	34	52	4	54	84	T	74	116	t
15	21	nak	35	53	5	55	85	U	75	117	u
16	22	syn	36	54	6	56	86	V	76	118	v
17	23	etb	37	55	7	57	87	W	77	119	w
18	24	can	38	56	8	58	88	X	78	120	x
19	25	em	39	57	9	59	89	Y	79	121	y
1a	26	sub	3a	58	:	5a	90	Z	7a	122	z
1b	27	esc	3b	59	;	5b	91	[	7b	123	{
1c	28	fs	3c	60	<	5c	92	\	7c	124	|
1d	29	gs	3d	61	=	5d	93	]	7d	125	}
1e	30	re	3e	62	>	5e	94	^	7e	126	~
1f	31	us	3f	63	?	5f	95	_	7f	127	del

附录 B   液晶标准字符库

字符库的内容、字符码和字形的对应关系如下。

例如,"A"的字符码为 0x41(十六进制)或 65(十进制)。

附录 C　电子资料索取及技术支持联系方式

由于电子资料不断更新,资料请直接与客服或王老师联系免费索取。梦想科技创新工作室联系方式可以扫下面二维码获取。